Intelligent Detection-diagnosis and Maintenance of
UAV Optoelectronic Pod

无人机光电吊舱
智能化检测诊断与维护

主　编　沈延安　李　俊
副主编　李从利　郭　凯　王刘军
参　编　范希辉　朱　静　徐　达　徐蒙恩
　　　　孙玉绘　王常青　郑盈盈　叶　霖
　　　　廖飞龙　张君彪

中国科学技术大学出版社

内 容 简 介

本书系统阐述了无人机光电吊舱状态测试设计、无人机光电吊舱光轴一致性检测标校、无人机光电吊舱激光设备检测设计、无人机光电图像质量测试与评价、无人机光电吊舱故障模式分析与诊断模型、无人机光电吊舱虚拟维修训练资源开发、无人机光电吊舱保障资源规划与配置等智能化检测维护技术和故障诊断方法，为现代无人机光电侦察系统检测维护和相关技术人员提供了良好技术参考。

图书在版编目(CIP)数据

无人机光电吊舱智能化检测诊断与维护/沈延安,李俊主编. —合肥:中国科学技术大学出版社,2021.6

ISBN 978-7-312-05077-0

Ⅰ.无…　Ⅱ.①沈…②李…　Ⅲ.①无人驾驶飞机—自动检测系统 ②无人驾驶飞机—维修　Ⅳ.V279

中国版本图书馆 CIP 数据核字(2020)第 207099 号

无人机光电吊舱智能化检测诊断与维护

WURENJI GUANGDIAN DIAOCANG ZHINENGHUA JIANCHE ZHENGDUAN YU WEIHU

出版	中国科学技术大学出版社
	安徽省合肥市金寨路 96 号,230026
	http://press.ustc.edu.cn
	https://zgkxjsdxcbs.tmall.com
印刷	安徽国文彩印有限公司
发行	中国科学技术大学出版社
经销	全国新华书店
开本	710 mm×1000 mm　1/16
印张	22.25
字数	460 千
版次	2021 年 6 月第 1 版
印次	2021 年 6 月第 1 次印刷
定价	68.00 元

前　　言

　　无人机光电吊舱是无人机系统最基本、最重要的任务载荷,也是技术复杂度和密集度最高的机载设备之一,对于无人机系统完成侦察监视、目标定位和毁伤评估具有不代替代的作用。从用户使用情况来看,从第一代单传感器多框架光电侦察系统发展至现今新一代多传感器多框架光电吊舱,无人机光电吊舱技术发展迅速,但维修保障资源和技术不能适应装备使用要求,究其原因主要是现代光电设备精密性强,故障模式复杂,技术状态检查和故障排除难度大,维修保障门槛较高。光电设备出现故障后,使用和维护人员受限于专业知识和维修条件,难以对光电吊舱系统故障进行快速准确定位和排除,在相当大程度上制约了其使用效能的发挥。

　　现代无人机系统光电吊舱伺服控制电路集成度高,然而从可靠性、维修性角度来看,信号可测试性差;稳定转塔结构精密,但维修可达性弱;跟踪测量精度高,但工作稳定性低,致使设备维修保障始终存在着状态测试难、故障诊断难和维修操作难的突出问题。为了解决这些问题,故障诊断与预测理论在美国、英国、加拿大、以色列等国家的大中型飞机、无人机以及军用直升机上展开了广泛应用。美陆军的AH-64 阿帕奇、UH-60 黑鹰等直升机已有 180 多架配备了美国智能自动化公司新开发的超通信 HUMS 系统,美陆军 RQ-7A/B"影子"200 战术无人机系统也于2007 年 3 月引入了 HUMS。此外,应用比较多的故障诊断理论和技术主要有:嵌入式故障诊断与故障信号检测技术,基于机理研究的诊断理论与方法,基于信号处理及特征提取的故障诊断方法,基于故障诊断专家系统的理论和方法等。

　　目前,国内亦注重将故障分析与预测技术应用到无人机系统中,特别是对无人机飞行控制与数据链系统、动力装置研究较多。从 2010 年起,编者跟踪研究无人机光电吊舱智能化维护技术,研究设计无人机光电吊舱检测维护系统,构建光电吊舱检测维护技术体系,针对光电吊舱状态信号多路并行运行特点,提出了基于 FP-GA 精确控制和 DSP 信号处理的在线检测设计方案,运用基于 FPGA＋DSP 的复合信号解调技术和多极旋转变压器轴角信号粗精机组合算法,设计实现光电吊舱信号采集与处理系统,解决了故障信息实时并行采集的难题,为光电吊舱故障诊断提供了重要依据;运用专家知识库、模糊知识推理和信号处理的故障诊断方法,构建光电吊舱故障诊断模型,有效提高了故障诊断的准确性;运用空间激光至光纤的直接耦合方法和多模光纤传输与准直技术,设计无人机任务设备激光测距机可调节高精度光路模拟装置,有效解决了用户保障过程中最大测程和测距精度指标检测难的问题;建立无人机光电图像样本库及质量特征参数指标体系,运用核对齐样本训练技术和自然场景统计分析模型,设计开发了基于信息驱动的无人机光电图像检测模块,为评判无人机光电吊舱光电传感器潜在故障提供了量化依据;运用虚拟样机建模技术和 VIRTOOLS 仿真平台,创建无人机机载光电设备三维精细模型和虚拟维修信息资源,实现故障现象模拟、特征数据检测以及维修操作过程的三维再现。本书是对以上内容的总结。

由于编者水平有限,加之时间仓促,书中难免存在错漏之处,敬请读者批评指正。

编　者

目　　录

第1章 概　　述

1.1　无人机光电吊舱简介

1.1.1　无人机光电吊舱的概念

光电吊舱是光电侦察告警技术及其装备的重要组成部分,也是无人机侦察的关键任务设备,它将填补有人驾驶飞机战术侦察角色,为此各个国家正在大力开发各种用途的无人机光电吊舱。光电吊舱搭载在无人机上,可精确测量相对无人机飞行的地面目标或空间目标的姿态角和距离,并可完成对地面、空中目标的搜索、捕获、锁定、跟踪和瞄准,同时对无人机相对目标的方位、俯仰、距离等信息进行记录处理。

无人机光电吊舱的基本组成包括球型结构框架、测角系统、电控驱动系统、陀螺仪、陀螺仪稳定回路、光电传感器、视频跟踪器、接口控制电路、电控箱和升降机构等。从系统功能上看,无人机光电吊舱可分为陀螺稳定平台和光电有效载荷(探测器)两大部分。光电载荷安装在稳定平台上,通过陀螺稳定平台隔离载机的振动,获得相对惯性空间稳定的平台空间,并在控制指令的驱动下,实现光电载荷对目标的搜索、捕获、跟踪、定位和引导。因此无人机光电吊舱能够实现两大功能:一是稳定空间,二是能够跟踪、引导目标。探测器(有效载荷)可根据担负任务的不同而采用不同的组合搭配,对完成搜索跟踪任务的无人机光电吊舱来说,载荷一般包括可见光摄像机、红外热像仪、航空照相机和激光测距机等。此外,根据需要,有效载荷还可配置激光照明器、激光指示器、激光告警器等。

1.1.2　无人机光电吊舱的分类

按工作波段,无人机光电吊舱可分为可见光、红外和激光系统三大类。每类系统都包括传感器、光学系统、承载平台和数据存储器等分系统。激光系统属于主动光电系统,含有激光源。

可见光与红外系统的承载平台通常共用。激光系统的承载平台,往往将发射与接收光学系统安装在一起,也有将可见光、红外和激光接收器安装在一个平台上的紧凑式结构,它们甚至可共用一个光学口径(即所谓"三光合一")。

传感器按工作波段,可分为可见光、红外和激光传感器。

可见光传感器,按波段可分为全色(黑白)和彩色(多光谱、超光谱)两类;按空间分辨力可分为普通(标准)和高分辨(像元数 1 k×1 k 以上)两类;按工作照度可分为昼间和低照度(高灵敏度)两类;按工作频率可分为视频(电视摄像)和低帧频(数码相机)两类。

红外传感器,按波段可分为长波、中波和短波红外传感器;按像元数量和相应的成像扫描方式,可分为点传感器(2D 扫描)、线阵传感器(1D 扫描)和凝视传感器(无机械扫描),有人也称其为第一、二、三代红外传感器;按制冷方式,可分为非制冷(常温)、斯特林循环制冷和液氮制冷 3 种。

激光传感器是一种能量接收器,因此以点探测器为主。目前广泛使用的四象限探测器,可用于探测激光光斑相对于视轴中心位置的偏差。

光学系统(镜头)依传感器而定。按焦距(或视场),可分为定焦、多挡可切换定焦和连续变焦 3 类;按波段可分为可见光学系统与红外光学系统。激光传感器用的收/发光学系统,由于频率单一,设计/加工比较简单,也使接收光路容易与其他传感器共口径。

承载平台按稳定轴数,可分为两轴、三轴和多轴稳定平台。

数据存储器分普通型和海量型两种。普通型存储器均用固态半导体存储器,海量型存储器分固态半导体存储器、磁带存储器和湿膜(胶片)存储器。

激光光源包括发射光学系统、激光器和激光电源。

上述各个分系统的交叉组合,即构成无人机具体的光电吊舱系统。可见,光电吊舱的内涵是很丰富的。这些分类还未包含正在研制中的激光探测与距离选通成像、固态 3D 激光雷达等新型光电吊舱。

1.1.3　无人机光电吊舱的功能及主要性能要求

1. 光电传感器

(1) 可见光光电传感器

可见光光电传感器的功能是光电成像,即将目标入射的光子转变成对应像元的电子输出,最终形成目标的可见波段图像。目前最常用的器件是 CCD,但 CMOS 器件发展势头迅猛,因其功能丰富、造价低而日益受到广泛关注。

可见光光电传感器的主要性能指标包括有效像元数、量子效率及其频段分布、最高帧频、读出噪声、热噪声。

有效像元数决定了器件的像元分辨力(空间分辨力)。

量子效率及其频段分布,决定了器件的灵敏度和工作波段。

最高帧频决定了器件的工作频率(时间分辨力)。最高帧频低于 25 frame/s 时,将无法输出视频图像信号。

读出噪声由读出方式和读出电路决定,它是构成器件本底噪声的重要成分,因而影响到传感器的输出信噪比(S/N),尤其是小信号。

热噪声是器件本底噪声中随温度而升高的成分,器件制冷是降低热噪声的主要措施。

从综合性能考虑,制冷运行的背照 CCD 往往优于 ICCD。

(2) 红外光电传感器

红外光电传感器的功能是红外波段的光电成像,即将目标入射的红外辐射(热辐射),转变成对应像元的电子输出,最终形成目标的热辐射图像。

目前常用的器件是 HgCdTe(MCT)、InSb、PtSi、量子阱和微温度计阵列。尤其是 HgCdTe,由于集成度高、工艺成熟、可方便地通过改变三元组分来控制工作波段,在中、长波红外传感器中得到广泛应用。微温度计阵列由于可无制冷器工作,价格优势明显,正日益受到重视。

红外光电传感器的主要性能指标包括有效像元数、噪声等效温差(NETD)、工作温度和制冷方式、最高帧频、读出噪声、阵列均匀性和响应非线性。

NETD 决定了传感器的温差探测灵敏度或最小可探测温差。

制冷方式随工作温度而定,按温度从高到低的顺序,分别是非制冷、热电制冷、斯特林循环制冷和液氮制冷。

阵列均匀性和响应非线性,是红外器件因工艺因素带来的特殊问题,虽然可以通过数字信号处理进行校正,但额外的时间花费和校正后的残差仍然令人头疼,是红外器件应用时需要重点关注的问题。

其他性能指标,如有效像元数、最高帧频、读出噪声等,意义与可见光器件相同,但由于二元以上红外半导体材料与制造工艺等方面的问题,均明显低于可见光器件。

2. 光学系统

光学系统的功能是将目标的光子或红外辐射(热辐射)尽可能多而准确地收集起来,并清晰成像在传感器光敏(辐射敏感)层所在的成像平面上。

常规光学系统的一对主要矛盾性要求是视场和角分辨力。光学系统的口径,是约束光电吊舱体积/重量的重要因素。为提高远程探测能力,一般都要加长焦距,于是视场随之减小。因此,固定焦距镜头不能同时满足大视场搜索和远程探测这两项要求。多视场切换和连续变焦镜头可供选择,但结构复杂,体积和质量偏大。如果还要兼顾定位和测量,则焦距精确输出和视轴中心位置重复性的要求将提高对镜头的加工复杂性和精度要求。

视场切换或连续变化过程中,视场变化时间也是一项重要指标,因为它往往决定着从搜索到锁定的转换过程中会不会丢失目标。红外光学系统除光学材料的要求与可见光系统有重大区别外,在冷屏设计、冷栏匹配和杂散辐射抑制等方面也均有特殊要求,必须予以充分考虑。

3. 承载平台

承载平台的功能是承载可见光/红外/激光收发光学系统,以及相应的光电传感器,并保持其视轴稳定准确地指向目标。

承载平台的主要指标是视轴稳定性(视轴抖动)。承载平台是承载光电传感器的动基座,其运动状态下的轴系精度也是整个光电吊舱视轴指向精度的重要一环。

承载平台的动态响应能力,如最大角度范围、最大角速度、最大角加速度等,是影响光电吊舱搜索、截获、定位性能的重要指标。

4. 数据存储器

数据存储器的功能是作为光电吊舱海量数据的长期或缓冲存储。当无人机承载的所有光电传感器的总数据输出速率远高于无人机下传链路的通信速率时,这种存储更是必需的。

数据存储器的主要性能要求是数据传输速率、存储容量和可靠性。

1.1.4　无人机光电吊舱关键技术及其发展趋势剖析

1. 无人机光电吊舱关键技术

“2005～2030 年美国无人机系统发展路线图”附件 B:“传感器、新兴技术和有待突破的技术”中提出了若干光电吊舱的关键技术,其中一些颇有见地,可引为参考。

(1) 高清晰度电视视频技术

高清晰度电视(HDTV)代表了视频工业技术发展的基本方向,从隔行扫描到逐行扫描,可消除图像斜纹,成为先进视频处理技术的基础。

新的视频技术对光学系统提出了提高成像质量的需求,但不能要求转塔尺寸加大,应该以图像的清晰度为前提,既要确保成像效果最优,又要可装入小型转塔。

(2) 焦面阵列和视轴稳定技术

轻小型转塔促进了高性能焦面阵列组件(对功率、质量和体积要求越来越高)的研发。数字技术的进步,消除了由于反复的模拟—数字—模拟转化而导致的图像质量降低。

当具备高清晰度动态视频源数据后,要获取有用的信息,图像的稳定性就显得尤为重要。视轴稳定方面的技术进步(电动机械技术和电磁技术)使传感器系统的稳定精度达到数十微弧度级,高稳定系统的精确度则达到了两个微弧度级。然而,这两种稳定系统造价过于昂贵,为了弥补低成本机械稳定传感器装备的不足,数字视轴稳定(电子稳像)的研究与演示验证十分重要。

(3) 传感器的自主控制/自我提示技术

无人机的一个重要特征就是续航时间增长后,大量的图像/信号处理和网络技术的共同发展将实现传感器工作的自动化,即利用图像智能处理技术以减轻人的负担。

长航时平台系统允许用户首先设置目标/图像搜集模式,然后在战场上以预定的信号搜索目标。这时,主动目标提示器是非常有用的。最理想的工作状态是:传感器可以自动搜索符合目标库中特征的目标,或者提示操作人员重点观察上次观察后的变化目标或者与环境有明显差异的目标。计算机处理能力的飞速发展和机载存储能力的增强,也将进一步提高传感器的自主性,该技术将带来地面作战模式和作战思想的根本性变化,使人类远离战场。

(4) 多光谱/超光谱成像技术

多光谱(数十谱段)和超光谱(数百谱段)成像技术是利用传感器对目标进行光谱成像,使人们能从中获取更准确信息的重要技术手段。商业卫星产品(如地面遥感卫星或地球观测卫星)所具备的多谱段数据信息已经成为商业应用中的支柱力量,它们具备数十米的分辨力(现在已达到米级分辨力)。超光谱成像技术可以用于探测和识别生化战微粒,还可以通过气溶胶云层的被动超光谱成像对非传统攻击预警。此外,超光谱成像技术还提供了一种很好的反敌方伪装、隐蔽和欺骗的能力。

目前,高空侦察机 U-2 的 Senior-year 光电侦察传感器系统是唯一的军用机载多光谱传感器,它提供了高清晰度的 7 频段视频和红外成像。美国空军正在进行近视频/视频超光谱系列的验证,重点解决"隐形坦克"探测问题。美国陆军夜视与电子传感器管理局正计划对战术无人机的光电/红外传感器进行小的增补,增加多谱段功能。美国海军研究实验室研制了"战马"可视/近红外超光谱传感器系统,正在"捕食者"无人机上进行验证。

(5) 光探测与距离成像技术

光探测与距离成像技术,也可称为主动照明和距离选通成像探测技术,是利用激光束高空间分辨力成像的特征,对低观测性目标进行探测和识别。主动激光探测与距离选通技术,可用于昏暗区域的成像。在中等云层、尘土飞扬和烟雾环境下,通过使用精确的短脉冲激光,捕获反射回来的光子实现成像;还可实现夜间低能见度的高分辨力成像,使图像更加清晰,作用距离更远,达到远距离字符识别能力。可在低光照、低可视条件下识别敌方坦克、车辆、舰艇、飞机型号,在现代战争的敌我目标识别方面发挥重要作用。

2. 无人机光电吊舱发展趋势剖析

(1) 充分利用光电子科学与技术的最新成果

光电频谱位于电磁频谱的高端,是微波(无线电)频谱的自然扩展与延伸,与无线电科学与技术具备优良的兼容性。所有基于波动特性的无线电技术及相关信息与计算机科学技术,均可直接移植而带动光电子科学与技术的发展;而那些基于粒子特性的光电子科学与技术特有的信息与能量的发射与接收手段,则赋予其独特优点。人眼安全激光器、量子阱热成像传感器、激光目标指示器、量子点半导体激光器等最新器件,在推动机载光电吊舱发展中的作用是显而易见的。

(2) 光电吊舱具有武器威力倍增效能

光电系统的成像能力,将在战场透明显示、目标识别、低信杂比目标探测、反隐身探测、夜间侦察与作战、防区外攻击、打击效果评估等方面,为机载武器带来飞跃变化,诸如改概率轰炸为定点轰炸、变霰弹式攻击为精确打击等,将会在不增大战斗部署的前提下,产生显著的武器威力倍增效应。

(3) 光电吊舱为军事对抗新模式的形成做出重大贡献

外科手术式攻击、防区外打击、超视距攻击、全球作战等全新的军事对抗模式,促使现代战争由热兵器时代进入信息战背景下的远程精确打击时代。光电吊舱为远程成像侦察与打击效果评估、低可探测目标识别与瞄准、基于图像的精密末制导、激光目标指示等提供了坚实可靠的科学技术基础,而激光武器作为即将登场的新概念武器,其激光器及能源、光束对准及远程聚焦等均需光电吊舱的完善配合。以光电对抗为焦点的军事对抗新模式的形成,光电吊舱将功不可没。

(4) 多波段、多传感器、多功能集成与融合,增强光电吊舱信息获取能力

光电吊舱工作波段包括可见光、近红外、中波红外、长波红外;传感器有标准制式和高清晰度电视摄像机,微光电视摄像机,近红外、中红外、长波红外成像仪,激光测距机,激光目标指示器,激光照射器,弹着点显示器;光学镜头有定焦、分档变焦、连续变焦,还有电子焦距变倍器;承载转塔有陀螺稳定的两轴、三轴、四轴、五轴转塔,还有被动式与主动式振动与冲击隔离装置。所有上述部件的有机集成与融合,都是为了在昼/夜、全天候环境下,快速获取景物与目标的高清晰实时动态图像,以增强光电吊舱信息获取能力。相对于微波而言,以光频工作的光电系统,具有本质性的高几何分辨力、高时间分辨力、高波谱分辨力的优点。

(5) 将高技术研究最新成果即时用于提高系统探测能力

无论是对地攻击吊舱,还是侦察与瞄准转塔,均应用了最新研究成果和高技术软硬件,例如,蓝宝石光学窗口用于降低雷达散射截面 RCS 和光学散射截面,微扫描技术用于提高 IR 传感器分辨力,电子焦距倍增、超变焦和数字内插用于提高等效焦距,IR 图像修整算法用于改善红外图像质量,高清晰度视频体制用于提高 CCD TV 分辨力,电子稳像和主动振动控制用于改善成像质量,激光主动照明用来

适应极低照度和零照度环境,多光谱/超光谱成像用来反光学隐身,3D 激光成像探测等等,这些技术均已应用或即将用于机载光电装备上,以提高系统的远程探测能力。

1.1.5 光电系统的技术难点与瓶颈

与基于微波工作的雷达相比,光电吊舱还很不成熟,尚存在一系列技术难点与发展瓶颈。

1. 历史短暂,支撑基础不足

与无线电电子和微电子技术比较,光电子技术尚处于发展阶段,无论是在基础材料、元器件、制造工艺,还是在工作体制、接收与发射、探测器、传输与编/解码、防护与突防等系统级别上,均存在巨大差距。光信号的感知与变换,至今仍长期在低灵敏度、高信杂比、小动态范围、窄频带等水平上徘徊。理论与技术基础的严重不足,长期以来制约着光电子技术的发展。

2. 技术储备甚浅,仍处于发展的初级阶段

光频段具有的本质性优势,如大信息容量、高空间/时间分辨力、宽频带宽度等,由于支撑技术储备匮乏,尚无从发挥作用,致使光电系统仍然处于发展的初级阶段。

光信号至今仍习惯于作用距离极近的直接探测,光外差接收方案长期走不出实验室的象牙塔。相比之下,采用超外差接收方案的无线电收音机却被人们普遍认可,早已演变为低价普及商品了。

光电吊舱在自然非相干光照明下的被动探测,虽说是其工作隐蔽性优点的体现,但却强烈依赖于天气和太阳高角,无法适应低照度环境,遇到零照度探测,更感到十分困难。激光主动照明下的零照度成像,还未走出验证试用阶段,远未达到大批列装的技术水平。

激光雷达,历经半个世纪的研究,可用性仍似"鸡肋",同时期的超视距雷达、数千千米级的远程预警雷达却已经林立在各战略/战术要点,成为各国威慑力量的重要组成部分。

雷达合成孔径技术,发明已近 40 年,这种成像雷达,穿透性与可视性兼备,早已广泛应用于机载与星载微波装备。光学合成孔径技术,虽然也研究了几乎同样长时间,却至今仍属阳春白雪,合者甚寡。

上述事实,表明光电子科学与技术及其工程体现的光电系统,实在是方兴未艾而又五彩缤纷的研究领域与朝阳行业,值得有识之士大加关注。

1.1.6　国外无人机光电吊舱的现况

传感器是无人机光电吊舱中造价最高、作用最大的关键部件。例如，光电/红外传感器-多光谱定位系统传感器，现已被普遍改装到 MQ-1"捕食者"无人机上，其造价相当于无人机本身；"全球鹰"无人机的 RQ-4 Block 10 综合传感器系统的造价占无人机总成本的 33%；而集成了多信号传感器的 RQ-4 Block 20 综合传感器系统，其造价占总成本的比重上升到 54%。

下面以 3 个国家的设备为例，介绍无人机光电吊舱的现况。

1. 美国

美国是最早研制无人机的国家之一。目前已投入使用的无人机多达 75 种、1329 架以上，正在研制的达数十种。它们在性能上具有飞行距离远、飞行高度高、续航时间长、通信速率快、机载设备及飞行控制技术先进、隐身能力强等特点，目前的研究工作正从单纯侦察向侦察/打击一体化方向发展，并积极研制无人战斗机。

（1）L3-WESCAM 14TS/14QS"捕食者"无人机光电吊舱

美空军的"捕食者"RQ-1（图 1.1，改型后为 MQ-1，兼有战斗机功能）和"猎人"都在回转架上安置了实时视频系统。目前正将多谱段定位系统（光电/红外/激光指示器/激光照明器）集成到"捕食者"上。

图 1.1　RQ-1"捕食者"无人机

早期 RQ-1"捕食者"的光电吊舱（图 1.2）为 L-3 WESCAM Model 14 传感器转塔系列（T 为 3 传感器，Q 为 4 传感器），可昼/夜工作。

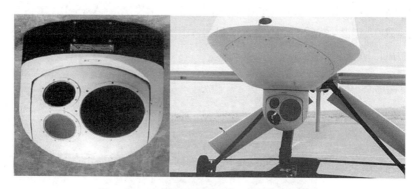

图 1.2　RQ-1"捕食者"无人机上的光电吊舱

光电吊舱主要性能如下：

- 4 轴陀螺稳定,3 轴被动振动隔离,视轴抖动(RMS)优于 35 μrad。
- 最高转速:90 °/s。
- 方位:360°连续,俯仰:−120°～+90°。
- CCD TV:两台 ICCD Sony XC-999,分辨力 469 Lines,灵敏度 2000lx@ f5.6,最小照度 4.5lx@ f1.2。
- TV 变焦镜头:焦距 16～160 mm。
- 视场 FOV:2.3°×1.7°/23°×17°。
- 弹着点显示器镜头:焦距 955 mm,FOV:0.38°×0.29°。
- 热像仪:像元数 512×512 PtSi,3～5 μm,4 视场,附加×2 焦距扩展器;焦距 19 mm,70 mm,180 mm,560 mm,FOV:40.9°×31.3°,10.9°×8.4°,2.7°×2.1°, 1.4°×1.0°,切换时间<1 s,增益调节:5 挡可选,MTBF 4000 h,斯特林制冷。
- 可选热像仪:像元数 256×256 InSb,3～5 μm,4 视场,附加×2 焦距扩展器;焦距 11 mm、70 mm、180 mm、560 mm,FOV:40.9°×40.9°,10.9°×10.9°,2.7° ×2.7°,1.4°×1.4°,切换时间<1 s,增益调节:5 挡可选,MTBF 4000 h,斯特林制冷。
- 图像冻结用于分析。
- 人眼安全激光测距仪:1.54 μm,60 pulse/min,接收器面积 50 cm^2,精度±5 m。

RQ-1B 是美国 1999 年新开发的变型机。B 型机增大了机身,采用了 Y 形尾翼和涡桨发动机,进一步提高了起飞质量,增强了续航能力。MQ-1 则是加挂"海尔法"激光制导导弹后的侦察/战斗机型无人机。

(2) 雷神 AN/AAS-52 多光谱瞄准系统 A(MTS-A)

MTS-A(图 1.3)是组合了光电、红外、激光测距,使用最新的数字结构,为 AGM-114"地狱火"导弹和北约(NATO)激光制导弹药提供远程侦察、目标截获跟踪、激光测距和指示的多光谱系统。装备美国海军 MH-60R 直升机和空军 MQ-1

"捕食者"无人机。新型 MQ-1(图 1.4)用 MTS-A 代替 AN/AAS-42,单台价格 150 万美元。2007 年 3 月,雷神签 25 台 MTS-A 用于 MH-60R 直升机,2007 年 2 月,签 60 台用于 MQ-1 的合同。

图 1.3　MTS-A

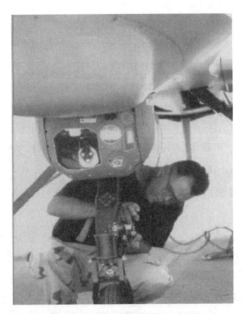

图 1.4　为 MQ-1 加装 MTS-A

AN/AAS-52 包括含集成惯性测量单元(IMU)的转塔(WRA-1),以及电子单元 WRA-2。系统使用了雷神的局域处理(LAP),这是一种自动的无需人插手的图像优化技术,能使图像显示信息最大化,增强情景认知(SA)和远程监测能力。自动电视跟踪器工作在形心、面积和特征模式。

主要特性：

- 体积、质量：WRA-1Φ457 mm × 475 mm，59 kg；WRA-2Φ366 mm × 124 mm×193 mm，11.3 kg。
- 光谱段：$0.4\sim0.7$ μm 和 $0.6\sim0.8$ μm（TV/NIR），$3\sim5$ μm（MWIR）。
- 焦面阵列 FPA：制冷型，像元数 640×480 InSb。
- IR FOV：$0.6°×0.8°$，$1.2°×1.6°$，$5.7°×7.6°$，$17°×22°$，$34°×45°$。
- TV FOV：$0.21°×0.27°$，$1.2°×1.6°$，$5.7°×7.6°$，$17°×22°$，$34°×45°$。
- 电子变焦：$×2$：$0.11°×0.14°$（TV），$0.3°×0.4°$（IR）。
  　　　　　$×4$：$0.06°×0.07°$（TV），$0.15°×0.2°$（IR）。
- 覆盖范围：方位 $360°$ 连续，俯仰 $-120°\sim+60°$。
- 回转速度：3 rad/s 俯仰。
- 电源：28 VDC/115 VAC。
- 温度：$-54\sim+55$ ℃。
- 高程：9144 m。
- 空速：350 nmile/h IAS。

（3）雷神多光谱瞄准系统 B（MTS-B）

MTS-B（图 1.5）是一种多用户、数字式、光电/红外/激光组合的目标探测、测距和跟踪装备，专用于远程侦察、高空目标截获与跟踪、测距和激光指示，适合于 AGM-114"地狱火"空-面导弹和所有 3 种服务/北约（NATO）激光制导导弹。针对 2004～2005 年通用原子公司 MQ-9（即捕食者 B）UAV，首批 4 台于 2007 年 3 月加装了 MTS-B，也可用于其他固定翼和旋翼飞机。MTS-B 中的不同传感器图像可融合产生组合图像，还有自动的无需人工的图像优化技术。

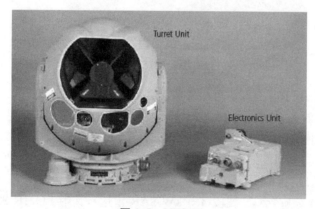

图 1.5　MTS-B

主要特性：

- 体积、质量：WRA-1 转塔 Φ559 mm，104 kg；WRA-2 电子箱 366 mm × 124 mm×193 mm，11.3 kg。

- FOV:超窄:IR:$0.23°×0.31°$,TV:$0.08°×0.11°$。
  窄:IR/TV:$0.47°×0.63°$。
  中窄:$2.8°×3.7°$。
  中:$5.7°×7.6°$。
  中宽:$17°×22°$。
  宽:$34°×45°$。
- 电子变焦:×2、×4。
- 覆盖范围:方位$360°$连续。
- 俯仰:$-135°\sim +40°$。
- 回转速度:2 rad/s。
- 电源:28 VDC。
- 制冷:内含。
- 环境:MIL-EO-5400,MIL-STD-810。
- 最大空速:200 nmile/h。

加装 MTS-B 的无人机 MQ-1B 如图 1.6 所示。

图 1.6　加装 MTS-B 的 MQ-1B

(4)"全球鹰"RQ-4 高空无人侦察系统

雷神航空航天系统公司于 1995 年开始研制"全球鹰"RQ-4,见图 1.7,配套的传感器组合见图 1.8。1997 年首飞,2005 年供空军使用。

其光电吊舱主要性能如下:

- 光学系统:焦距 1750 mm,口径 280 mm。
- 质量:402 kg(含 X 波段 3.5 kW SAR 雷达),其中 EO/IR 99 kg。
- 电源:28 V,582 W。
- 三代红外传感器:工作波段 $3.6\sim5~\mu$m,FPA:InSb,像元数 $480×640$,阵列视场 5.5 mrad×7.3 mrad,像元视场 11.4 μrad。
- CCD 相机:工作波段 $0.4\sim0.8~\mu$m,像元数 $1024×1024$,阵列视场 5.1 mrad×

图 1.7　RQ-4"全球鹰"无人机

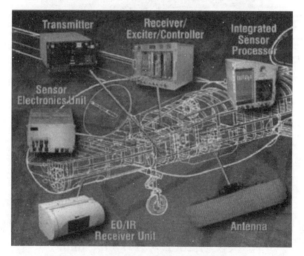

图 1.8　RQ-4"全球鹰"的传感器组合

5.2 mrad,像元视场 5.1 μrad。

- 搜索能力:宽域搜索模式 138000 km^2/day。
- 点照明方式:1900(2 km×2 km)spots/day。
- 几何精度:20 m 圆概率误差(CEP)。
- 稳定性:3 mrad(注:疑为 μrad)。

(5)"影子"无人机 L-3WESCAMModel11-SST 步进-凝视平台

"影子"无人机 L-3 由 WESCAM 公司制造,装载的光电吊舱见图 1.9。

各分系统性能如下:

- 转塔:质量 17.7 kg。
- 尺寸:Φ279 mm×368 mm。
- 功耗:平均 85 W,最大 170 W。

图 1.9　"影子"无人机光电吊舱

- 稳定平台：主动陀螺稳定，四轴。

　　　　　　被动振动隔离，六轴。

　　　　　　视轴抖动：20 μrad，RMS。

　　　　　　转动范围方位：360°。

　　　　　　俯仰：-120°$\sim +90$°。

　　　　　　转动速度：120 °/s。

　　　　　　定位精度：± 1 μrad（注：疑为 mrad），RMS。

- 传感器：

三视场热像仪，FPA：InSb 像元数 640$\times$512，3$\sim$5 μm，斯特林循环制冷。

　　　　　　大视场：28.7°$\times$21.7°（f35 mm）。

　　　　　　中视场：8.9°$\times$6.7°（f115 mm）。

　　　　　　小视场：2.2°$\times$1.7°（f460 mm）。

彩色变焦 CCD，逐行扫描，16 bits。

　　IEEE 1394 接口，$\times$14 变焦。

　　视场：28.5°$\times$21.4°（f11.5 mm）。

　　　　　2.2°$\times$1.7°（f150 mm）。

人眼安全激光测距仪（可选）：

　　Er 玻璃：1.54 μm。

　　重复频率：1 Hz。

　　测量范围：8 km。

　　测量精度：± 5 m。

激光测距/指示器（可选），二极管激光器，1.064 μm/1.54 μm 双频。

　　重复频率：1$\sim$20 Hz。

2. 以色列

以色列研制的无人机光电吊舱多是通用式，可方便地按需要供机载、舰载和车载使用。几个典型产品如下：

(1)"鹰眼"插入式吊舱 POP200

"鹰眼"插入式吊舱 POP200(图 1.10)由以色列飞机制造公司(IAI)TAMAM分部制造。

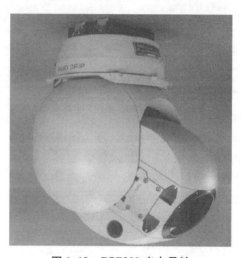

图 1.10　POP200 光电吊舱

光电传感器特性为：

• 四视场中波红外 FLIR，FPA InSb，像元数 320×240，3～5 μm，斯特林循环制冷。

大视场：22°×16°。

中视场：6.9°×5.2°。

小视场：1.7°×1.3°。

超小视场：0.85°×0.65°。

• 彩色变焦：CCD TV，1/4″。

光学变焦：1∶16。

电子变焦：×2。

水平视场：27°～0.85°。

• 物理特性：

尺寸：直径 260 mm，高度 380 mm。

质量：14～16 kg。

电源：28 V，120 W。

POP200 光电吊舱于 2006 年装载于无人直升机 CAMCOPTER S-100 中

（图 1.11）。

图 1.11　装载 POP200 的直升机

（2）高分辨力轻便稳定昼间观测系统 Controp ESP-600C

Controp ESP-600C（图 1.12）主要技术参数如下：

- 对车形目标探测距离：30 km，识别距离：12 km。
- 物理特性：尺寸：Φ300 mm×435 mm，质量：12.3 kg。
- 电源：28 V，40 W。
- 彩色 CCD：分辨力 450 Lines。
  变焦镜头：×15，f40～600 mm。
  视场：$0.75°～11.5°$。
- 稳定性：10 μrad。
- 转动范围：方位无限，俯仰 $+10°～-105°$。
- 转动速度：40 °/s。
- 定位精度：$0.7°$。

图 1.12　Controp ESP-600C

（3）高分辨力昼/夜观测系统 Controp FSP-1H

Controp FSP-1H（图 1.13）主要技术参数如下：

- 对车形目标探测距离：12~20 km，识别距离：4~5 km（小视场）。
- 物理特性：四框架结构，尺寸：Φ320 mm×500 mm，质量：28 kg。
- 电源：28 V，125 W。
- 前视红外：3~5 μm，FPA。
- 昼光 CCD：LLLTV，可选用。
- 稳定性：25 μrad。
- 转动范围：方位无限，俯仰＋10°～－105°。
- 转动速度：方位 45 °/s，俯仰 32 °/s。
- 定位精度：0.7°。
- 视场切换时间：1 s。

图 1.13　Controp FSP-1H

3. 南非

南非 Nenel 公司属下的 Cumulus（前身为 Kontron）研制有 Goshawk 350/400 光电吊舱系列（图 1.14），1995 年生产。

Goshawk 350 主要技术参数如下：

- 1.2 cm(1/2 in)TV Camera：PAL。
- 三种变型可用：
    单 CCD 彩色 TV Camera：像元数 450×450，f16~244 mm。

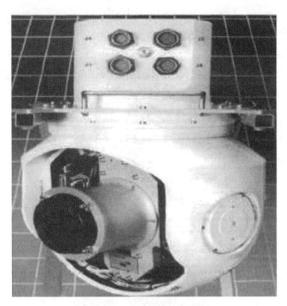

图 1.14　Goshawk 光电吊舱

3CCD 彩色 TV Camera:像元数 560×560,f14~448 mm。

黑白 CCD Camera:像元数 580×580,f1000 mm。

- 二代热像仪:8~12 μm,288×4 CMT。
- 三代热像仪:3~5 μm,384×288 CMT 或像元数 256×256 InSb。
- 激光测距仪:20 km,±5 m。
- 转塔尺寸:直径 350 mm,长 500 mm,质量 14 kg。
- 覆盖范围:方位 360°连续,俯仰－120°~＋15°。
- 视线稳定:30 μrad。
- 传感器 FOV:

  白天训练 Sony FCB 780 1-CCD 彩色变焦,水平 2°~18°。

  白天监测 DXC990P 3-CCD 彩色变焦,水平 0.7°~28°。

  MWIR 两挡 3°/18°。

  MWIR 连续变焦 2°~15°。

  LWIR 两挡 4°/18°。

- 扫描速度:1 rad/s。
- 探测距离:8 km。
- 工作温度:－30~＋50 ℃。
- 平台控制单元 PCU 256 mm×129 mm×217 mm,6 km。

Goshawk 350 系列可组合成以下各种变型:多传感器型(MSP),超彩色型(SCP),通用摄像型(UCP)。型谱为 Goshawk 350-100 至 Goshawk 350-900。

Goshawk 400 带更大的转塔,用于中/高空无人机。型谱为 Goshawk 400-100

至 Goshawk 400-900。

　　物理特性:

- 尺寸:直径 350 mm(350 型),410 mm(400 型)。
  高度 490 mm(350 型),500 mm(400 型)。
  质量 25～32 kg(350 型),35～42 kg(400 型)。
- 电源:28(±10%) V。
- 目标探测距离:8 km。
- 搜索范围:方位连续;俯仰 15°～120°(350),20°～105°(400)。
- 搜索速度:1 rad/s。
- 视轴稳定性:33 μrad。
- 定位精度:3 mrad。
- 传感器视场:CCD TV(宽视场):1-CCD 22.6°,3-CCD 26.0°。
  CCD TV(窄视场):1-CCD 1.5°,3-CCD 0.8°,黑白 CCD 0.3°。
  IR(宽视场):18.0°。
  IR(窄视场):4°。
  3～5 μm InSb 1.8°。
  3～5 μm CMT 3.0°。
  8～12 μm 4.0°。

1.2　无人机光电吊舱基本构造原理

1.2.1　结构组成

　　光电吊舱主要由稳定转塔、光电载荷、升降装置组成。高清可见光摄像机、前视红外仪、激光测距照射器、视频图像记录仪等安装在稳定平台内作为光电侦察载荷。

　　机载光电吊舱具体组成如图 1.15 所示。

　　稳定转塔包含稳定转塔和台体内部承载的传感器及视频记录仪。稳定转塔一般为两轴两框架形式,框架包括方位框架和俯仰框架;传感器主要包括红外成像装置、激光测照器和可见光摄像机。两套框架系统转角位置均处于零度时,俯仰轴沿垂直方向向下。

　　方位框架安装的电路板主要包括伺服板、功放板、电源板以及 A/D 板等,其余还包括导电滑环以及旋变和电机等,驱动方式为电机直接驱动方位轴。连接盘和轴承等构成方位轴系。

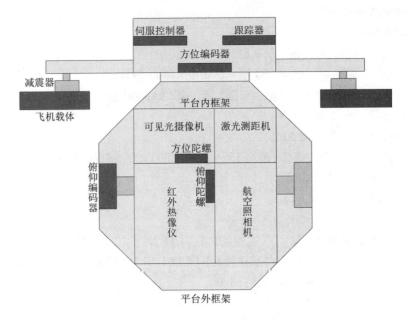

图 1.15　机载光电吊舱组成示意图

俯仰框架为传感器等的装载受力框架，由电机直接驱动。核心内容为三种传感器与记录仪等在框架内的布局设计。考虑到配重和光轴一致性的调试方便，红外和可见光安装在下部基板上，安装方式为正向；记录仪和可见光安装在上部基板上，安装方式为吊装。通过要求两个安装基板的平行度和各个传感器光轴及各自基板的平行度，来保证整个系统装配后的光轴一致性，后期通过少量垫片来实现光轴平行度 1 mrad 的性能指标要求。在这种传感器安装方式下，绕水平轴、垂直纸面轴不会发生光轴旋转，但可能在垂直轴向要在基板上增加限位凸台，凸台和传感器安装基板之间的间隙可以通过计算装配后可能的最大误差量给出。为减少配重，尽量降低系统重量，要求各个传感器的重心在球体轴线位置附近。为方便调试，球壳分为前、中、后三个部分，在球壳之间的贴合面上设计密封圈，保证球壳具备一定的密封性。为了方便陀螺的拆卸和调试，在中球壳下部开有窗口。

1.2.2　工作原理

1. 控制系统结构原理

稳定转塔一般是两框架两轴稳定系统或四框架两轴稳定系统。四框架两轴稳定系统一般由内框架系统和外框架系统构成，内框架系统是回转角较小的两轴稳定平台。台体内安装前视红外仪、可见光电视摄像机、激光测照设备、视频图像记录仪等。同时，台体内部安装了速率陀螺仪，速率陀螺仪由电子控制系统的陀螺电路驱动,速率陀螺仪、力矩电机、平台控制电路和功放单元构成平台稳定控制系统。内框架系统安装在外框架系统的外俯仰环上,平台台体相对外俯仰环的角度关系由内框架系统两轴上的测角器来检测。外框架系统的外俯仰环、外方位环分别由一个伺服电机减速器组件来驱动,它们的每一个轴上都有一个旋变测角器。锁定态时,转塔由各自的测角器、驱动电机和相应控制电路构成锁定控制回路;惯性态和跟踪态下,转塔内框架台体做角运动时,外框架系统随动,从而实现大角度随动跟踪目标。

转塔中的可见光电视和红外摄像系统获取了外界图像信息后,将图像信息传送给位于电子控制盒内的数字图像处理器,数字图像处理器对图像信息进行处理后得到电视和红外脱靶量,然后将电视和红外脱靶量传送给中心处理器,中心处理器存储脱靶量信息,并向内、外框架伺服控制器发送信息。

电子控制盒中的伺服板上集成了控制系统的全部硬件,包括通信接口电路、感应同步器信号锁存电路、陀螺信号预处理和 A/D 采集电路、脉冲宽度调制(PWM)信号控制电路和功率驱动电路等。伺服控制器用于读取各接口电路信息,完成信号处理和复杂的控制运算,控制平台实现相应功能,同时实时给有关接口回馈控制系统的相关信息。通信接口电路用于把接收的差分数据转换为伺服控制器能够读取的 TTL 电平形式,以及把伺服控制器发送的数据转换为差分形式发送出去。感应同步器信号锁存电路用于暂存来自平台的角度传感器(感应同步器)的数据,该数据最终由伺服控制器以并行方式读入。陀螺信号预处理和 A/D 采集电路用于对陀螺输出的模拟信号进行低通滤波处理和模数转换,转换后的数据由伺服控制器以并行方式读入 PWM 信号控制电路,根据电限位状态控制运算结果以及工作方式命令控制两路 PWM 信号的通或断。功率驱动电路用于驱动电机,使平台产生运动。

在电视红外跟踪等工作方式命令下,以内框架俯仰方位运动为主,外框架俯仰方位随动于内框架俯仰方位;在扇扫平台归零等工作方式命令下,以外框架俯仰方位运动为主,内框架俯仰方位处于定点状态。所以,在不同的工作方式命令下,内、外框架控制系统要完成不同模式的切换,同时内、外框架控制系统之间要实时进行相应数据的传递。

综上所述,内、外框架方位(俯仰)控制系统结构原理图如图 1.16 所示。

2. 平台控制系统主要回路工作原理

(1) 内框架稳定回路

稳定回路的功能在于隔离载机运动,保证视线的稳定,这是本系统中最关键的控制回路。它由速率陀螺、内框架系统直流力矩电机和电子线路组成。由于是两自由度稳定,因此稳定回路为两套:内方位回路和内俯仰回路。两套回路原理相同,参数略有差异。如图 1.17 所示。

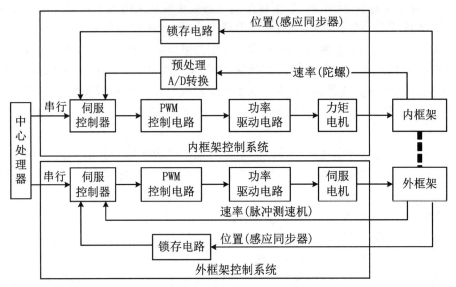

图 1.16　控制系统结构原理图

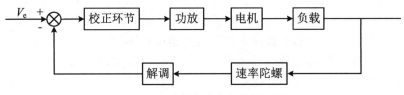

图 1.17　内框架稳定回路原理图

（2）锁定回路

外框架以载机为基准,与载机的角度保持一致,内框随动外框,锁定在零度。锁定回路有四套,内、外框架各两套,回路原理相似,如图 1.18 所示。

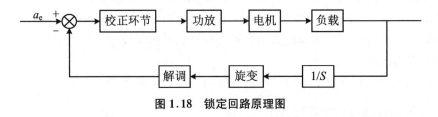

图 1.18　锁定回路原理图

（3）随动回路

外框架随动控制的作用在于通过外框对内框的随动,使内框架两轴转动角始终保持在零值。与外俯仰随动的不同在于:当外俯仰角 $\alpha_{外}$ 不等于 0 时,外方位轴、内方位轴将不再平行,此时外方位轴转动 θ 角相当于内方位轴转动 $\theta \cdot \cos\alpha_{外}$ 角,因此控制回路中增加 $\cos\alpha_{外}$ 项。由于 $\alpha_{外}$ 不定,该控制回路将为变系数系统。为了消除变系数因素,利用平台计算机,将内方位轴旋变输出乘以因子即可。控制原理图如图 1.19 所示。

俯仰回路没有 $\cos\alpha_外$。

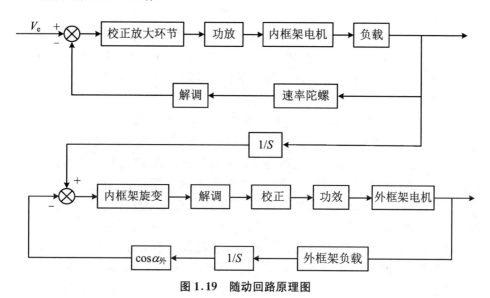

图 1.19　随动回路原理图

（4）自动跟踪回路

在自动跟踪状态，光轴必须始终指向目标，使其视角误差为零。自动跟踪回路由内框架稳定回路、外框架随动回路、图像跟踪器和成像传感器组成。如图 1.20 所示。

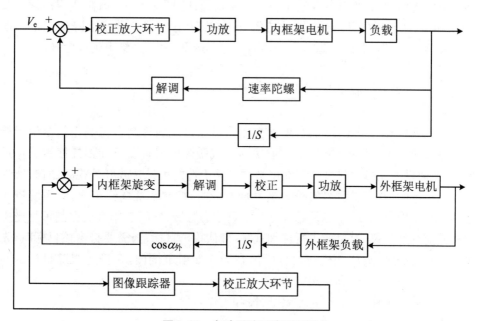

图 1.20　自动跟踪回路原理图

3. 各主要部件的工作原理

稳定转塔采用角速率稳定原理,保证视轴的空间稳定,并提供足够大的超下半球的搜索、跟踪范围。设计中采用两套双轴双框架系统来实现双轴稳定和大范围双轴回转,工作时外框架对内框架随动,从而在确保稳定精度的同时,获得大的回转角范围。转塔两框架的控制回路均采用数字控制回路,控制回路的工作状态切换均由 DSP 完成,校正网络由软件实现。

前视红外仪和黑白/彩色可见光电视摄像机实施对地面目标的昼夜侦察。黑白/彩色可见光电视摄像机将外界景物的光信号经过望远镜系统聚焦在黑白/彩色 CCD 敏感面上,从而呈现景物清晰的像。前视红外仪感知外界景物的热辐射,从目标和背景来的红外辐射经红外望远镜光学放大、水平摆镜扫描成像进入探测器,探测器把景物各部分的红外辐射转换为电信号,经视频处理转换成视频模拟信号输出供进一步处理和显示。

转塔通电工作后,前视红外仪、可见光电视摄像机两组件均处于通电状态,亦可根据地面控制指令切断前视红外仪电源。默认显示图像为可见光,根据需要,可发控制指令快速切换选定的传感器。可见光电视摄像机能连续变倍,前视红外仪有大、小两个视场供操作者选择。

图像跟踪控制器实现对系统的状态控制及对选定目标的识别跟踪,并输出目标相对于图像中心的偏差。

升降机构固定在载机舱内,转塔通过减振装置与升降盘连接,升降盘与 4 根螺杆构成螺旋传动副,当升降驱动电机带动 4 根螺杆同步转动时,升降盘将沿螺杆及 2 根导向光杆上下移动,从而带动转塔升降,当转塔分别上升或下降到规定高度时,限位开关工作,电机电源被自动切断,上/下运动停止,并给出到位信号。

1.2.3 工作流程

当无人机飞行至工作区域,地面操作人员通过地面控制台将操作指令由无线电链路传输给光电吊舱,准备实施成像侦察或激光照射。在目标扫描搜索工作过程中,地面操控人员通过观察无线电数据链路下传的可见光或红外视频图像,实现对地面目标的侦察监视;当操控人员发现目标时,控制瞄准线锁定目标,系统进入自动跟踪工作状态,维持目标始终处于视场中心区域,地面工作人员控制可见光摄像机或前视红外仪,对目标进行仔细观察,确认攻击目标;当需要打击该目标时,先对目标进行测距,确认载机与目标距离在激光照射范围内,在稳定跟踪目标的同时,可对目标进行照射和精确打击。

稳定转塔工作状态分为初始化阶段和工作阶段。

初始化阶段:系统启动。

工作阶段:稳定/伺服、锁定/搜索、自动跟踪和保护回收状态。

（1）启动态

稳定转塔需要启动自检准备,在此期间使功放电源供电继电器(常开型)断开,防止方位、俯仰电机误动作;系统启动正常工作后,由伺服控制系统发出开关量指令,功放电源供电继电器(常开型)闭合,电机工作。

（2）惯性稳定/伺服

当系统启动态结束后,系统转为稳定/伺服工作状态。在这种工作状态下,平台稳定/伺服控制回路确保平台光轴相对惯性空间稳定,等待主控计算机指令。

（3）手动跟踪（搜索）

在稳定/伺服工作状态下,由主控计算机发出指令,输送给方位、俯仰框架系统稳定回路,该指令信号与陀螺反馈信号进行比较,用此差值信号驱动控制回路,实现手动跟踪。

（4）锁定

使方位、俯仰框架轴的转角锁定于某固定角度,确保转塔、载机坐标系成某一给定角度。转塔计算机采集旋变输出,以其与该固定角度对应控制电压的差值控制稳定回路,带动转塔框架转动,从而使框架轴的转角锁定于该固定角度值。该固定角度的大小由主控机给出。

（5）自动跟踪

捕获目标后,操作人员通过系统操纵控制器给系统下达"自动跟踪"指令,对目标进行自动跟踪,平台计算机产生开关量信号,将锁定/搜索回路切断,误差信号接入到稳定/伺服回路,构成自动跟踪回路。

当地面操控人员发现目标时,控制瞄准线锁定目标,系统进入自动跟踪工作状态,维持目标始终处于视场中心区域,地面工作人员控制可见光摄像机或红外成像仪,进行目标的仔细观察,稳定跟踪目标的同时,在需要时可对目标进行测距或对目标照射。

（6）保护回收态

无人机系统起飞或回收时,为了保护稳定转塔光学窗口及传感器少受外力损坏,需要转塔方位、俯仰角转到一定角度并处于锁定态。

1.3　无人机光电吊舱检测诊断研究现状

机载光电设备是安装在小型航空飞行器上用于完成侦察、测量、搜索、营救以及火控系统瞄准等用途的航空光学及电子装置,是名副其实的航空器的电子"眼睛"。不同于地面设备,航空器在执行任务时有一定的风险性,而且近年来机载光电设备的复杂程度越来越高,使得机载光电设备的可靠性要求也随之增高。如何快速有效地维护机载光电设备这一复杂且精密的系统,并使其保持高可靠性,是研制机载光电设备过程中面临的一个新问题,同时也是一个关键性问题。而机载光电设备地面保障系统就是为解决这个问题应运而生的,很多科研单位已经把它提升到和研制机载光电吊舱一样重要的高度。

地面保障系统对机载光电设备的维护性、可靠性、安全性、战备性和寿命周期费用都有直接和间接的影响。一个缺少地面保障系统的设备在日常使用时可能会有未被测试出的故障状态,导致可靠性差,同时也增加其平均修复时间,降低设备的战备完好性和可用性,而修复时间的增加意味着增加维修人力和测试资源的支出,即增加使用和保障费用。

因此,一个复杂的机载光电设备在使用、维护和修理过程中都离不开地面保障系统提供的功能测试和状态监控。目前国内的机载光电设备鲜有配套的智能的、能完成设备故障诊断与定位的地面保障系统,当没有相应领域专业人员在任务现场时,大部分设备无法进行故障诊断与定位,有可能导致现有任务无法进行甚至设备损毁的事故。

1.3.1 航空电子故障诊断的发展

航空电子,其英文"avionics"是由"aviation"(航空)和"electronics"(电子学)两词相结合派生出来的。伴随着航空电子的不断发展,其各种相应的故障诊断方法也在不断改变,由第一代分立式航空电子系统,以及第二代联合式航空电子系统,发展至第三代综合式航空电子系统以及先进综合式航空电子系统。

1. 分立式航空电子系统

早期的航空电子系统为分立式结构,系统由许多"独立的"子系统组成,如图1.21所示,雷达系统、天线系统以及其他传感器系统都是独立安装在飞机上的,之间不存在任何联系,每次在执行飞行任务前后,都需要地面维修人员将每一个子系统从飞机上拆卸下来进行逐个测试与维护,遇到故障时则要由经验十分丰富的专业人员对故障设备进行逐级排查,致使航电系统维护负担过重、工作效率下降,直接影响飞行安全和飞机效能的发挥。

2. 联合式航空电子系统

20世纪70年代初期,为了解决分立式航空电子系统带来的一系列制约问题,美国空军提出了数字式航空电子信息系统(DAIS)计划,这是航空电子系统历史上一个里程碑式的计划。在DAIS计划中,航空电子系统通过1553B总线将原本独立的各个分系统以及传感器有机地联合起来,如图1.22所示,除了雷达系统外,其

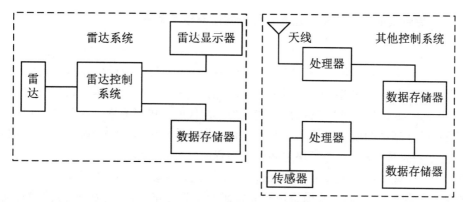

图 1.21 分立式航空电子系统

他系统如天线以及传感器都可以共享信息并统一显示在座舱显示屏上。此外在飞机机身上留有信息输出接口,维修与测试飞机的时候,地勤人员不需要将各个子系统从飞机上拆卸下来,而是利用飞机上留有的接口与机内测试(BIT)系统通过1553B 总线连接各个子系统进行故障诊断与维修,从而提高了故障测试及诊断的精度,扩大了测试范围等。

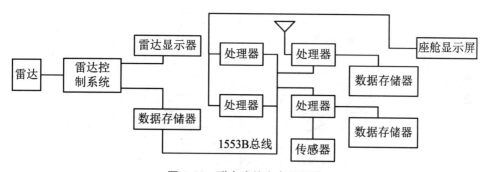

图 1.22 联合式航空电子系统

目前世界上大部分的航空电子故障诊断系统都依赖于 BIT 系统进行测试,但是 BIT 系统也有其缺陷。由于 BIT 系统在故障诊断时只能进行独立的自检性质的故障诊断,无法与和其相关联的其他子系统进行联合的子系统级、系统级的故障诊断等测试,其故障诊断结果有较高的虚警率以及较低的故障复现率,因此对地面维修人员的专业水平要求较高,且当出现多个子系统联合故障现象时,需要诸多相关领域专家才能解决故障。随着联合式航空电子系统复杂性的不断增加,这些问题越来越明显,为了改善 BIT 技术现状,美国空军大力发展基于人工智能技术特别是基于专家系统的故障诊断技术,使美军外场测试的准确性有了很大提高,在提高了测试效率的前提下,还降低了对地面维修人员相关专业领域的技术要求。

3. 综合式航空电子系统及先进综合式航空电子系统

随着计算机技术的长足发展,美国空军在研制 F-22 与 F-35 的过程中,提出了新一代航空电子系统计划——"宝石柱"(Pave Pillar)与"宝石台"(Pave Pace)两个计划,其中以 F-22 的航空电子系统为代表的"宝石柱"计划为第三代航空电子系统,而以 F-35 为代表的"宝石台"计划则为第四代航空电子系统。如图 1.23 所示,"宝石柱"计划中的航空电子系统实际上是由许多称之为"通用模块"的计算机组成的,除了特殊模块外,其他模块之间可实现资源共享,并可以互相作为对方的备份,当其中一个模块出现故障时,其他模块则肩负起该模块所承担的任务。与第二代航空电子系统相比,第三代航空电子系统具有更广泛的 BIT 能力,通过故障过滤,可以确定某个故障是否足够严重而需要向驾驶舱里的飞行员发出提示或警告,甚至可以使飞机在执行任务期间,通过预设的专家诊断系统实时自我修复一些故障,即可以达到自我测试、自我诊断以及自我修复的功能。而在地面保障时,诊断系统可以深入到外场可更换模块级(单个的电路板)确定故障。该系统还有各种机内测试传感器、故障过滤和重要失效数据记录,通过失效数据记录,维修人员可以准确掌握部件何时失效。

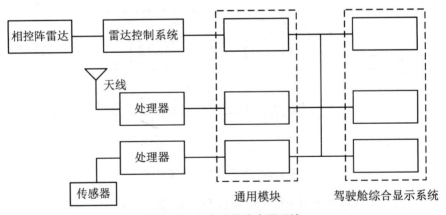

图 1.23　综合式航空电子系统

图 1.24 所示为第四代航空电子系统"宝石台"计划,相比"宝石柱"计划,"宝石台"计划进一步加强了综合深度及更广泛地使用了光学传输信息(利用高速光学网络,系统间存取速度可以达到 1 ns),但在故障诊断方面与"宝石柱"计划类似,这里不再赘述。

可以看出,上述航空电子系统由于安装在较大型的航空飞行器中,设备的冗余、故障余量系统较为完善。

国内的航空电子系统目前大部分都是第二代航空电子系统。

而机载光电设备是安装在小型航空飞行器(或无人机)上的侦测设备,在满足性能指标的前提下,要求尽可能减小设备的体积与重量,从而限制了其系统内冗余

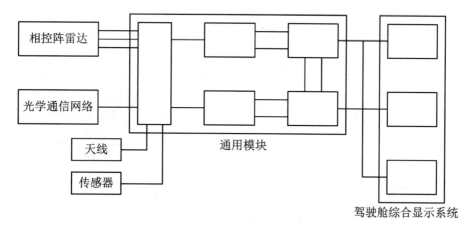

图 1.24　先进综合式航空电子系统

度的设计与机内测试(BIT)的能力,所以目前机载光电设备的测试以及故障诊断主要依赖地面的专业人员以及地面保障设备。

　　目前机载光电设备鲜有配套的、智能的能完成设备故障诊断与定位的地面保障系统,国内外相关文献、技术资料、报道甚少,为了解决没有专业人员在任务现场时设备无法进行故障诊断与定位的问题,确保设备的可靠与稳定,有必要进行机载光电设备地面智能保障系统的研制。

1.3.2　基于专家诊断的机载光电设备地面检测系统

1. 系统组成

　　机载光电设备地面保障系统有以下主要任务:为机载光电设备提供故障诊断服务,在对故障进行定位的基础上,使用专家系统对故障现象进行诊断,并给出故障结论,将故障消灭在地面阶段,保证机载光电设备在执行任务时的可靠性。

　　如图 1.25 所示,机载光电设备地面保障系统由两个分系统共六个不同功能的模块构成。其中测试系统包含光电吊舱测试模块、可见光摄像机测试模块、角度传感器测试模块、激光测距机测试模块、升降机构测试模块等。通过这些模块,测试系统可以完成对机载光电吊舱的主要功能性测试以及故障定位。而专家诊断系统包含基于专家系统的故障诊断模块,专家诊断系统从测试系统中获得故障定位的信息并进行基于最大隶属度的专家诊断,从而得出故障结论并提示维修人员选择相应的维修策略。

2. 检测系统功能

　　从实用性出发,需要做到操作简单易行,人机界面友好,菜单提示详细清晰明了。

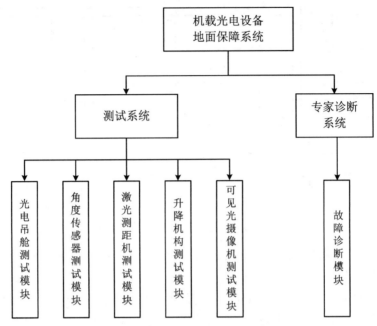

图 1.25　机载光电设备地面保障系统构成

测试分为自动和人工两种方式。

自动测试方式中，在进行某一专项功能测试时，CPU 发出控制命令，并采集数据然后判断工作是否正常，给出测试结果是工作正常还是存在故障，是什么故障。若要进行故障定位，则需要运行专家系统界面。

在人工测试方式下，CPU 需要提供尽可能详细的、直观的、便于观测的被测设备数据，以供相关领域专业人员进行数据分析。

3. 检测系统功能模块与流程

测试系统测试内容主要包括光电吊舱测试、角度传感器测试、激光测距机测试、升降机构测试、可见光摄像机测试。

系统上电后，先进行系统的初始化与自检，自检完成后，系统打开串口接收测试系统的测试数据，并对接收到的信息进行处理。对数据进行处理后，测试系统发送测试指令，对各个测试项目分步进行测试，最后将测试结果在屏幕上加以显示，完成系统的测试以及故障定位工作。系统工作流程如图 1.26 所示。

系统自检主要是对串行通信端口以及图像采集端口进行测试，判断这两个端口是否可用。系统自检流程如图 1.27 所示。

4. 检测内容

机载光电设备地面保障系统的测试内容包括功能测试与性能测试，功能测试

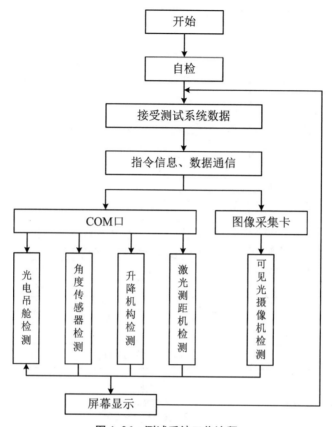

图 1.26　测试系统工作流程

的主要目的是测试设备的完好性,对设备是否可用进行评估,反映设备功能的基本状况;而性能测试主要测试设备的老化程度,以及反映设备是否失去应符合的效率。根据功能测试与性能测试的结果,机载光电设备地面保障系统可以对板级与分系统级故障进行诊断。

(1) 功能测试

① 光电吊舱各功能是否具备。

② 有效载荷(包括可见光摄像机、激光测距机等)工作是否正常。

③ 系统(如角度传感器、升降机构等)工作是否正常。

(2) 性能测试

① 角度范围。

② 视场角。

③ 激光测距误差。

④ 可见光作用距离。

⑤ 升降时间。

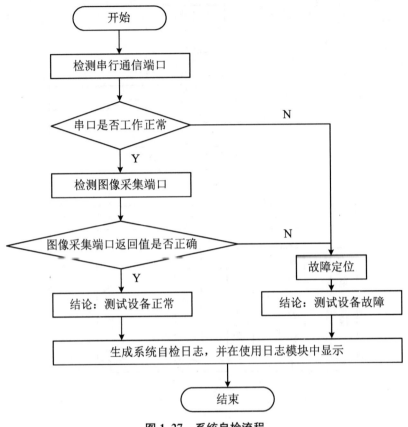

图 1.27　系统自检流程

（3）故障定位诊断

① 板级故障定位：
- 主控板。
- 角度传感器板。
- 跟踪器板。

② 分系统故障定位：
- 激光器。
- 可见光摄像机。
- 升降机构。

5. 检测方式

机载光电设备测试系统有自动和人工两种测试方式。

自动测试方式是指根据被检设备反馈的状态数据，由测试系统自动给出测试结果。如测试平台的角度传感器时，系统自动发出一个让平台旋转的命令，使平台旋转，测试系统根据接收到的平台角度变化状况，就可以确定角度传感器是否正常工作。

人工方式是指由操作人员人工判断给出测试结果。如测试可见光摄像机图像时，必须通过人工判断有无图像来确定可见光摄像机是否正常工作。判断一些细节问题时使用人工方式比较多。

1.3.3　国内无人机光电吊舱检测诊断研究现状

1. 基于模糊综合评判的无人机光电吊舱控制盒故障诊断

主要讨论了基于二级模糊综合评判方法在光电吊舱控制盒故障诊断中的应用，解决了控制盒故障诊断中的不确定难题，提高了故障诊断效率、准确度和可信度。

针对某型无人机光电吊舱控制盒故障诊断中的不确定性问题进行了分析，结合硬件检测的方法，设立了故障征兆集与原因集，构造了诊断矩阵，并采用二级模糊综合评判法进行故障诊断推理，得到比较合理的结果，试验表明该方法提高了某型无人机光电吊舱控制盒故障诊断的效率和准确率。

2. 某型无人机光电吊舱故障诊断系统

主要介绍了某型无人机光电吊舱的组成与原理，提出了故障诊断系统的设计方案，并对其软硬件实现进行了研究。

（1）功能设计

根据检测需要及使用的实际情况，该故障诊断系统能够完成以下功能：

① 完成光电吊舱基本功能状态的控制与检测。

② 接受并显示各部件反馈的状态信息，具有指令正误判断和故障定位信息显示功能。

③ 自动检测平台主要部件（控制系统主件及载荷）的工作状态，并进行故障定位。

④ 具有视频输入、同步输出能力和视频采集、回放功能。

（2）故障诊断系统组成

故障诊断系统主要由加固主控机和测试控制箱 2 个部分组成。其中，加固主控机是在工控机的基础上配置高精度数据采集卡、多路视频采集卡并装载系统专用功能控制检测软件而形成的；测试控制箱则包括 AC/DC 电源模块、静态测试模块、动态测试模块、通信接口转换模块和三通传输电缆等。

（3）故障诊断步骤

根据光电吊舱在无人机系统中的工作与连接方式，拟定故障检测采用三级检测模式。

　　一级检测主要诊断无人机的通信链路是否畅通,把故障隔离到光电吊舱或其上位系统。二级检测是在电缆检测的基础上诊断光电吊舱自身的故障,将故障诊断仪和昼夜光电侦察系统连接,把故障初步定位到稳定平台或电子控制盒。三级检测首先单独对稳定平台进行检测,把故障定位到稳定平台的各分组件上;然后用三通传输电缆将系统闭环,测试电子控制盒的输出信号,结合稳定平台的检测结果,把故障定位到电子控制盒的电路板上。

　　最后综合以上测量结果,根据知识库中建立的系统功能和性能异常/故障的模型或案例,将全系统的故障定位到某一组件上,并给出解决故障的建议,综合评估光电吊舱主要部件的健康程度。

1.4　无人机光电吊舱使用维护

1.4.1　基本使用操作

　　无人机光电吊舱的使用包括光电吊舱地面操作、使用前功能检测、飞行操作、图像记录仪数据处理、入库检测等内容。

1. 光电吊舱地面操作

1) 光电吊舱地面加电

连接好地面测试仪的电源线至供电插座,按下地面测试仪电源按钮,启动地面测试仪。

将光电吊舱的加电电缆插头与稳定转塔的电源、控制接口插座连接好,电缆另一端的插头与地面测试仪的“DC OUT”插座连接好,然后用视频线连接稳定转塔的模拟视频接口与监视器。

打开光电吊舱控制软件,设置串口,点击开始按键,打开光电吊舱开关,开始操作。

2) 稳定转塔功能操作

稳定转塔的功能包括切换视频、光电吊舱自检、回收态、惯性态、锁定态、自动扫描、横向扫描、搜索、跟踪和跟踪/搜索等。

（1）切换视频

单击控制软件界面的切换视频按钮,光电吊舱输出的视频可以在可见光和红外视频之间切换,默认为可见光视频。

（2）光电吊舱自检

光电吊舱设计有系统自检命令,该功能在每次上电时自动启动,光电吊舱中心控制单元向可见光电视、红外热像仪、图像记录仪、伺服系统、激光测照设备等发送自检命令,同时中心控制单元向各个外设发送通信检查指令,根据各个外设的通信反馈信息情况,来判断与该外设的通信是否正常。在工作过程中,光电吊舱实时判断与无人机的通信控制接口(上位机)是否正常,如果光电吊舱与上位机之间通信出现异常,连续一定时间未收到上位机发来的命令帧,则显示通信中断,并自动进入回收状态。

(3) 回收态

单击控制软件界面的回收态按钮,稳定转塔将会锁定在某一固定方位角、俯仰角位置。光电吊舱处于回收态时,在图像的下方显示回收提示字。

(4) 惯性态

单击控制软件界面的惯性态按钮,稳定转塔将会进入惯性稳定态。这时操作屏幕上会弹出一个窗口,使用键盘上的方向键控制稳定转塔做方位或俯仰方向的匀速运动,使用控制键改变运动的速率,在控制过程中同时观察图像。在图像的下方显示惯性(方位角、俯仰角)提示字。如果要退出惯性态,首先关闭该窗口,然后单击其他想要进入的状态按钮即可。

(5) 锁定态

单击控制软件界面的锁定态按钮,稳定转塔进入锁定态,这时可使用锁定配置改变锁定的角度。在方位参数框和俯仰参数框中分别输入需要的角度,单击锁定按钮,稳定转塔将会重新锁定到新的位置。在图像的下方显示锁定(方位角、俯仰角)提示字。

(6) 自动扫描

单击控制软件界面的自动扫描按钮,稳定转塔进入自动扫描态,方位角锁定在某一角度,绕俯仰轴在某个角度附近,以一定的幅度、周期匀速来回扫描。在图像的下方显示自动扫描(方位角、俯仰角)提示字。

(7) 横向扫描

单击控制软件界面的横向扫描按钮,稳定转塔进入横向扫描态,俯仰角锁定在某一角度,绕方位轴在某个角度附近,以一定的幅度、周期匀速来回扫描。在图像的下方中间显示横向扫描(方位角、俯仰角)提示字。

(8) 搜索、跟踪和跟踪/搜索

如果需要对屏幕中感兴趣的目标进行跟踪,首先通过惯性态驱动稳定转塔,将目标移至屏幕中心位置附近,将鼠标光标放在控制软件界面的对应图像区域,按下鼠标左键拖动光标,进入搜索态,图像的下方显示搜索(方位角、俯仰角)提示字,使视频图像中的十字线压住感兴趣的目标,松开鼠标左键,即可实现对目标的跟踪,稳定转塔进入跟踪态,在图像的下方显示跟踪(方位角、俯仰角)提示字。

光电吊舱设计有跟踪/搜索功能。光电吊舱在跟踪状态下,将鼠标光标放在控制软件界面的对应图像区域,按下鼠标右键拖动鼠标,推动视频图像中的波门十字压住另外的目标后,松开鼠标右键,光电吊舱将自动切换到对新选择目标的跟踪,图像的下方显示跟踪(方位角、俯仰角)提示字。

光电吊舱跟踪目标过程中,具有一定的抗遮挡能力,在目标被遮挡或特性变化较大,光电吊舱的跟踪能力不能有效跟踪目标的情况下,系统会进入目标丢失状态,光电吊舱能基本保持视线的稳定,同时图像跟踪框会做闪烁缩放提示。待遮挡消失后,如果目标还保持在视场中心附近,则光电吊舱能够自动重新捕获目标,进入稳定跟踪状态。

光电吊舱进入跟踪态时应遵循以下操作原则:

① 在进行跟踪前,应当对传感器进行调节,使图像变清晰、目标信息更突出,这样更有利于进行跟踪。

② 尽量选取与背景差异较大、特征较明显的目标。

③ 需要跟踪一个运动目标时,为提高捕获目标的准确性,建议先跟踪目标附近的固定场景,再利用跟踪/搜索功能捕获运动目标。

④ 鉴于设备属于人在回路系统,在进行跟踪时,根据实际跟踪情况,经常用跟踪微调功能,使跟踪框准确压住被跟踪目标,或者经常性地采用跟踪搜索态功能对目标进行跟踪修正(即一边跟踪目标,一边调整捕获目标的位置)。因为随着场景的不断变化,跟踪的误差会逐渐累积,最终导致丢失目标。

⑤ 跟踪目标不稳定时可暂时进入惯性态,然后再进行跟踪。

⑥ 当出现多个特征相似的目标聚集在一起时,不建议进行跟踪,此时可采取手动搜索方式,即惯性态。

⑦ 在红外视频下跟踪时,如果红外图像效果不好,应先将红外增益亮度切换到手动状态,并适当调节增益亮度,使目标变得清晰明显,然后再进行目标跟踪。

⑧ 由于稳定转塔俯仰角度存在上下物理限位,在无人机上跟踪目标时,有时会因为稳定转塔到达限位而造成目标丢失无法跟踪。跟踪目标时,应尽量先使用手动搜索惯性态功能,调整稳定转塔方位角,使目标处于稳定转塔俯仰角为正角度的视线内,然后再进行目标跟踪。

3) 可见光电视操作

对可见光电视的操作包括焦距、视场、聚焦和透雾调节。

单击控制软件界面的可见光电视功能区中的视场增、减按键,可以调节可见光电视的视场大小,图像的左上方会显示当前视频类型及视场角大小。在目标出现模糊、虚焦的情况下可进行焦距调节,单击焦距增、减按键,使目标能清晰成像;也可以单击可见光聚焦功能区的聚焦手动按键,进行一次可见光电视自动聚焦。如果单击聚焦自动按键,可见光电视将进入全自动聚焦工作模式,默认为手动聚焦工作模式。

在能见度较低天气,可使用可见光电视的透雾功能来改善图像效果,透雾标准功能开启后,可见光电视具有一定的透雾能力;透雾强功能开启后,图像变为近红外黑白图像,可见光电视具有较强的透雾能力;透雾关闭后,可见光电视图像恢复正常状态。

4) 红外热像仪操作

对红外热像仪的操作包括视场、焦距、增益、亮度、正/负像和校正等功能的操作。

单击控制软件界面的红外热像仪操作功能区的视场增、减按钮,可以调节红外热像仪的视场大小,红外热像仪的视场和可见光电视的视场默认是联动的,如果单击联动关按键,可以关闭此功能;单击焦距增、减按键,可以调节红外热像仪的焦距,使图像更清晰;单击增益亮度手动按键,可以手动调节红外热像仪的增益、亮度,默认为自动模式;单击正/负像按键,红外图像可以在白热和黑热之间切换;单击校正按键,红外热像仪自动校正图像,使图像效果更好。

5) 激光测照设备操作

激光测照设备的主要功能是对感兴趣目标进行测距或照射,照射模式下可以引导激光制导武器对目标进行打击。光电吊舱激光测照设备设计的工作指令有测距、连续测距、激光照射、应急照射和停止等。

单击激光测照设备操作功能区的测距按键,激光测照设备进行单次测距,屏幕下方同时显示测距和相应的距离值。

单击激光测照设备操作功能区的连测按键,激光测照设备在一定时间内连续测距,屏幕下方同时显示测距和相应的距离值。在连续测距的一定时间内,收到测距停止命令,停止测距,屏幕下方字符显示为空闲提示字。

单击激光测照设备操作功能区的照射按键,激光测照设备开始以设定的激光码型进行激光照射。持续照射一定时间,或在该时间内收到停止照射命令后终止照射。屏幕下方同时显示测距和相应的距离值。连续照射一定时间后,要休息一段时间,才可进行下一次激光照射,休息过程中,屏幕下方激光状态显示为休息。

应急照射功能在非正常状态下使用。当激光测照设备处于休息或循环时,某些特殊情况下要使用照射功能,此时可以采用应急照射。应急照射一定时间后,要休息一段时间。

6) 图像记录仪操作

图像记录仪的操作包含记录、停止、传输速率、重启、删除视频、回传红外、回传可见光、两路同传、校时及查询等功能的操作。

任务开始执行时,单击软件界面图像记录仪操作功能区的校时按键,对图像记录仪进行校时操作;单击记录按键,图像记录仪开始记录视频数据,视频图像下方记录仪状态和剩余时间显示变为“记录×××min”,记录剩余时间开始倒计时,每隔一段时间更新一次;单击停止按键,图像记录仪停止记录视频数据;单击重启按键后,图像记录仪将重新启动;单击删除视频按键后,图像记录仪将删除内部记录的所有视频。

2. 飞行前功能检测

光电吊舱上电后,通过无人机控制仓内的控制单元控制升降装置将稳定转塔伸出机腹。稳定转塔上电后进入系统启动态,之后自动进行第一次自检任务,并将自检结果显示到图像界面上。光电吊舱中的三种传感器设计有单独供电控制系统,系统均默认为上电状态。可根据实际需要控制关闭某传感器的电源。

操作手查看自检状态信息,如果自检结果均显示正常,则可以控制稳定转塔进入其他工作模式。根据光电吊舱地面操作进行各功能检查,确认各功能正常后,光电吊舱工作在回收态,将稳定转塔收入机腹,等待起飞。

3. 飞行操作

待无人机进入工作空域后,控制升降装置将稳定转塔伸出机腹,开始执行任务。

(1) 侦察飞行

在目标区域上空,发指令使稳定转塔工作在惯性态,稳定转塔相对惯性空间保持视线稳定,图像稳定不晃动。

稳定转塔处于惯性态时,用地面主控车上的控制摇杆可以操纵稳定转塔做方位、俯仰的运动,对目标区进行手动搜索、跟踪。

当发现目标时,驱动稳定转塔使目标处于图像中心区域附近,发跟踪指令,图像跟踪器则对跟踪框内的图像信息进行处理,输出目标运动的角误差信号给伺服控制电路,从而使稳定转塔自动跟踪目标。

昼夜光电吊舱系统设计有跟踪/搜索功能,在跟踪状态下,操作手可以继续发送跟踪/搜索指令,推动波门十字选中另外的目标后,发送跟踪指令,光电吊舱自动切换到对新选择的目标进行跟踪。

(2) 激光指示

此工作状态主要是为了配合激光武器系统进行目标打击。昼夜光电吊舱进入目标区域上空,采用惯性态、跟搜态等功能操作光电吊舱进入稳定跟踪后,配合武器系统开始激光照射,引导激光制导武器进行目标打击。

在激光照射引导过程中,要保持光电吊舱能够稳定跟踪目标,确保目标处于十字线瞄准位置。此时可以通过跟踪微调功能进行瞄准线精确调整,通过跟踪微调的上、下、左、右四个方向按键调整跟踪位置。

(3) 返航飞行

当任务完成后,无人机开始返航飞行。

① 稳定转塔切换到回收态。

② 通过升降装置将稳定转塔回收到机腹内。

4.图像记录仪数据处理

光电吊舱稳定转塔内部安装的图像记录仪可以实现图像记录、图像转发、图像转储以及数据回放等功能。

(1)图像记录

能够实时接收光电侦察载荷输出的可见光、红外两路视频图像和飞行参数,经图像记录仪内部压缩处理后,存入图像记录仪内部存储体上。

(2)图像转发

能够实时接收光电侦察载荷输出的可见光、红外两路视频图像和飞行参数,经记录仪内部压缩处理后,通过同步端口转发实时图像给无人机。

(3)数据回放

数据记录完成后,主机能够通过回放指令得知已记录在记录仪内部的任务信息,能够按任务号和数据类型将记录仪内部数据通过同步端口进行回放。

(4)数据转储

数据记录完成后,主机能够通过记录仪图像导出设备浏览、读取记录仪的数据信息,能够按任务号和数据类型对内部数据进行转储。

5.入库检测

无人机完成飞行任务后入库,将光电吊舱通电,检查其各项功能是否正常。每次飞行返回后必须检查系统的功能是否正常,为下一次的飞行做好准备。

1.4.2 常见故障现象

光电吊舱常见故障及其排除方法见表1.1。

表1.1 光电吊舱常见故障及其排除方法

序号	故障现象	原因	排除方法	备注
1	光电吊舱加电后无视频图像	电缆接触不良	检查与光电吊舱连接接插件是否拧紧,若未拧紧,断电拧紧后再加电,故障排除	
2	光电吊舱加电后无视频图像	电缆损坏	根据接线定义测量电缆中的同步信号线,若接触不良,将电缆修复,故障排除	
3	光电吊舱加电不响应指令	电缆损坏	根据接线定义测量电缆中的异步信号线,若接触不良,将电缆修复,故障排除	

1.4.3　维护保养方法

（1）光电吊舱长期使用后，要定期清除灰尘。红外热像仪、可见光电视、激光测照设备光学窗口的外表面可用脱脂棉或者镜头纸沾无水酒精擦去灰尘。

（2）升降装置的链条和丝杠等传动部件在清除灰尘后涂润滑油脂。

（3）注意保护好红外热像仪、可见光电视、激光测照设备窗口镜面不受磨损。

（4）升降装置使用前，须检查链条、丝杠润滑情况，若润滑情况不好应在链条上涂抹适量低温润滑脂，丝杆上更换低温润滑脂，并通电上、下升降各 5 次使润滑脂涂抹均匀。

（5）光电吊舱长期不用时，每月必须通电检查 1 h。

1.4.4　运输存储

光电吊舱可以安装在无人机内部进行长途运输，如果长途运输中路面情况比较恶劣，建议将光电吊舱装入专用包装箱进行运输。

当光电吊舱系统长期不用时，应把设备从无人机中拆出，放入包装箱中。光电吊舱装入箱后，应盖好盖子，并扣上锁扣，置于干燥、通风的环境中。

1.4.5　警示内容

1. 危险

（1）激光会伤害人眼，在执行激光测距或照射指令时，严禁将稳定转塔视线朝向人和具有强反射能力的物体（镜子、玻璃等）。

（2）禁止光电吊舱对 200 米以内的目标测距或照射，以免损坏激光测照设备。

（3）确认光电吊舱各窗口未被遮挡，且满足激光测照设备使用要求条件下，才能进行激光测照设备功能检查。

（4）在无人机起飞或降落前，必须利用升降装置将稳定转塔收入无人机机腹内。

2. 警告

（1）在光电吊舱通电使用时，严禁施加外力扳动光电吊舱的稳定转塔。

（2）在光电吊舱地面通电时，禁止带电插拔接插件。

（3）删除视频前必须确认图像记录仪所记录的关键视频数据已经转储备份。

（4）如果稳定转塔出现异常现象，如不受操控连续转动、不响应控制指令等，应立即断电,进行故障排除。

（5）光电吊舱严禁浸水或接触有腐蚀性的液体。

3. 注意

（1）圆形接插件插头和插座连接时,将接插件的卡槽对准旋转,听到响声后,插头和插座无法继续旋转,表示已经拧紧。

（2）稳定转塔俯仰超出限位角度,不受控时,要使光电吊舱转入回收态。

（3）应尽量避免转塔俯仰方向长时间处于上限位或下限位。

（4）频繁使用激光测照设备的应急照射功能,会影响激光寿命。

（5）无人机起飞之前必须先对光电吊舱进行通电检查,各功能表现正常后方可起飞。

（6）光电吊舱稳定转塔的光窗玻璃外层出现水雾、灰尘时会影响图像质量,必须进行处理,可用脱脂棉或者镜头纸轻轻擦去水雾或灰尘。

（7）搬运和存放光电吊舱时,包装箱要求正面朝上(箱体侧面有向上标志)。

第2章 无人机光电吊舱状态测试设计

2.1 基于双轴自复位的状态测试设计

2.1.1 设计思想

1. 标准化

无人机光电吊舱检测系统按照标准化设计技术要求,接口和附件采用标准化设计,测试系统软件及虚拟维修保障软件按照标准格式编写,确保装备具有统一的形式。

2. 抗干扰设计

无人机光电吊舱检测系统的设计遵循《GJB 1210 — 1991 接地、搭接和屏蔽设计的实施》和《GJB/Z 25 — 1991 电子设备和设施的接地、搭接和屏蔽设计指南》中的相关规定,具有较好的抗电磁干扰能力。

3. 安全性设计

无人机光电吊舱检测系统的设计可遵循《GJB 663 — 1989 军用通信设备及系统安全要求》和《GJB/Z 94 — 1997 军用电气系统安全设计手册》中的相关规定,具有防插错设计形式,对装备自身、测试设备及操作者具有较高的安全性。

4. 先进性

以外场使用保障需求为牵引,以满足基本不解体情况下能够全面测试和维修诊断为目标,构建光电吊舱测试平台,可高效检测平台通信状态,进行光电吊舱信号检测,具有智能诊断组件故障的功能,实现故障的准确定位。

2.1.2　系统需求

无人机光电吊舱系统用于进行光电吊舱与无人机连机在线检测,具有交互式技术状态检查与故障隔离功能,可实现对光电吊舱的全方位功能检测、激光测距机测距能力与精度检测、稳定系统预防性维修决策和健康度评估等。该系统对应的硬件设备适用于基层级维修单元,作为光电吊舱维修测试与保障设备,能有效解决无人机光电设备维修受场地、环境、安全的限制等问题,提高维修人员维修水平和质量。

(1) 吊舱稳定平台技术状态检查功能,能够输出方位、俯仰角信息以及状态反馈信息,工作模式(手动、跟踪、锁定、扫描、数引),跟踪方式(相关跟踪、重心白、重心黑)。

(2) 光电吊舱有效载荷(包括可见光摄像机、红外热像仪、激光测距机等)技术状态检查,辅助分系统(包括电视跟踪器、主控制器、角度传感器等)工作是否正常。

2.1.3　性能指标描述

1. 战术性能指标

(1) 检测诊断项目包括全系统技术状态测试、惯性态检测、锁定态检测、数引检测、搜索跟踪检测、回收态检测、可见光摄像机检测、前视红外仪检测、伺服跟踪器检测、激光测距机检测、离线故障隔离、离线故障预测。

(2) 展开、撤收时间。

(3) 检测诊断时间。

(4) 连续工作时间。

(5) 可靠性。

(6) 维修性。

(7) 环境要求,包括工作温度、湿度和海拔高度。

2. 技术性能指标

(1) 平台角度范围

在指定周期内,接收光电吊舱角度数据序列 $\{A_i\}$,计算其最小值 A_{min} 和最大值 A_{max} ,与光电吊舱角度目标值 A_{obj} 对比,判断是否满足要求。

检测方式:自动。

(2) 焦距范围

在指定周期内,接收光电吊舱焦距数据序列 $\{f_i\}$,计算其最小值 f_{min} 和最大值 f_{max} ,与光电吊舱焦距范围目标值 f_{obj} 对比,判断是否满足要求。

检测方式：自动。

（3）视场角

指定方位标，通过平台转动，使得方位标成像在视频图像左边缘，接收并保存当前角度 A_1；转动平台，使得方位标成像在视频图像右边缘，接收并保存当前角度 A_2。计算角度差值 $A = |A_2 - A_1|$。在最小焦距时，A 是最大视场；在最大焦距时，A 是最小视场。将 A 与目标视场角 A_{obj} 对比，判断是否满足要求。

（4）故障诊断

通过故障诊断对系统运行状态和异常情况做出判断，为系统故障恢复提供依据。利用各种检查和测试方式，发现系统和设备是否存在故障的过程是故障检测；而进一步确定故障所在部位的过程是故障定位；要求把故障定位到实施修理时可更换的产品层次的过程称为故障隔离。故障诊断就是故障检测和故障隔离的过程。

主要考核指标包括故障检测率、故障隔离率和故障虚警率。

（5）供电电源及功率

频率：50 Hz±5%；电压：单相～220 V±10%。

2.1.4　检测模式设计

1．系统组成

无人机光电吊舱智能检测系统采取加固主控机和测试控制箱一体化设计。基本组成如图 2.1 所示，集成了工业控制计算机、光电吊舱操纵器与 A/D 转换、数字图像采集盒、角度合成模块、通信接口转换器、智能检测诊断软件以及传输电缆等。

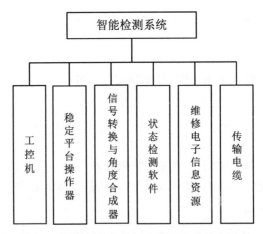

图 2.1　双轴自复位的状态测试设计基本组成

计算机是任务载荷检测分系统的核心单元，实现数据处理、图像显示、数据I/O

等功能。操纵器输出电压信号,通过 A/D 采集卡进行 A/D 转换获取数字信息,用于控制吊舱转动。数字视频图像采集单元实现光电吊舱视频图像采集功能。串行通信单元实现异步数据通信功能,完成命令数据、状态数据及角度数据等的发送接收任务。电源为检测系统提供所需电能。轴角合成提供方位角与俯仰角。电缆包括检测系统与光电吊舱连接的视频电缆、串行通信与供电电缆、光电吊舱与升降机构连接电缆等。

2. 基本原理

光电吊舱结构复杂,根据其在无人机系统中的工作模式与连接方式,采用三级检测模式对光电吊舱进行测试。一级检测主要诊断无人机的通信链路是否畅通,把故障隔离到无人机控制系统或光电吊舱;二级检测检测诊断光电吊舱技术状态和故障,将维修测试箱和光电吊舱连接,把故障初步定位到伺服控制器、图像跟踪器、激光测距机、CCD 相机;三级检测对稳定平台进行技术数据提取,结合光电吊舱故障历史数据进行分析。最后综合以上测量结果,根据知识库中建立的系统功能或性能异常/故障的模型或案例,将全系统的故障定位到某一组件上,并给出解决故障的建议,综合评估光电吊舱主要部件的健康程度。

系统硬件结构及连接与检测原理如图 2.2 所示。系统由主控机、串行通信单元、数据采集卡、图像采集卡、操纵器、动态信号测试模块、测试软件和专用电缆等组成。主控机是光电吊舱检测分系统的核心单元,实现数据处理、图像显示、数据 I/O 等功能,通过测控软件模拟地面控制站遥控信号测试机载光电吊舱工作状态。视频图像采集单元实现机载光电吊舱视频图像采集功能。计算机网卡实现与系统检测计算机的数据通信功能,承担将设备检测结果发送到系统检测主计算机的任务。操纵器输出电压信号,通过 A/D 采集卡进行 A/D 转换获取数字信息,用于控制机载光电吊舱转动。显示器单元显示计算机状态信息、视频图像及光电吊舱测试状态信息等。电源模块为检测系统供电。

光电吊舱是结构紧凑的设备,光电吊舱的任务载荷和控制电路全部集成在稳定平台内部。在稳定平台上部的圆柱体部位,有多个连接器用于实现稳定平台与外部的数据交换,其余部位均是封闭的壳体。

2.2　基于双轴自复位的工控系统硬件设计

工控系统的硬件组成包括加固主控机和驱动控制电路两部分,集成了计算机、光电吊舱操纵器、信号转换器、功能与故障检测软件及维修电子信息资源、通信接口转换器、传输电缆等。加固主控机是功能控制与检测软件、维修电子信息资源的

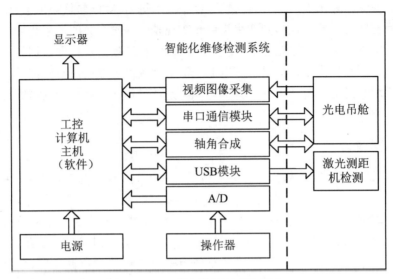

图 2.2　系统结构及检测原理图

运行平台,同时具有数据存储、图像信息和故障显示等功能。加固主控机采用性能稳定的工控机内核,既满足软件运行要求,又可避免台式机性能不稳定、过于笨重的缺点,从而实现系统的小型化可靠性设计。主控机配置要求高运行性能、高可靠性和存储性能。

2.2.1　双轴自复位操纵器

操纵器的基本原理是将操纵杆的运动转换成计算机能够处理的电子信息。光电吊舱智能检测系统选用双轴自复位操纵器作为系统方位和俯仰驱动装置,即双轴操纵器可以模拟光电吊舱的方位和俯仰运动,例如精密电位器制造商上海思博机械电气有限公司生产的 30JBK-YO-20R2 双轴自复位型操纵器。

1. 机械性能

(1) 操纵器的控制范围。X、Y 轴:自中心位置起约 $\pm 10°\sim \pm 15°$(全方位型),Z 轴:自中心位置起约 $\pm 30°\sim \pm 35°$。

(2) 操作压力(带弹簧自动复位装置,全方位型)。X、Y 轴:一般为 0.8~2 N,Z 轴:一般为 15~60 mN·m。

(3) 操作温度范围:$-20\ ℃\sim +65\ ℃$。

(4) 预期寿命约 5000000 次。

(5) 重量约 80 g。

2. 电气性能

安装的电位器内置 30JB 系列专用的特殊导电塑料电阻,阻值为 10 kΩ ± 15%,功率为 0.1 W,电转角约 20°,独立线性公差为 ±3%。

2.2.2　图像信号采集方式

随着基于数字成像技术的遥感相机和光电设备在视场和分辨率指标要求上的不断提高,所采用的数字 CCD 图像数据量急剧增加,同时要将图像传送到上位机实时显示,对传输通道带宽的要求大幅度提高,传统的电传输方式已经很难满足传输速度和传输距离的要求,因此光纤传输技术越来越多地被应用于数字图像的传输。

Camera Link 接口是目前工业摄像机视频输出通常采用的标准接口之一,该接口具有实时性和抗干扰性好的优点,可满足大部分相机的数据流量要求。但是 Camera Link 数据传输格式对线路要求较高、布线困难,且不能进行图像数据的长距离传输。光纤是新兴通信技术,适于远距离传输,采用光介质传输数据已经是当前通信技术发展的潮流。例如,加拿大 Pleora Technology 公司生产的信号转换器(CAMLINK——千兆网),型号为 PT1000-CL,可让 Base 型的 Camera Link 相机通过千兆网实现实时的传输,在 PC 端只需要一个普通的千兆网卡即可以接收数据,无需专业的采集卡。如图 2.3、图 2.4 所示。

图 2.3　信号转换器实物图

输入视频:Camera Link(Base)。输出视频:千兆以太网。距离:10 m

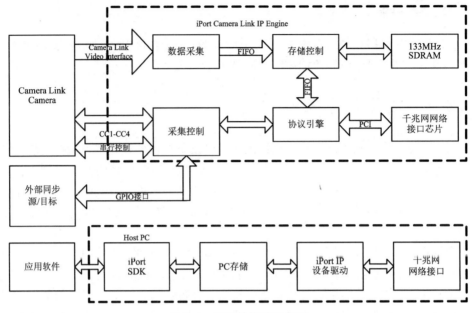

图 2.4　信号转换器原理图

2.2.3　控制信号转换设计

1. ARM 控制器电路

　　ARM 作为一种微处理系统,具有很好的应用空间,产品多样。例如 Luminary 公司的 Micro Stellaris 系列控制器 LM3S811,它是基于 ARM Cortex-M3 内核的 32 位处理器,工作主频为 50 MHz,具有 32 KB 的 Flash 和 8 KB 的 SRAM,集成了嵌套向量的中断控制器以提供明确的中断处理,有 29 个中断,带 8 个优先级,具有丰富的外设资源,多达 3 个通用定时器,2 个 UART,1 个 SSI,ADC,IIC,3 个 PWM 发生器,多达 34 个通用 GPIO,它负责控制 A/D 转换器读取操作控制器信号,通过 485 和以太网通信方式与其他控制单元通信,是整个系统的中枢部分,周边电路如图 2.5 所示。

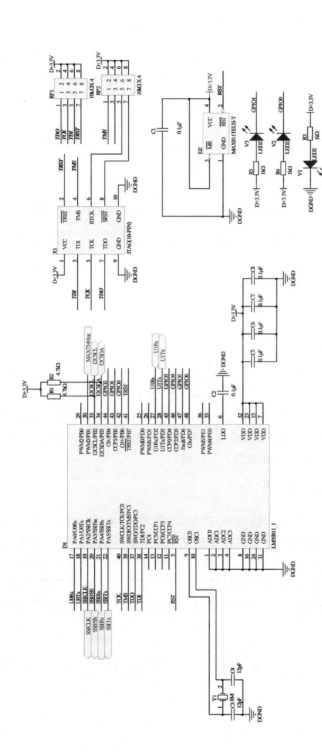

图 2.5　ARM 控制器电路

2．通信电路

通信电路采用全双工 485 通信方式，芯片采用 Sipex 公司的 SP3490，它完全满足 RS485 串行协议要求，基于 Sipex 的 BiCMOS 工艺，数据传输速率可达 10 Mbps。电路如图 2.6 所示，提供了两路 485 通信接口。

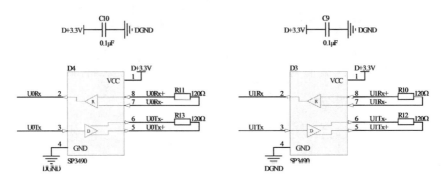

图 2.6　通信电路

3．网络通信接口电路

系统具有以太网通信接口，可以通过以太网和上位机通信。由于 LM3S811 不具有以太网接口，所以外扩了一片以太网接口芯片 NEBOARD-SL-I，内置 TCP/IP 通信协议，通过串口和 LM3S811 进行通信。它内置了 TCP/IP 协议，可直接对控制器提供解包后的数据或是接收来自控制器的数据自行打包发送，可以有效减少 LM3S811 的工作量。电路如图 2.7 所示。

4．AD7924 采样电路

AD7924 是一款 12 位高精度 A/D 芯片，具有高速、低功耗特点，采用 2.7 V 至 5 V 单电源供电，最高吞吐量高达 1 MSPS，并且芯片内部内置一个低噪声、宽带宽的采样/保持放大器，可以处理 8 MHz 以上的输入频率，用来对操作控制器的动作信号进行采样转换，4 路动作控制器的信号先通过一个射极跟随器进行阻抗匹配，然后输入到 AD7924 的信号输入管脚。采样电路原理图设计如图 2.8 所示。

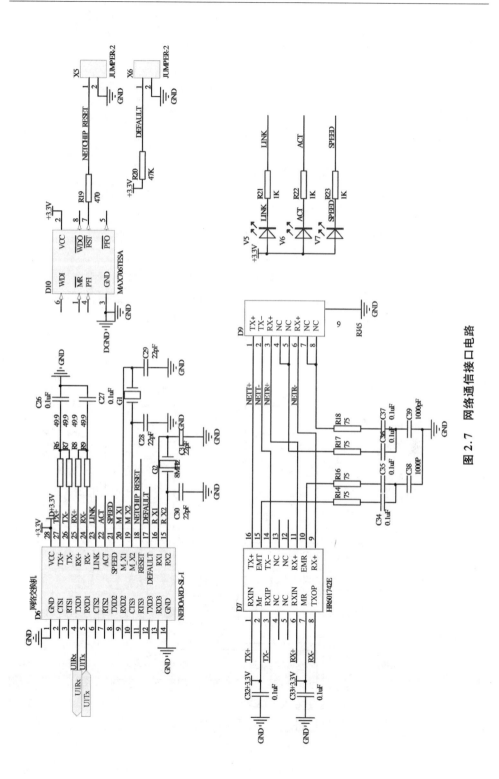

图 2.7 网络通信接口电路

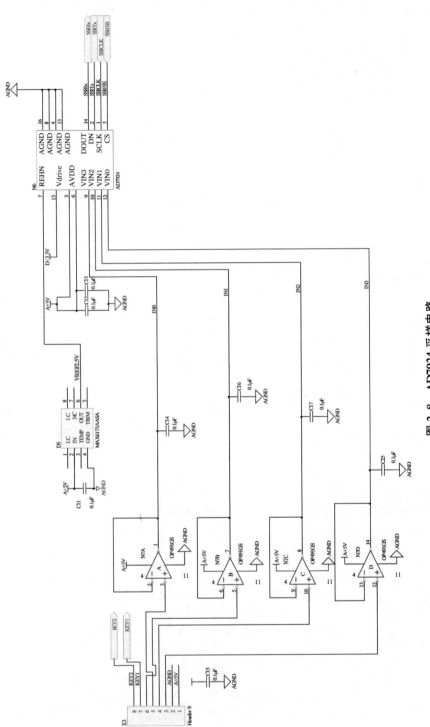

图 2.8　AD7924 采样电路

2.2.4　编码器输出

编码器电路中一个自由度的电路与另外一个完全相同,只是输入信号为另外一个自由度的位置信号,位置信号输入后经过一个差分放大电路再经过一个射极跟随器,而后信号分为两路,一路直接送入解码器的处理器的 A/D 输入口,另外一路经过比较器和整形电路,送入处理器的一个 GPIO 口,主要起转动角度限定位置检测作用。例如,编码器处理电路的处理器采用的是 Luminary 公司的 Micro Stellaris 系列控制器 LM3S1968,它的作用是通过内置的 A/D 转换器采集编码器的信号,并通过 GPIO 管脚检测转动角度限定位置的开关量信号,通过 3 路 485 通信接口和外部进行通信。

编码器通过光电吊舱稳定转塔输出 11 位的位置粗码,而后和 8 位的精码合成为轴角位置(方位、俯仰角)信号。编码器数据采集过程如图 2.9 所示。

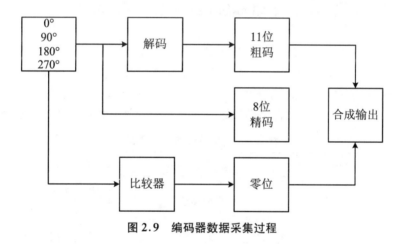

图 2.9　编码器数据采集过程

2.3　无人机光电吊舱驱动控制与检测模式

2.3.1　概述

无人机光电吊舱通常具有搜索、相关跟踪、重心跳跃、索引和回收等多种工作状态,它由可见光摄像机、红外热像仪、激光测距机、图像跟踪器以及伺服控制器等多个设备组成。这些设备的状态正常与否直接影响光电吊舱的运行效率。光电吊舱搜索跟踪状态技术检查需要借助双向控制操纵器驱动工作,系统研制设计双向控制操纵器输出模拟信号至转换模块,经过 A/D 采集芯片、总线传输芯片、ARM 数据处理、422 接口输出,转换成计算机可识别的数据信号。光电转塔内集成了旋转变压器及电机等重要组件,这些组件的输出信号特殊性强,数据采集卡无法直接采集,需要旋转轴角编码器数据采集模块,将信号调制到计算机可以识别和采集的范围内。智能检测系统主要针对设备自检、可见光摄像机、红外热像仪、激光测距机、图像跟踪器状态以及伺服控制器等无人机光电吊舱主要部件进行状态检测。

2.3.2　设备状态自检

光电吊舱检测设备自检主要检查视频捕获设备、平台通信及控制台通信设备的初始化是否正常,以及设备的数据输入和输出功能是否正常。通过设备自检,光电吊舱设备系统最终会提供给检测者一个报表,通过该结果报表可以了解光电吊舱检测设备各工作单元能否正常工作及出现异常情况的处理方法。一般而言,光电吊舱检测设备只有在各工作单元检测结果一切正常的情况下,方可检测光电吊舱任务载荷。

系统自检的项目如表 2.1 所示,图 2.10 为系统自检流程。在自检前,首先确保串行通信电缆测试端子已经连接,然后切换自检方式,检测视频捕获设备情况。视频采集设备是通过光电吊舱检测设备提供的 BIT 功能来检测设备视频采集功能正常与否的,具体通过设备驱动程序是否安装以及硬件设备是否连通进行判别。

表 2.1　设备自检项目一览表

序号	项目	详细名称
1	视频捕获	设备驱动
		设备连接
2	串行通信	设备连接
		接收误差
		发送误差
3	操纵器	设备连接
		水平零位
		垂直零位
		水平量程
		垂直量程

进行串行通信设备自检时,与检测视频图像设备方法类似,也是通过任务载荷检测设备提供的 BIT 功能检测设备串行通信数据接收和发送是否正常,具体通过端口是否正常连接以及串行通信接收和发送是否正常来判别;对控制台和操纵器

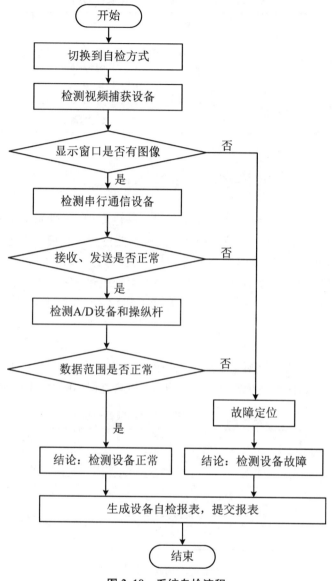

图 2.10　系统自检流程

进行检测时,通过光电吊舱检测设备提供的 BIT 功能检测设备通信采集和操纵器位移输出功能是否正常,具体通过操作操纵器观测操纵器零位是否正常以及操纵器的最大位置是否正常来判别,零位测试时需要注意不要拨动操纵器,量程测试时则需轻拨操纵器至水平或垂直的最大和最小位置,观测是否满足要求。

　　在整个自检过程中,一旦出现异常,系统将通过故障模式库自动进行故障定位,并生成报表,提示检测者如何进行故障排除。表 2.2 给出了操纵器的部分自检故障及其处理方法。

表 2.2　操纵器自检故障一览表(部分)

检测项目	检测结果	故障定位	维修方法	设备评估
设备连接	失败	操纵器设备连接故障	关闭其他应用程序	故障维修
数据接收	接收失败	操纵器设备接收失败	检查通信连接电缆	故障维修

2.3.3　可见光摄像机状态检测

摄像机是进行光电转换的设备,它利用三基色原理,通过光学系统,把彩色景物的光像分解为红、绿、蓝三种基色光像,由摄像器件完成光信号到电信号的转换,然后进行信号处理,编码成彩色全电视信号。它的内部基本结构可以概括为二个部分:光电转换摄像头、数字化处理和数字化存储录像。其中,光电转换系统的固体摄像器件是摄像机的"心脏",英文缩写为 CCD。CCD 像素数值直接影响画质的高低,同时也是体现摄像机性能的决定性因素。检测可见光摄像机主要围绕图像视场、变焦和图像质量展开。

可见光摄像机状态检测主要通过图像窗口是否正常显示活动的图像来判断其状态是否正常。具体检测项目如表 2.3 所示,检测流程如图 2.11 所示。

表 2.3　可见光摄像机检测项目一览表

序号	项目	详细名称
1	电视摄像机图像	视频图像
2	电视摄像机镜头	变倍情况
		变焦情况
		焦距输出

在对输出的视频图像进行检测时,判别其有无视频图像,如果有表明显示正常。如果没有,系统将会提示检测者系统出现故障。此时可通过查阅故障模式库,进行进一步的定位,可能出现的情况是:电视摄像电源没有上电,如果属实,则对其进行加电处理;如果不是,则系统将会继续分析定位,提示检测者检查视频电缆是否连接,没有则连接电缆。如果上述检测均正常,则系统仍会继续分析,告知检测者是否为 CCD 元件故障,如果是则需进行更换或维修等操作。

在对摄像镜头进行状态检测时,主要通过"变倍(+/-)"和"调焦(+/-)"等命令向光电吊舱发出控制指令(表 2.4),控制摄像机镜头,通过观测图像窗口视频图像是否改变大小和清晰度,来判别镜头功能是否正常,如图 2.12 所示。

表 2.4　可见光摄像机检测控制指令

指令名称	指令(16 进制)
变倍(＋)	53H
变倍(－)	52H
调焦(＋)	50H
调焦(－)	51H

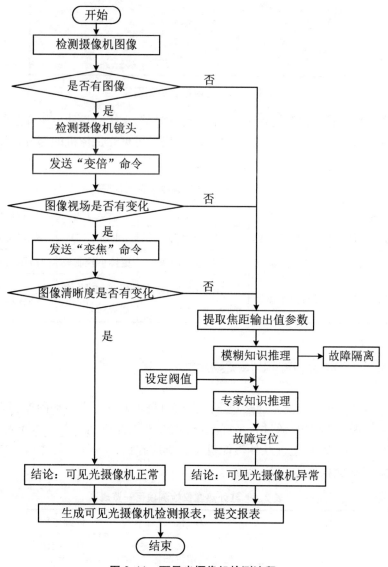

图 2.11　可见光摄像机检测流程

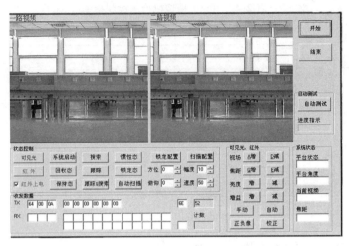

图 2.12　光电吊舱检测图像

同样在整个状态检测过程中,如果发现有异常,系统会自动分析并进行故障定位,生成报表,提示故障排除方法。表 2.5 给出了可见光摄像机的部分检测故障及其处理方法。

表 2.5　可见光摄像机故障一览表(部分)

检测项目	检测结果	故障定位	维修方法	设备评估
视频图像	无视频图像	CCD 故障	更换 CCD	故障维修
变倍情况	镜头变倍异常	主控制板故障	更换主控制板	故障可用
焦距输出	没有焦距输出	焦距输出点位计故障	更换焦距输出点位计	故障维修

2.3.4　红外热像仪状态检测

红外热像仪状态检测是通过观察图像窗口是否显示正常活动图像来判断摄像机的视频是否正常输出;通过人工观察,检查红外摄像机制冷器是否正常工作;通过从控制台发送指令,检查红外摄像机是否响应控制命令等。具体检测项目如表 2.6 所示,检测流程如图 2.13 所示。

表 2.6　红外热像仪检测项目一览表

序号	项目	详细名称
1	红外摄像机图像	视频图像
		制冷器

续表

序号	项目	详细名称
2	红外摄像机镜头	变倍情况
		变焦情况
		焦距输出

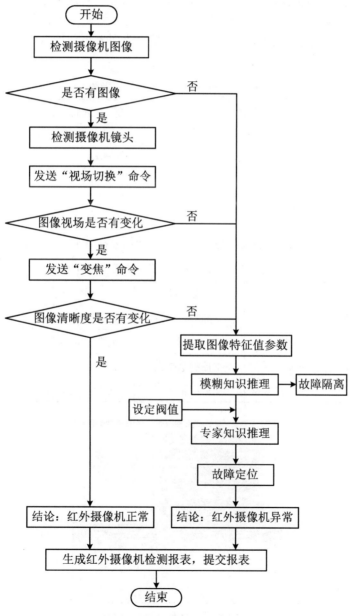

图 2.13　红外热像仪检测流程

在对其视频图像进行检测时,如果出现故障,则系统通过故障模式库进行故障定位,如可能是探测器靶面出现问题,处理方法是更换探测器单元;如若不是,则可能是视频电缆故障,重新连接或更换视频电缆即可;如果上述都不是,则可能是视频处理电路板出现故障,更换视频处理电路板即可。

在对制冷器进行状态检测时,如果没有制冷声音,则依据故障定位,更换或维修制冷器部件即可。

在进行红外热像仪镜头检测时,同可见光摄像机镜头检测方法一样,主要通过"小视场/大视场"和"调焦(＋/－)"等命令向光电吊舱发出控制指令(表2.7),控制摄像机镜头,通过观测图像窗口视频图像是否改变大小和清晰度,来判别镜头功能是否正常。

表 2.7　红外热像仪检测控制指令

指令名称	指令(16 进制)
小视场	53H
大视场	52H
调焦(＋)	50H
调焦(－)	51H

表2.8 给出了红外热像仪的部分故障及其处理方法,图 2.14 为相应检测界面。

表 2.8　红外热像仪故障一览表(部分)

检测项目	检测结果	故障定位	维修方法	设备评估
视频图像	无视频图像	探测器靶面	更换探测器单元	故障维修
制冷器	不制冷	制冷器	更换制冷器部件	故障维修
变倍情况	镜头变倍异常	主控制电路板	更换主控制电路板	故障可用
变焦情况	镜头变焦异常	变焦齿轮故障	更换变焦齿轮	设备完好

图 2.14　红外热像仪检测

2.3.5 图像跟踪器状态检测

图像跟踪器功能检测主要通过检查视频图像中是否叠加目标框,检查跟踪器是否正常工作(锁住目标),来判别图像跟踪器的工作状态。具体检测项目如表 2.9 所示,检测流程如图 2.15 所示。

表 2.9 图像跟踪器检测项目一览表

序号	项目	详细名称
1	图像跟踪器	目标框
		目标捕获

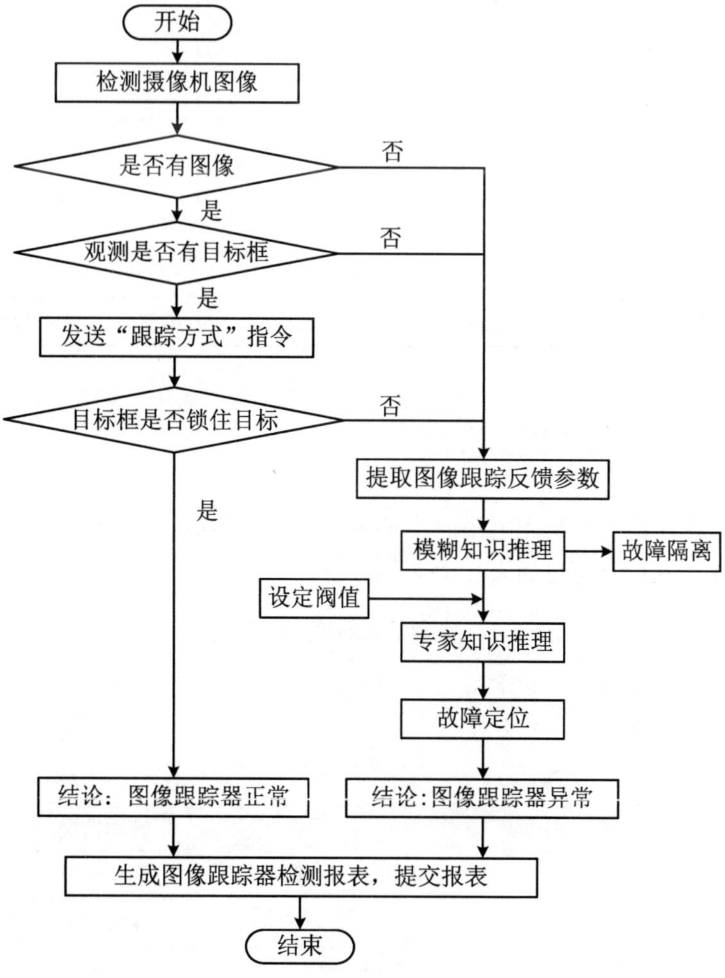

图 2.15 图像跟踪器检测流程

在检测过程中,主要观测有无视频图像,图像中是否有目标框。跟踪过程中,通过选择跟踪方式(相关跟踪、亮目标和暗目标)向光电吊舱发出控制指令,在目标出现时,进行跟踪点切换,并拨动操纵器装置到目标位置,释放跟踪点切换装置,同时观测目标框能否锁住目标。目标跟踪时也可选择自动或手动跟踪方式向光电吊舱发出控制指令。具体控制指令如表 2.10 所示。表 2.11 给出了图像跟踪器的部分故障及其处理方法。

表 2.10　图像跟踪器检测控制指令

指令名称	指令(16 进制)
相关跟踪	23H
亮目标	25H
暗目标	24H
自动跟踪	20H
手动跟踪	11H

表 2.11　图像跟踪器故障一览表(部分)

检测项目	检测结果	故障定位	维修方法	故障等级
目标框	没有跟踪目标框	跟踪器处理板	更换探测器单元	故障维修
目标捕获	目标框锁不住目标	未知故障	维修	故障维修

2.3.6　伺服控制器状态检测

伺服控制器是无人机光电吊舱中的核心部件,其功能好坏直接影响整个光电吊舱的性能。其检测项目如表 2.12 所示。

表 2.12　伺服控制器检测项目一览表

序号	项目	详细名称
1	平台角度输出	角度输出
		角度有效性
2	平台转动情况	转动情况
		限位情况
		飞车情况
3	平台稳定情况	抖动情况

　　平台方位和俯仰角度输出检测是通过在水平和垂直方向摇动操纵器,控制平台在水平和垂直方向旋转,检查方位和俯仰角度输出情况,以此判断光电吊舱方位和俯仰角度输出是否正常。图 2.16 为无人机光电吊舱方位和俯仰示意图。

图 2.16　无人机光电吊舱方位和俯仰示意图

　　平台转动检测主要通过操纵器控制平台转动,检查平台是否出现不转动、到限位不停或"飞车"等故障。

　　平台稳定性检测是通过操纵器控制平台到一定位置,当停止操纵器时,通过检查方位角和俯仰角变换情况判断平台是否出现抖动。

　　具体检测流程如图 2.17 所示。表 2.13 给出了伺服控制器的部分故障及其处理方法。

表 2.13　伺服控制器故障一览表(部分)

检测项目	检测结果	故障定位	维修方法	设备评估
角度输出	无角度输出	角度传感器电源没上电	角度传感器电源上电	故障维修
角度有效性	角度值错误	角度传感器	更换角度传感器	故障维修
转动情况	转塔不转动	角度传感器电源没上电	角度传感器电源上电	故障维修
限位情况	到限位不停	限位开关	更换限位开关	故障可用
飞车情况	飞车	陀螺	更换陀螺单元	故障维修
抖动情况	转塔抖动	配重块松动	紧固配重块	故障维修

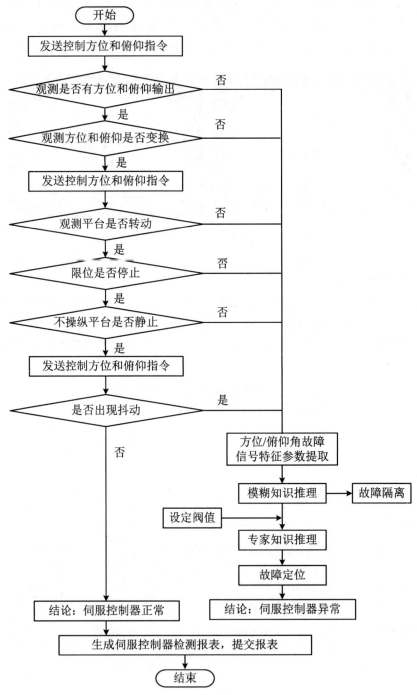

图 2.17　伺服控制器检测流程

2.4　基于粗精极组合的状态测试设计

2.4.1　系统需求

1. 系统功能

能够完成光电吊舱功能状态控制,可以实现光电吊舱与无人机连机动态检测,能接收并显示各部件反馈的状态信息,具有发送及接收指令正误判断和故障定位信息显示功能。

能够自动检测光电吊舱专用电缆,完成对红外传感器和可见光传感器的快速切换、变倍及调焦等功能的检测,完成稳定平台的惯性态、锁定态等各种工作状态的检测。

能够自动检测速率陀螺仪,力矩电机,旋转变压器,电子控制盒内的图像跟踪板、伺服控制板和功放板构成的平台稳定回路控制系统及其组件,诊断发生故障组件的位置。

能够与光电吊舱的电子控制盒直接进行通信,对光电吊舱输出的视频图像具有实时显示、采集、回放功能,具有视频输入和同步输出能力。

全面完备的学习功能。具有施教、自学、演练等功能,既能支持操作人员进行相关理论的学习,也能支持操作人员进行操作等。

2. 主要用途

无人机光电吊舱智能检测系统用于高效检测专用通信电缆,进行光电吊舱与飞机连机在线检测,具有自动诊断组件故障的功能,实现故障的准确定位。该系统对应的硬件设备适用于基层级维修单元,可作为无人机光电吊舱维修测试与诊断设备;虚拟维修电子信息资源集维修学习训练与管理于一体,能够有效克服结合实装进行维修带来的问题,为装备维修提供先进的操作环境和模拟手段,对于提高维修水平及进行维修性分析具有重要作用,能有效解决无人机维修受场地、数量、安全的限制等问题,提高维修人员维修水平和质量。

2.4.2　性能指标描述

1. 战术性能指标

（1）检测诊断项目包括专用电缆通断自动测试，光电吊舱系统功能自动检测，光电吊舱惯性态检测，光电吊舱锁定态检测，光电吊舱搜索跟踪态检测，光电吊舱回收态检测，光电吊舱可见光摄像机检测，光电吊舱前视红外仪检测，光电吊舱旋变、电机、陀螺电阻检测，光电吊舱旋变、电机、陀螺输出信号解调与检测，光电吊舱电子控制盒故障诊断，光电吊舱在线故障隔离。

（2）展开、撤收时间。

（3）检测、诊断时间。

（4）连续工作时间。

（5）可靠性。

（6）维修性。

（7）环境要求，包括工作温度、存储温度、湿度和海拔高度等方面。

2. 技术性能指标

（1）故障诊断，包括故障检测率、故障隔离率、故障虚警率。

（2）供电电源及功率。

2.4.3　检测模式设计

1. 系统组成

无人机光电吊舱智能检测系统主要由加固主控机和测试控制箱两部分组成。其中，加固主控机是在工控机的基础上配置高精度数据采集卡、多路视频采集卡并装载系统专用功能控制检测软件及维修电子信息资源而形成的；测试控制箱则包括 AC/DC 电源模块、静态测试模块、动态测试模块、通信接口转换模块和三通传输电缆。系统的基本构成如图 2.18 所示。

2. 工作原理及检测模式

（1）故障检测基本方案

光电吊舱结构复杂，根据其在无人机系统中的工作与连接方式，采用三级检测模式对光电吊舱进行测试。一级检测主要诊断无人机的通信链路是否畅通，把故障隔离到无人机控制系统或光电吊舱；二级检测是在电缆检测的基础上诊断光电

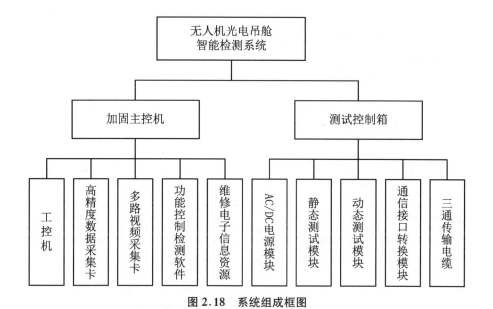

图 2.18　系统组成框图

吊舱自身的故障,将故障测试箱和光电吊舱连接,把故障初步定位到稳定平台及电子控制系统;三级检测首先单独对稳定平台进行检测,把故障定位到稳定平台的各个分组件上,然后用三通传输电缆将系统闭环,测试电子控制系统的输出信号,结合稳定平台的检测结果,把故障定位到电子控制系统具体电路模块上。最后综合以上测量结果,根据知识库中建立的系统功能或性能异常/故障的模型或案例,将全系统的故障定位到某一组件上,并给出解决故障的建议,综合评估光电吊舱主要部件的健康程度。

(2) 电源与信号激励

光电吊舱的伺服稳定平台和电子控制系统所需的电源要求是多样的,有直流低压的,还有交流电源需求等。AC/DC 电源模块输出的是固定数值的直流电,须进行二次转换才能作为测试电源用。通过数据采集卡的数字 DIO 口,控制信号调制板上的继电器,分别给光电吊舱稳定平台中的伺服电机、测角旋转变压器、速率陀螺等组件提供适用范围的直流电压,使设备处于工作状态。旋转变压器等组件反馈信号调制到一定的范围内才能提供给数据采集卡使用,再通过动态信号调制板解决问题。动态信号调制板的功能就是将陀螺、旋变等被测单元的状态输出信号调制转换成数据采集卡可以识别的电信号。旋转变压器用于运动伺服控制系统中,作为角度位置的传感和测量用。旋转变压器是目前国内的专业名称,俄文里也称作"旋转变压器"。英文名字叫"resolver",根据词义,有人把它称作为"解算器"或"分解器"。它是自动控制系统中的一类精密控制微电机,既可以单机运行,也可以多机组合运行。当励磁绕组以一定频率的交流电压励磁时,输出绕组的电压幅值与转子转角成一定的函数关系,按照输出电压与转子转角间的函数关系。旋转变压器主要分为三大类：

　　① 正余弦旋转变压器,其输出电压与转子转角成正余弦函数关系。

　　② 线性旋转变压器,其输出电压与转子转角成线性函数关系。

　　③ 比例式旋转变压器,其输出电压与转子转角成比例关系。

　　按照电机极对数来分,可将旋转变压器分为单极对和多极对两种,增加极对数是为了提高系统的精度。

　　(3) 功能原理

　　系统连接与检测原理如图 2.19 所示。

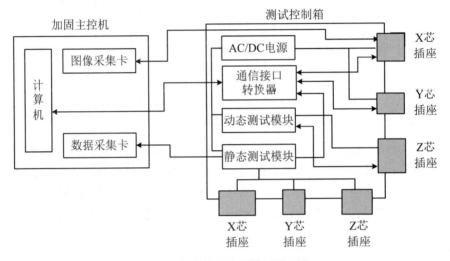

图 2.19　系统结构及检测原理图

　　系统测试控制箱上设有两组 X 芯、Y 芯、Z 芯接口作为系统与光电吊舱连接及电缆检测使用。通信接口转换器接收来自平台系统和静态测试模块、动态测试模块的数据信息,并通过 RS232 送到上位计算机。

　　静态测试模块完成的功能主要有:通过 FPGA 控制 A/D 芯片依次对多路电阻的相关信号进行采样,将结果送到 FPGA 进行处理,计算出阻值,并通过串口电路送给上位机;通过 FPGA 测量多组多针电缆的通断情况并传送给计算机;通过 FPGA 实现 RS422 与两路 RS232 接口的转换。FPGA 功能的具体实现方法通过 Verilog 硬件描述语言来完成。静态测试电路模块组成如图 2.20 所示。

　　动态测试模块完成的功能主要有:测量 Z 芯电缆中旋转变压器的输出信号并解算出角度信息,通过通信接口发送给计算机;对电机控制信号和陀螺控制信号进行降幅处理,然后输出给计算机数据采集卡。其基本功能原理如图 2.21 所示。

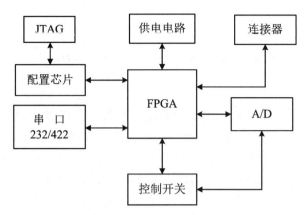

图 2.20　静态测试模块组成图

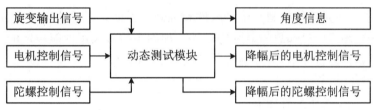

图 2.21　动态测试模块功能原理图

2.4.4　可行性分析

光电吊舱价值昂贵,系统组成复杂,仪器精密,在基层级和中继级维修中将故障定位到电子元器件没有必要,也不可能仅通过一部仪器就能做到。但是,根据光电吊舱的系统组成与结构,将故障定位到电缆、陀螺、电机、旋转变压器、电视、红外和电子盒功能板则是完全可行的。可以对连接电缆直接进行检测,通过电缆对信号的采集和对系统施加控制指令,根据现象和数据比对判断出故障部位,并进行排除。

从技术实现上看,数据采集所需要的高速图像和数据采集卡,市场上有成熟的能满足需要的产品,其外围辅助功能电路则可以通过 FPGA 技术和 DSP 技术进行实现。故障推理判断则可以在前期数据采集预处理的基础上通过系统软件加以实现。维修电子信息资源最终集成到"信息资源管理平台",该平台综合了近年来国内虚拟维修相关研究成果,在系统性、规范性、通用性和实用性几个方面有所突破,研究提出的系统框架具有良好的开放性,可以集成不同类型的虚拟仿真工具,平台具有高度的灵活性和适应性。

2.5　基于粗精极组合的系统硬件设计

系统的硬件采用主控机与测试控制适配装置分离式设计,便于携带和使用。加固主控机内集成计算机、功能控制与检测软件、多路图像采集卡、高精度数据采集卡。测试控制适配装置内集成大功率 AC/DC 电源模块、动态信号测试及二次电源模块、静态信号测试模块、通信接口转换器以及传输电缆等。

2.5.1　主控机平台

加固主控机是功能控制与检测软件和维修电子信息资源的运行平台,同时具有数据存储、图像信息和故障显示等功能。加固主控机采用性能稳定的工控机内核,既满足软件运行要求,又可避免台式机性能不稳定、过于笨重的缺点,从而实现系统的小型化、可靠性设计。

如某选型主控机配置如下:

CPU:2.8 GHz,内存:2 GB,硬盘:320 GB,键盘:三防键盘,鼠标:外置鼠标(USB 接口),光驱:内置,显示:14 英寸真彩液晶屏,并口:1 个,串口:2 个,扩展:可扩展三个 PCI 插槽。

2.5.2　基于高稳定性需求的大功率电源模块

光电吊舱设备正常工作电压为低压直流性质,额定功率较高,使用功率变化范围较宽。要求电源供电电压稳定,以避免对某些精密部件的可靠性、寿命产生影响。尤其是对电源的可靠性要求很高,否则受损的将是整个光电吊舱。选用 Vicor 公司的 FlatPAC 离线式开关电源。此种电源模块是具有多路电压输出的 AC/DC 开关电源,额定输出功率范围较大且幅值较高,由离线式单相交流前端模块和 3 只 VI-26X/VI-B6X 系列 AC/DC 变换器模块组成。见图 2.22、图 2.23。

Vicor 的 FlatPAC 包括一个离线单相交流前端和一个、两个或三个 VI-26x / VI-B6x 系列 DC/DC 转换器模块(1-up,2-up,3-up),组合在一个集成的机械组件中。该组件提供完整、高效的离线开关电源,可提供高达 600 W 的功率。离线前端提供 AC 输入的整流和滤波,提供标称未调节的 300 VDC 总线作为 VI-26x / VI 的输入－B6x 系列转换器模块。前端控制电路自动将桥接器作为 115 VAC 操作的倍压器或作为 230 VAC 操作的全桥。

制造商:Vicor。

产品种类:开关电源。

输出电压-通道 1:28 VDC(车辆行驶动态控制系统)。

输出端数量:1 Output。

输出功率:600 W。

开放式框架/封闭式:Open Frame。

输入电压:90~132 VAC,180~264 VAC。

工业:Commercial。

安装风格:Chassis(底盘,底架)。

长度:234.8 mm。

宽度:185.4 mm。

高度:34.8 mm。

系列:FlatPAC。

输入频率:47~63 Hz。

工作温度范围:0~85 ℃。

类型:AC/DC Switcher。

负载调节:Regulated。

最大工作温度:+85 ℃。

最小工作温度:0 ℃。

产品类型:Switching Power Supplies。

子类名:AC/DC Power Supply。

商标名:FlatPAC。

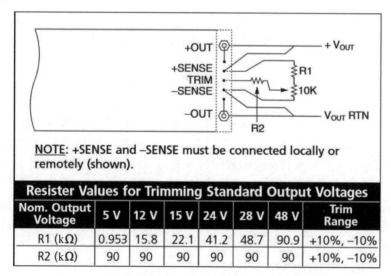

NOTE: +SENSE and –SENSE must be connected locally or remotely (shown).

Resister Values for Trimming Standard Output Voltages							
Nom. Output Voltage	5 V	12 V	15 V	24 V	28 V	48 V	Trim Range
R1 (kΩ)	0.953	15.8	22.1	41.2	48.7	90.9	+10%, –10%
R2 (kΩ)	90	90	90	90	90	90	+10%, –10%

图 2.22 输出 SENSE 和 TRIM(所有带 VI-200 的型号)

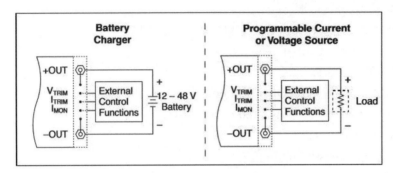

图 2.23　典型应用程序(限 BatMods 的型号)

2.5.3　基于实时压缩和解码回放的视频采集

　　为了显示光电吊舱红外或可见光传感器的输出图像,需要采用监视器。如果采用一般的监视器,一是检测系统集成度不高,二是无法进行数据处理,因为某些指标测试中需要依据图像进行基准点定位和数据采集。采用视频采集卡则可以解决上述两方面的问题。视频采集卡(图 2.24)体积小,可以很方便地安装在主控计算机的 PCI 插槽上,视频采集卡可以将光电传感器输出的视频数据导入计算机,并转换为计算机可识别的数据存入计算机中,成为可以编辑、处理的数字信号。光电吊舱输出视频图像的分辨率较高,为了满足实时采集和显示要求,数字信号采集多使用硬解压方式,模拟信号采集使用视频采集卡。视频采集卡位速率至少要达到 11 Mbps,须选用高端的视频采集卡才能满足上述需求。微视公司 S 系列视频采集压缩卡,可提供 MPEG-1 和 MPEG-2 实时采集压缩和解码回放功能,支持 S-Video 输入/输出,最大视频分辨率和单路最高位速率可以满足设计的要求。

2.5.4　基于高精度要求的数据采集

　　当前,许多领域越来越多地要求具有高精度 A/D 转换和实时处理功能。传统设计方法是应用 MCU 或 DSP 通过软件控制数据采集的 A/D 转换,这样必将频繁中断系统的运行,从而减弱系统的数据运算能力,数据采集的速度也将受到限制。

　　工控计算机采集稳定平台和电子控制模块数据信息要求精度高,关系到检测和定位精度。AECAD-PCI-32M 是一款 A/D 扫描采集板卡,其强大的功能能够满足不同用户的工业测量和自动化控制需求,良好的兼容性适用于各类系统配置,可满足系统需求。其特性如下:

　　① 32-bit,33 MHz CPCI 总线。

　　② 32 通道单端或 16 通道差分模拟量输入。

　　③ 16-bit 分辨率和高达 250 kHz A/D 转换速率。

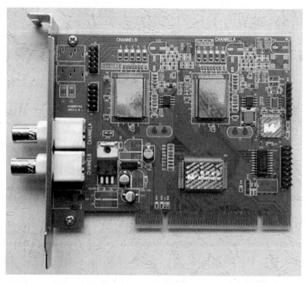

图 2.24　视频采集卡

④ 可编程增益:1,2,4,8。

⑤ 两种 A/D 触发模式:内部触发和外部触发。

⑥ 板载 32 MB FIFO。

⑦ 4 路 16 位 D/A,±10 V 输出范围。

⑧ 2 路 32 位计数器,可以设定计数时间。

⑨ 48 通道数字输入和 48 通道数字输出。

AECAD-PCI-32M 先进的电路设计使其具备更好的质量和更多的功能,它同时提供了如下功能:

(1) PCI 规范

AECAD-PCI-32M 的设计完全符合 PCI 规范,支持即插即用功能。板卡插入机箱之后,系统 BIOS 根据硬件资源的使用情况,通过 PCI 配置寄存器为板卡分配所有与总线相关的资源。

(2) 板载 FIFO(First-In-First-Out)存储器

AECAD-PCI-32M 配置了 32 MB 大容量 FIFO 存储器,在高速 A/D 采样过程中,数据在 FIFO 中存储的时间更长,加之采用 DMA 方式传输数据,AECAD-PCI-32M 能够从容地应对多通道的 A/D 数据转换,确保数据不会丢失。

(3) 总线控制 DMA 数据传输

AECAD-PCI-32M 采用直接内存访问 DMA 技术,可以在不占用 CPU 资源的情况下,实时将板载 FIFO 中的数据传输至内存,充分获得总线传输带宽。其功能结构图如图 2.25 所示。

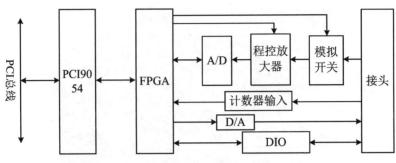

图 2.25　AECAD-PCI-32M A/D 功能结构图

2.5.5　动态测试模块设计方法

动态测试模块主要用于辅助完成稳定平台和电子控制模块的动态测试,由信号调制模块和二次电源模块组成。被测产品(稳定平台和电子控制盒)所需的电源要求是多样的,有直流 +2 V、+5 V,还有交流 15 V、26 V 等。而 AC/DC 电源模块输出的是固定的 +28 V 直流电,因此必须对其进行二次转换,才能作为测试电源用。同样被测产品的反馈信号电压范围也各不相同,所以要把反馈信号调制到一定范围内才能提供给数据采集卡使用。

1. 动态测试模块功能设计

动态测试模块以数字信号处理模块为核心,完成信号物理开关、陀螺驱动板控制信号降幅和功放模块电机控制信号降幅等功能。DSP 芯片内有静态存储器和FLASH 存储器,具有外部总线接口和多路 I/O 口实现控制信号的输出,以实现旋转变压器测角信号的获取和信号的物理开关,并通过异步 RS422 接口接收系统的控制指令信息、发送角度信息等,实现动态测试模块的故障诊断功能。动态信号测试模块结构原理如图 2.26 所示。

光电吊舱专用控制电缆待测信号首先进入开关控制电路,而后分成两路。

1) 稳定平台角度测试

光电吊舱内多组旋转变压器输出多路电压信号,其中外方位和外俯仰旋转变压器的精机和粗机共占用 N 路信号,内方位和内俯仰旋转变压器只使用了精机占用的 $N/2$ 路信号。这些信号都是模拟电压信号,有正弦和余弦两种波形。旋转变压器输出信号经过测试接口进入动态信号测试模块后,先进入旋变解调模块,采用数字总线与 DSP 连接。然后 DSP 读出经过解调的内/外方位和内/外俯仰角度信息,并将其合成为平台的方位角和俯仰角。最后 DSP 通过 RS422 接口将结果发送给静态信号测试模块,静态信号测试模块再通过 RS232 接口转发给加固计算机,并将稳定平台的方位角和俯仰角显示在软件界面上。

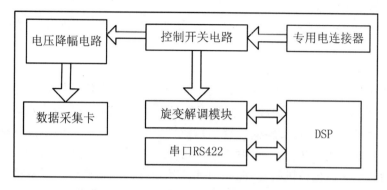

图 2.26　动态信号测试模块结构原理图

（1）单轴信号处理

旋转变压器是一种输出电压随转子转角变化的信号元件。当励磁绕组以一定频率的交流电压励磁时,输出绕组的电压幅值与转子转角成正弦、余弦函数关系,或保持某一比例关系,或在一定转角范围内与转角成线性关系。它主要用于坐标变换、三角运算和角度数据传输,也可以作为两相移相器用在角度/数字转换装置中。由于电路本身的原因和外界环境因素的影响,旋转变压器/数字转换器出现误差是不可避免的。按照误差的特点和性质,误差可分为系统误差、随机误差(或偶然误差)和粗大误差三种。系统误差是指在同一条件下多次测量同一量值时,绝对值和符号保持不变,或在条件改变时,按一定规律变化的误差,例如标准量值不准确、仪度不准确引起的误差,这类误差是可以补偿和修正的;随机误差指在同一测量条件下,多次测量同一量值时,绝对值和符号以不可预定方式变化的误差,它是在偶然条件下出现的误差,是不可以修正的;粗大误差是指超出在规定条件下预期的误差,此误差值较大,明显歪曲测量结果,通常是由测量时读错或记错了数据、使用有缺陷的仪器以及在测量时操作不细心而引起的过失性误差。旋转变压器解码的算法框图如图 2.27 所示。

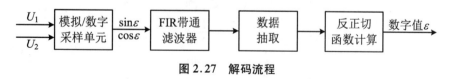

图 2.27　解码流程

从图 2.27 我们可看到算法共有 3 个组成部分:

① 快速采样。为了运用白噪声理论,可以在采样端叠加白噪声使得整个算法的噪声分布接近均匀。但是本算法中输入信号幅值变化快速,大部分情况下其量化误差可以视为白噪声,不需要再另外叠加抖动信号来提高分辨率,因此本算法没有设计抖动信号发生器。

② FIR 带通滤波器滤波和数据抽取。实现降低采样频率、滤除无用信号和作

为数字抗混叠滤波器。

③ arctan 核心算法。实现 arctan 计算从而得到有效精确的转子位置数字量 ε。

（2）粗机与精机组合方法

旋转变压器是一种精密角度测量装置，是一种输出电压随转子变化的信号元件，具有高低温性能好、抗振冲能力强、工作可靠、抗干扰能力强等优点。为了提高测角精度，目前常用多极旋转变压器粗精机构组合的方法。实现多极旋转变压器粗精机组合的方法有两类：一类由硬件实现，另一类由软件实现。采用软件方法实现多极旋转变压器粗精机组合，能够便捷高效地提高测角精度。粗精机组合的含义是粗机轴角转过 1 圈时，精机轴角则转过 n 圈（n 通常取 $16\sim36$，也有取 64 的），即由粗机确定轴角的粗略，由精机来得到轴角的精确位置。

如图 2.28 所示，多极旋转变压器输入的正弦激磁信号为 U_{ref}，当精机轴角 θ_j 与粗机轴角 θ_c 之间速比为 $n:1$ 时，则电信号相当于 e_{sc}、e_{cc}（粗机正弦、余弦电压信号）以 $360°$（θ 角）为一个周期，而 e_{sj}、e_{cj}（精机正弦、余弦电压信号）则以 $360°/n$ 为一个周期。若 $n=16$，折合到精机为 $22.5°$ 一个周期；若 $n=32$，折合到精机为 $11.25°$ 一个周期。

根据图 2.29 即可对多极旋转变压器进行轴角组合。先将 $0°\sim360°$ 划分为 16 个区间，每个区间 $22.5°$。真实轴角 θ 落入哪个区间，可由 e_{sc}、e_{cc} 计算出 θ_c 来得到，而后再用 e_{sj}、e_{cj} 计算出 θ_j 得到落入该区间的精确值。

组合的原则是 θ_c 只取"整数"部分，$[\theta_c]$ 整数部分 $=360°\cdot i/n$（$i=0,1,\cdots,15$），θ_j 取"小数"部分，故组合后的轴角为

$$\beta = [\theta_c]\text{整数部分} + \theta_j/n = \text{INT}[\theta_c/360°/n]\times(360°/n) + \theta_j/n\beta = [\theta_c]$$

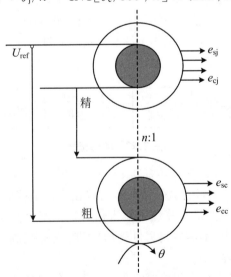

图 2.28　粗精机组合结构

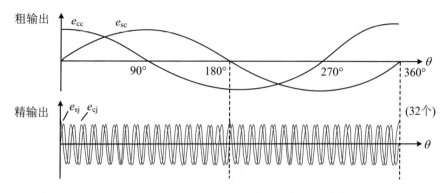

图 2.29　$n = 32$ 时粗精机 e_s、e_c 的对应波形

（3）基于算法的软件实现方法

上述粗精机轴角组合原理是建立在粗读数整数部分不能有差错的基础上，而实际中由于传感器误差、工艺因素等往往导致得不到粗精机的理想配合。比如当 θ_c 在两个区间的边界附近时，如图 2.30 所示。

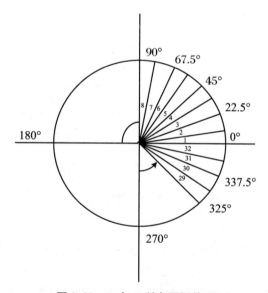

图 2.30　θ_c 与 θ 所在区间关系

这种误差是原理性误差，是粗精机组合系统中粗读整数不可避免的误差，依靠提高器件及电路精度来达到绝对避免这种误差是不可能的（只能减小产生这种差错的概率）。因此，粗精机组合必须进行逻辑判断。

如何进行逻辑判断呢？观察图 2.30 可以看到，θ_c 与 θ 所在区间关系在正常情况下只存在三种可能性：

① 当 θ 处在区间的上边界时，θ_c 可能落在下一区间。

② 当 θ 处在区间的下边界时，θ_c 可能落在上一区间。

③ 当 θ 处在区间中间段时，θ_c 也落在该区间。

而且 θ_c 与 θ 之间的误差角不大（Ⅱ级品时不超过 $2.5°$），由此我们得出使用的轴角粗精机组合的程序流程如图 2.31 所示。

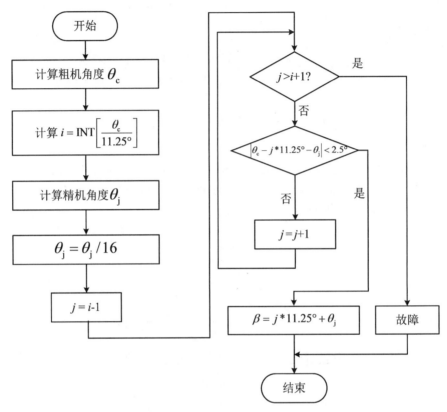

图 2.31　轴角粗精机组合流程图

（4）结论

上面介绍的软件实现多极旋转变压器粗精机组合的方法是以 $n = 32$ 为例的。当速比为其他数值，如 16∶1 时，只需更换相应部分的具体值即可，因此该方法具有普遍意义。用软件实现粗精机轴角组合的方法较之硬件实现的组合方法尽管在微机资源上占用多了一点，但在能满足系统实时性的前提下具有经济性的特点。

2）电机和陀螺信号采集

需用电压降幅电路将电机驱动信号、陀螺反馈信号以及陀螺激磁电压信号降幅到适用范围以内。因为加固计算机上的采集卡只能采集确定的电压，高出限定部分将被截取无法显示。

以外方位电机正极信号为例，信号降幅电路如图 2.32 所示。

图 2.32 中左侧 GYRO-REF 信号，也就是陀螺激磁信号，其幅度在 ± 28 V，波

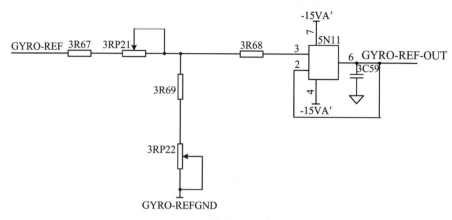

图 2.32　陀螺激磁信号降幅电路图

形为正弦波,频率为 7.8 kHz。GYRO-REF-OUT 是降幅后的信号,其幅度约在 ±6 V。

图 2.32 中电位计 3RP21 和 3RP22 的作用是调节信号放大倍数,倍数计算公式为:out = in×(3R67 + 3RP21)/(3R68 + 3RP22),然后信号经过由运算放大器组成的射随电路输出,可以保证经过降幅的信号频率和波形不变。

降幅后的波形输出到加固计算机的数据采集卡上,测试软件启动采集程序,将采集到的数据绘制在软件界面上。最终通过人工判读,与标准信号的波形进行对比,判断信号是否存在故障。

2. 动态模块电路配置

动态信号测试模块的核心是一片 TI 公司的 DSP 模块,板上有组合旋变解调芯片、电子开关、电源电路、降幅电路等。DSP 芯片,也称数字信号处理器,是一种特别适合于进行数字信号处理运算的微处理器,其主要应用是实时快速地实现各种数字信号处理算法。根据数字信号处理的要求,DSP 芯片一般具有如下主要特点:在一个指令周期内可完成一次乘法和一次加法;程序和数据空间分开,可以同时访问指令和数据;片内具有快速 RAM,通常可通过独立的数据总线在两块中同时访问;具有低开销或无开销循环及跳转的硬件支持;快速的中断处理和硬件 I/O 支持;具有在单周期内操作的多个硬件地址产生器;可以并行执行多个操作;支持流水线操作,取指、译码和执行等操作可以重叠进行。

(1) DSP 电路配置

按照 DSP 的用途来分,可分为通用型 DSP 芯片和专用型 DSP 芯片。通用型 DSP 芯片适合普通的 DSP 应用,如 TI 公司的一系列 DSP 芯片即属于通用型 DSP 芯片。专用 DSP 芯片是为特定的 DSP 运算而设计的,更适合特殊的运算,如数字滤波、卷积和 FFT,如 Motorola 公司的 DSP56200、Zoran 公司的 ZR34881、Inmos

公司的 IMSA100 等都属于专用型 DSP 芯片。例如,设计选用的一种通用型 DSP 芯片数据总线宽度 32 位,最高工作频率 150 MHz,工作温度 - 40～85 ℃,采用 LQFP 封装形式。

DSP 芯片周边及供电电路如图 2.33 所示。

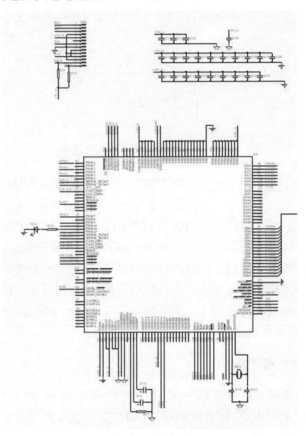

图 2.33　DSP 芯片周边电路图

(2) 旋变测量电路

稳定平台每个框架轴可配置一套多极旋转变压器,旋转变压器的输出信号输入到动态测试模块接插件,信号经过光电继电器电路(旋变部分),由板上 DSP 的 I/O 口控制光电继电器闭合,信号传输到电路板上的旋变解调模块,模块把模拟信号变成数字信号,由板上 DSP 进行数字处理,然后通过异步 RS422 输出角度值。

(3) 电机控制信号测量电路

平台上的电机控制信号输入到动态测试模块接插件,由系统发送检测命令,动态模块上 DSP 的 I/O 口控制光电继电器闭合,然后输出到分压电路,输出降幅后的电机控制信号,然后由系统上的采集卡采集显示。

（4）陀螺控制信号测量电路

陀螺控制信号输入到动态测试模块接插件，由系统发送检测命令，动态模块上 DSP 的 I/O 口控制光电继电器闭合，然后输出到分压电路，输出降幅后的陀螺控制信号，然后由采集卡采集显示。

3. PCB 板设计

在规划 PCB 以及设计过程中所需要遵循的原则如下：

（1）布局

将所有的元器件按照一定的距离摆放好，板子长、宽的比例为标准的 4：3，将 DSP 摆放在电路板的中央，尽可能地使之与周边芯片和电路保持大概相等的距离，避免其与解调芯片通信的时候发生数据错位的错误。然后将 RS422 串口的接插口、排线的接插口、电子开关、降幅电路、旋变解调芯片等放置在电路板的边缘，这样便于连接信号线。在电路板的四个角上留出电路板固定孔所需要的空间。需要注意的是位于电路板边缘的元器件离电路板的边缘不小于 2 mm，最后应达到的效果是在不影响电路运行的情况下使元器件均匀、整齐、美观并紧凑地排列在 PCB 板上。

（2）布线

布线的原则一般是输入输出端的导线应该避免平行，如果平行，则需要在两者之间加地线，防止线间反馈耦合。例如，导线的宽度设计中选取的是 8 mil，电源线的宽度为 25 mil，而地线的宽度可选择 30 mil。

（3）电路板的抗干扰设计

在电子系统设计中，特别是像 DSP 这种系统，应充分考虑抗干扰性的要求。形成干扰的要素有三点：一是干扰源，指产生干扰的元件或设备，如高频时钟、继电器、电机等；二是传播路径，指干扰从干扰源传播到敏感器件的通路或媒介；三是敏感器件，指容易被干扰的对象，如 A/D(D/A)变换器、单片机、数字 IC、弱信号放大器等。抗干扰设计就是尽量控制三种干扰要素：抑制干扰源、切断传播路径及提高器件的抗干扰性。在本项目中需要考虑的一个是 DSP 芯片的抗干扰能力，另一个是印制电路板的抗干扰能力。

2.5.6　静态测试模块设计方法

1. FPGA 简述

FPGA(现场可编程逻辑阵列)是在 PAL、GAL 等逻辑器件的基础上发展起来的，它是作为专用集成电路(ASIC)领域中的一种半定制电路出现的，既解决了定制电路的不足，又克服了原有可编程器件门电路数目少的缺陷。

FPGA 基本是由三个部分组成的,如图 2.34 所示。

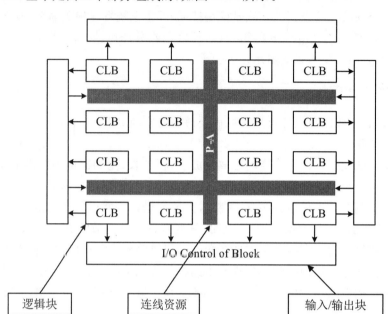

图 2.34　FPGA 内部结构图

(1) 输入/输出块 IOB (input output block):允许用户对这些引脚进行编程,作为输入端口、输出端口或者双向端口。

(2) 可编程的连接资源 IR (interconnect resource):用于连接各个逻辑块及输入/输出端口。

(3) 可配置的逻辑块 CLB (configurable logic block):它是 FPGA 中间的逻辑单元(logic cell),一般是二维矩阵型结构排列,经由可编程的垂直通道(vertical channel)和水平通道(horizontal channel)连接构成。

2. 静态测试模块设计

1) 主要器件选择

光电吊舱智能检测系统静态测试模块的核心运算器件可选用 FPGA。例如 Altera 公司生产的 FPGA(Stratix EP1S10F780I6)工作速率最高达 350 MHz,具有 80 k 个逻辑单元,内嵌数字信号处理模块,工作温度 -40~100 ℃,外围引脚 780 pin,采用 BGA 封装形式。该器件具有良好的性能、极高的密度和非常大的使用灵活性以及性价比高等特点,可在 Quartus Ⅱ 平台上实现可配置、可剪裁系统的设计,极大地缩短设计工程师的开发周期。

前端电压数据采集选用 A/D 转换集成电路模块。例如,A/D 公司生产的高速 14 位并行 A/D 转换器 AD9240,具有高的采样速率和转换速率,内部结构紧凑、集成度高,工作性能也好,因而可以大大减少印制板面积,降低系统成本。AD9240

的基本特点和参数如下：① 有可在内部采样保持的 14 位分级型 A/D 转换器、并行输出接口和数据缓冲器；② 转换速率为 10 MHz；③ 信噪比 SNR 为 77.5 dB；④ 功耗仅为 285 mW；⑤ 杂散动态范围为 90 dB；⑥ 积分线性误差为 2.5 LSB；⑦ 带有输出越限指示；⑧ 采用单电源 5 V 供电；⑨ 可与 3.33 V 或 5 V 等 CMOS 电路接口；⑩ 电压输入方式、范围灵活可调。

2）静态测试模块功能设计与实现

静态测试模块以 FPGA 为核心，系统组成如图 2.34 所示。多针电缆通断测试时，待测信号通过开关连接至 FPGA 的 I/O 口，当需要测试通断时，FPGA 控制开关打开进行判断，如果是通，则返回"1"至上位机；如果是不通，则返回"0"给上位机，通过 RS232 接口传输数据。测量多路电阻时，待测试信号首先通过连接器进入开关控制电路，在 FPGA 的控制下按照顺序依次进入 A/D 采样，采样后的数据送入 FPGA 进行算法处理，FPGA 计算阻值，完成后通过 RS232 串口通信电路送给上位机。在电路中还需要设计 RS422 与 RS232 的接口转换功能，主要完成多路 RS422 接口转 2 路 RS232 接口，该功能由 FPGA 实现，具体方法由 Verilog 硬件描述语言来实现。

其中，FPGA 通过可编程 I/O 分别连接外部 A/D 芯片实现电阻测量功能，连接 MAX3232 和 MAX490 实现 RS232 和 RS422 通信转换功能，连接开关控制器实现开关控制功能。通过两个多针连接器和外部设备相连来实现通断测量功能和电阻测量功能，RS232 和 RS422 串口通信和转换通过两个多芯连接器和外部相连，FPGA 在线调试和程序下载通过两个 I/O 针连接器来实现。

（1）电阻测量功能

稳定平台静态内阻共有 X 路，最低阻值与最高阻值欧姆值区分大，各路器件通过专用电缆与静态测试模块连接。单路电阻的 A/D 采样电路如图 2.35 所示，R_0 为阻值 100 欧姆的高精度电阻，精度 0.01%；R_x 为未知待测电阻。

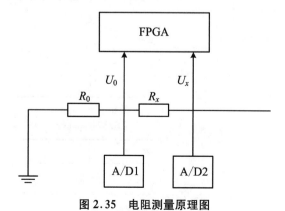

图 2.35　电阻测量原理图

通过两路 A/D 采样可以获得 R_0 和 R_x 电阻上的电压数字量 U_0 和 U_x，采用公式 $U_0 / R_0 = (U_x - U_0)/R_x$ 进行计算。测量流程如图 2.36 所示。

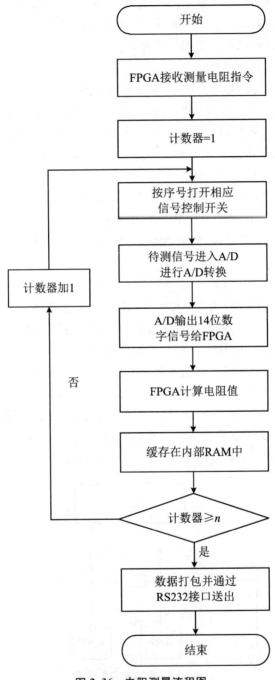

图 2.36　电阻测量流程图

如果电阻测量模块有待测信号 $n = 24$ 个（test1～test24）、参考端 11 个（ggd1～ggd11），共计 35 个信号，在程序中有 35 个控制信号（control1～control35）与其一一对应，采用 18 个双路开关通过 FPGA 进行控制。当要进行电阻测量时，FPGA 按照约定顺序，先把 control1 和 control25 信号置低，则控制 test1 和 ggd1 的开关打开，待测信号 test1 和参考端信号 ggd1 分别进入两路 AD9240 输入端，经过 A/D 转换，变为 14 位数字信号进入 FPGA，FPGA 通过计算得出要测量的阻值，然后依次完成其余 23 个信号阻值的测量。

为了提高测量精度，在算法中可以采用多次测量求均值的方法。A/D 采样得到的两路电压值 U_0、U_x 和已知电阻 R_0（100 欧姆）的数值最多用 9 位二进制表示即可，实际存储采用了 16 位表示，不存在溢出问题。首先将电压信号 U_0、U_x 乘以 2^3，将其二进制位数扩充 3 位，提高后续除法计算的精度。然后由程序计算待测电阻 R_x 的值，暂存在寄存器中。采用同样方法，在几微秒内采样并计算 16 次阻值，以去除电压波动带来的误差。最后取均值算出 R_x 的值，并送给计算机，由计算机将阻值 R_x 除以系数，得到 R_x 的真实值。

（2）电缆通断测试功能

把待测专用电缆的一端通过静态测试模块控制开关连接到 FPGA 的规定数量 I/O 口上，每根线一端都对应 FPGA 的一个 I/O 引脚，I/O 口通过软件设置为高阻态，电缆另一端串联起来通过接插件连接到 FPGA 的数字信号地上。

系统上电后，FPGA 读取 I/O 引脚电平，若为高电平则记为 1，表示电缆不通，反之则记为 0，并按顺序储存在 FPGA 内部寄存器中，寄存器共 N 字节，规定数位，每一位对应一根电缆。

通过 RS232 接口将检测结果发送给加固计算机，测试软件将寄存器字节还原成专用电缆线的通断情况。

（3）串口通信转换功能

RS422 和 RS232 串口通信功能由 FPGA 来实现。在设计中有多路 RS422 接口，分别对应动态测试模块、可见光摄像机、红外热像仪和电子控制模块；RS232 接口用来和上位机进行通信。上位机通过 RS232 接口发送过来的指令，FPGA 按照通信协议进行解析处理或者直接转发给相应的 RS422 接口。从 RS422 接口发过来的指令，FPGA 则按照通信协议进行解析，做出相应的处理后，再按照协议要求返回指令或是转发给上位机 RS232 接口。

3）静态测试模块电路配置

静态测试模块以 FPGA 为核心，板上需要集成 A/D 芯片、配置芯片、电子开关电路和电源配置电路、对外接口电路、滤波电路等。

（1）FPGA 配置方式

FPGA 有两种配置方式：PS 模式和 JTAG 模式，可以分别实现上电自举和在线调试功能。通过下载电缆把 FPGA 直接和计算机并口连接可以进行在线调试，而通过下载电缆把配置芯片 EPC16UI88N 直接和计算机并口连接则可以进行程序下载,下次上电 FPGA 会自动加载程序。其配置电路如图 2.37 所示。

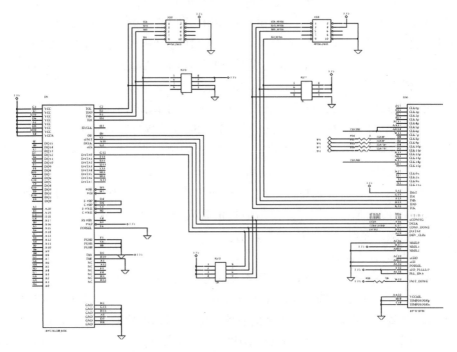

图 2.37　FPGA 配置电路

(2) 静态测试模块电源

电路板由外部提供 +5 V 电源,因为既有数字电路又有模拟电路,所以划分为数字地和模拟地两部分,两者之间采用桥式共地方式,用一个铁氧体磁珠连接。模拟电源 +5 V 为 AD9240 供电,以完成 A/D 转换功能,进而实现电阻测量。数字电源 +5 V 通过两个线性稳压器 LT1764 变为 +3.3 V 和 +1.5 V, +3.3 V 为 FPGA 提供 I/O 电源,同时为配置芯片 MAX490 和 MAX3232、开关控制器提供电源, +1.5 V 为 FPGA 提供内核电源。如图 2.38 所示。

(3) AD9240 的配置

AD9240 是一款 14 位高精度 A/D 芯片,为了保证数字部分和模拟部分的隔离,它的 AVDD 和 DVDD 需要单独的 +5 V 来提供,数字地和模拟地也要分开来处理,以降低系统噪声,DRVDD 则由数字的 +3.3 V 电压来提供。AD9240 的参考电压为 +2.5 V,由一片低噪声高精度线性稳压器 REF192 来产生,以保证系统性能。AD9240 采样频率最高可达 10 MHz,在本设计中采样频率为 4 MHz,时钟由 FPGA 锁相环产生,并通过光耦隔离送过来。

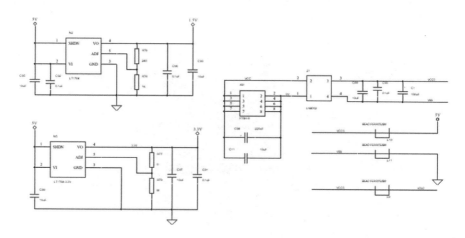

图 2.38　静态测试模块电源配置电路

2.5.7　系统集成与布局

1. 总体设计

　　信号测试箱内集成了大功率电源模块、二次电源模块、静态信号测试模块、动态信号测试模块、继电器、控制开关和测试插座等。信号测试箱采用无风扇全密封设计,电磁兼容性能优良。箱体采用全铝合金材料,由6块独立板材构成一个长方体,坚固耐用。整个箱体除了把手以外,所有的测试接插件和控制开关均不超出几何外表面。如图 2.39 所示。

图 2.39　信号测试箱总体效果图

　　大功率电源模块安装在信号测试箱的底板上,能够通过底板将电源产生的热量通过金属材质的箱体散发出去,保证了箱体内电路板的工作环境温度不会过高。如图 2.40 所示。

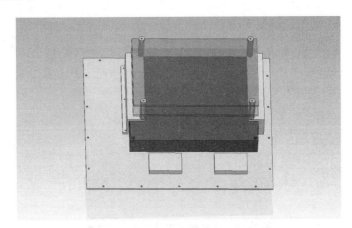

图 2.40　信号测试箱底板效果图

静态和动态信号测试电路板通过固定支架安装在大功率电源的上方,采用高厚度的 PCB 工艺,保证了电路板长期使用不变形。

箱体上的静态信号测试接插件和电源控制开关,分布在箱体的右侧板上,可以进行电缆通断检测和平台内阻检测,如图 2.41 所示。红色电源开关打开后,给电源模块和信号测试模块供电。黑色电源开关打开后通过两个继电器,配合测试软件的控制信号,分别给电子控制系统或者平台内可见光/红外传感器供电。比如打开"光学传感器测试"界面时,发出一组控制信号,使继电器 2 打开,继电器 1 关闭;打开"平台功能测试"界面时发出另一组控制信号,使继电器 1 打开,继电器 2 关闭。只有在开关电源打开,并且测试界面也打开的情况下才能给稳定平台加电和测试,这样可有效防止误操作。

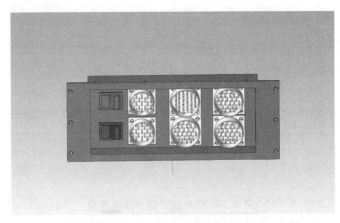

图 2.41　信号测试箱右侧板效果图

箱体上的总电源输入接口、动态信号和加固计算机采集卡、RS232 等接口，分布在箱体的后侧板上，可以进行光学传感器、电子箱信号、平台功能、系统隔离检测。各个测试接口具有唯一性标志和防错插设计，可防止电缆接错导致无法测量或损坏。

2. 布线方法

一是强电与弱电信号分开。强电信号包括 220 V 交流输入电源和 28 V 直流输出电源，这两种强电信号设计有专用线槽，沿底板的边角分布。弱电信号包括 RS422 通信信号、电缆通断测试信号、平台内电阻测试信号、陀螺信号以及电机控制信号、旋转变压器输出信号等，按信号种类分别集束，并在线束外面用屏蔽材料捆扎，以避免信号干扰。

二是差分信号采用双绞线。差分信号也是弱电信号，主要有 RS422 通信信号和电机控制信号。差分信号是指一根线以正电平方式传输信号，另外一根线以负电平方式传输同一信号，当线路中出现干扰信号时，其对两根线的影响是相同的，因而在接收端还原差分信号时就可以屏蔽掉该干扰信号。采用双绞线进行传输，可以有效抑制共模干扰，提高信号传输的可靠性。光电吊舱内电机的控制信号也是差分信号。

三是视频信号采用同轴视频电缆。视频信号在 Y 芯测试电缆中存在，用来传输光电吊舱稳定平台内可见光摄像机和红外热像仪载荷输出的视频图像。视频信号是一种模拟信号，采用标准 PAL 制式，因此必须选用内阻相同的同轴视频电缆进行传输以防止信号损失。

2.6　故障检测软件主要子程序设计

2.6.1　静态测试

1. 电缆通断检测

实际工程维护检修中，对于维修人员来说最怕的莫过于碰到电线电缆中间断了找不出断点在什么地方。那么通常情况下，准确测出电线电缆断点的测量方法有哪些呢？

（1）万用表检测法

首先把不通的整根线缆两端连接万用表，测量电阻值；或者一端接到强电的火线上，另一端置空。把万用表拨到 AC 2 V 挡上，从线缆接电端开始，一边捏住黑色笔笔尖,一边将红色笔沿着导线的绝缘皮慢慢移动,此时显示屏显示的电压值为0.445 V左右。当红表笔移动到某处时,显示屏显示的电压突然下降到约0.02 V,大约是原来电压的十分之一,从该位置向前(火线接入端)大约15 cm处即是断点所在。

（2）感应式电笔检测法

感应试电笔,就是带着一个电子屏幕,可以检测电压和通断的设备。首先排除断点电缆周围的电缆有电源,然后将有断点的电缆接在火线上,将电笔垂直于导线,按住"感应断点测试"按钮在导线上向前缓慢移动,当试电笔检测的交流信号突然消失时,即可判断断点在该检测点处,误差最多不超过10 cm。

（3）音频探测仪检测法

音频探测仪是一种利用单频或复频信号,通过测试线路的连续性,来识别线路故障的仪器。能在连接任何交换机、路由器、PC终端的情况下直接找线。在追踪电缆线路时,无需剥开线路外皮,简单、快捷,并可以判别线路断点的位置。

（4）电缆故障测试仪检测法

电缆故障测试仪是一套综合性的电缆故障探测仪器,能对电缆的高阻闪络故障,高低阻性的接地、短路和电缆的断线、接触不良等故障进行测试,若配备声测法定点仪,可准确测定故障点的精确位置。特别适用于测试各种型号、不同电压等级的电力电缆及通信电缆。

（5）折线检测法

把有断点的电缆一端接万用表的黑表笔,另一端接红表笔。万用表打在电阻200 Ω挡。在最有可能断线的地方(比如经常弯曲点)来回折弯,如万用表显示忽通忽断,则此处即为断点。如不能判断,则需从电缆的一端开始折弯,直到找到断点。此法适用于较短的电缆。

（6）针刺检测法

这种方法属于有损伤的检测方法,在断线电缆上分段插入钢针,用万用表测量钢针到电缆端头的通断,以判断电缆的断点。正常情况下不建议使用,因为会破坏绝缘层,很容易在电缆的后期使用中造成其他的问题,尤其是在湿度较大的环境中。这种方法是利用电缆的通断来排查电缆的断点所在。

（7）拉拔电线检测法

这种方法也属于有损伤的检测方法,用老虎钳拉拔电缆端头的断线,如断点在电缆端头附近,则绝缘皮很容易被拉断。由于此法只适用于断点在端头附近的电缆,所以实际检测中一般不用此方法。

上述方法对于光电吊舱这样线路较多、长度较短的电缆检测不太适宜。光电吊舱电缆通断检测主要实现对光电吊舱专用电缆的通断情况进行自动检测,快速排除电缆故障,避免人工逐一检测的繁琐。专用电缆的检测结果显示在软件界面上,故障电缆突出显示。流程图如图2.42所示,检测界面如图2.43所示。

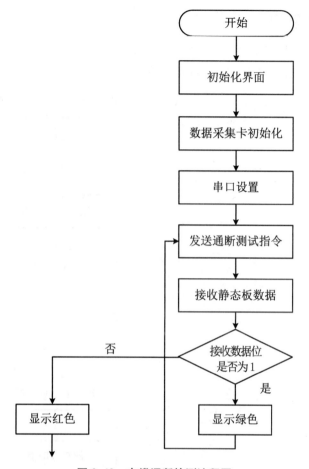

图 2.42　电缆通断检测流程图

图 2.43　电缆通断检测显示界面图

2. 平台内阻检测

平台内阻检测主要检测平台电机、陀螺、旋变的器件电路阻值,从而判断这三种部件是否存在电气故障,并显示在软件界面上。流程图如图 2.44 所示。

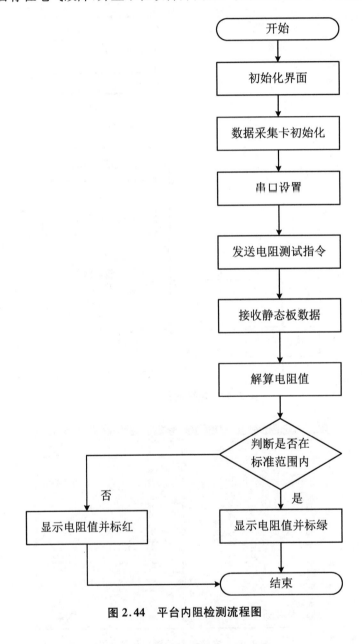

图 2.44　平台内阻检测流程图

2.6.2　动态测试

动态测试模块主要完成光电吊舱电子信号的检测。电子信号检测主要完成两个功能：

1. 稳定平台角度测试

平台内多组旋转变压器共输出多路电压信号，其中外方位和外俯仰旋转变压器的精机和粗机共占用 N 路信号，内方位和内俯仰旋转变压器只使用了精机占用的 $N/2$ 路信号。这些信号都是模拟电压信号，有正弦和余弦两种波形。

动态测试模块接收旋转变压器的输出信号，计算出平台的方位角和俯仰角并与电子盒解算出的平台方位角和俯仰角进行比较，判断电子盒伺服板工作是否正常，并显示结果。

2. 电机和陀螺信号采集

动态测试模块将电子箱输出的电机控制信号和陀螺信号进行降幅，降幅后的信号通过信号测试箱的数据采集口输送到加固计算机的 A/D 数据采集卡上。

采集后的波形输出到加固计算机的数据采集卡上，测试软件启动采集程序，将采集到的数据绘制在软件界面上。最终通过人工判读，与标准信号的波形进行对比，判断信号是否正常。流程图如图 2.45 所示，检测界面如图 2.46 所示。

2.6.3　功能检测实现

1. 光学传感器检测

光学传感器检测通过平台直接与测试箱连接，直接向光学传感器发送指令，而不用经过电子盒，主要检测平台的任务载荷可见光摄像机和前视红外热像仪的组件功能是否正常。流程图如图 2.47 所示，检测界面如图 2.48 所示。

2. 光电吊舱平台功能检测

光电吊舱功能检测是在稳定平台和电子控制系统闭环的情况下，通过地面测试系统进行自动或半自动测试，全面检测稳定平台的各项基本功能，结合操作者观察和检测系统采集相关信号、参数的情况，判断其基本功能是否正常，进而判断平台工作回路上的各部件是否正常。其实现流程如图 2.49 所示。

1) 惯性态检查

所谓惯性态，就是光电吊舱由于稳定平台隔离稳定功能使侦察视轴相对于惯

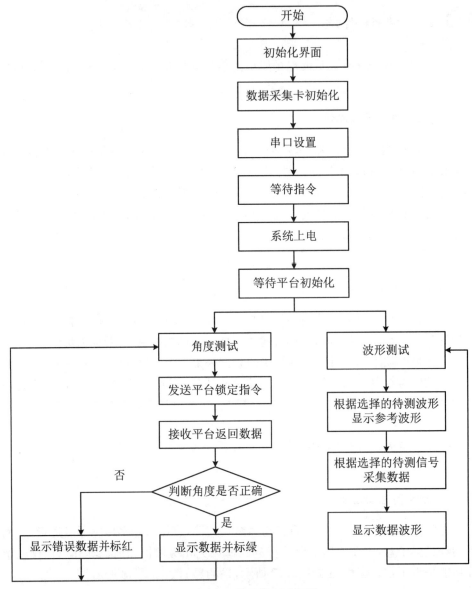

图 2.45　电子信号检测流程图

性空间保持不变。在惯性态下,系统可接受各种控制指令,在无外来指令时,系统相对惯性空间保持视线稳定。系统处于惯性态时,利用地面控制摇杆可以操纵平台做方位角、俯仰角的运动,在图像的下方中间显示惯性态相关参数。

2) 保持态检查

所谓保持态,就是光电吊舱稳定平台相对飞机坐标系保持大致固定的方位和俯仰角度,同时视轴保持稳定。系统处于保持态时,在图像的下方中间显示"保持态(方位角、俯仰角)"字符。

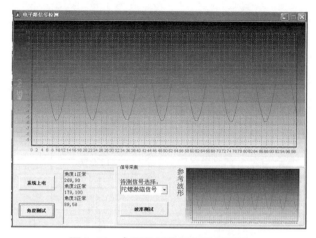

图 2.46 电子信号检测显示界面图

3) 回收态检查

所谓回收态,就是飞机降落时,应在执行升降机构的收回指令前首先使转台处于回收状态。在回收态下,转台锁定在相对安全位置。系统处于回收态时,在图像的下方中间显示"回收态"提示字。

4) 自动扫描

转台按预设的自动扫描程序搜索目标。进入自动扫描状态后,转台处于惯性态,不再响应操纵杆的指令,转台由当前位置转至(90°,−90°),锁定方位角,绕俯仰轴以固定的幅度、速度匀速来回扫描。同步检查自动扫描配置。转台处于自动扫描状态时,亦可根据需要配置自动扫描的幅度值及速度值。

5) 锁定态

转台锁定在设定位置。在锁定态下,转台相对飞机坐标系保持固定的方位角和俯仰角,不再接受操纵杆的控制指令。系统处于锁定态时,在图像的下方中间显示"锁定态(方位角、俯仰角)"字符。系统处于锁定态时,可根据需要配置锁定的方位角和俯仰角。

6) 备份态

备份态是与系统通信中断后的一种应急态。系统与控制单元通信中断超时后,系统自动进入备份态,转台处于保持态,锁定角度为(α,β),可见光电视摄像机保持在原视场。一旦恢复通信,转台即转入通信中断前的状态。

7) 搜索、跟踪和跟踪/搜索态

(1) 搜索态

在这种状态下,转台处于惯性态并保持不动,摇动操纵杆可使十字线和跟踪框在图像屏幕中运动,并压在屏幕中一个选定目标上。

(2) 跟踪态

转台受图像跟踪器控制,按图像跟踪器输出的角位置误差信号跟踪目标。在

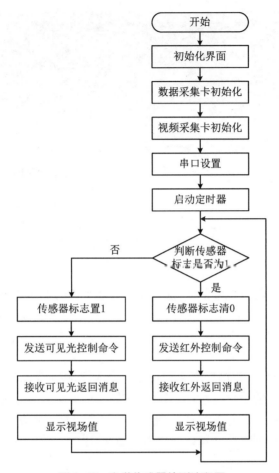

图 2.47　光学传感器检测流程图

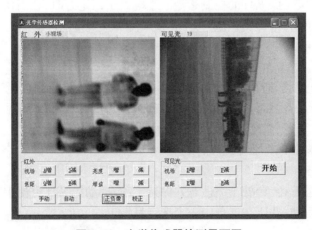

图 2.48　光学传感器检测界面图

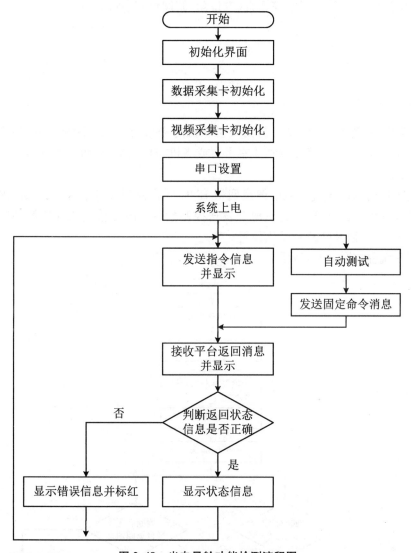

图 2.49　光电吊舱功能检测流程图

转入自动跟踪前,转台处于搜索态,先手动选定目标,使目标位于跟踪框内,然后发送自动跟踪指令,图像跟踪器则对跟踪框内的图像信息进行处理,提取目标,输出目标运动的角误差信号给转台伺服控制电路,从而使转台跟踪目标。在跟踪状态下,不再响应操纵杆的指令。

(3) 跟踪/搜索态

转台处于自动跟踪态时,为了改变跟踪目标,系统切换为跟踪/搜索态,跟踪框和转台仍跟踪原目标。操纵杆不再操纵转台的转动,转台的转动由图像跟踪器自动控制。使用操纵杆指令使十字线在视场中运动,选定另一个目标,选定新目标后,再发送自动跟踪指令,跟踪框和转台对新目标进行跟踪。处于每一种工作状态时,在图像下方中间显示"跟踪搜索(方位角、俯仰角)"字符。

2.6.4　故障隔离与综合分析

1. 故障隔离测试

故障隔离测试是光电设备与无人机联机时进行的,主要目的是快速检查系统故障的发生位置,将故障隔离到侦察平台或飞机与控制站,从而为下一步故障排查做好准备。

故障隔离测试通过三通电缆及两根 BNC 同轴视频线将平台、飞机、故障检测仪连接成一体,由飞机给平台供电并发送控制指令。故障检测软件检测其中的数据是否正确,从而判断故障发生位置。

实现流程如图 2.50 所示。

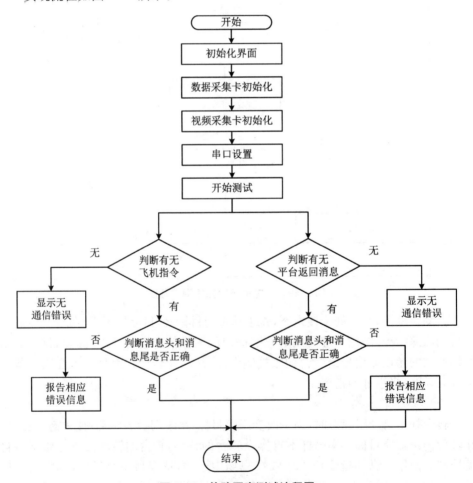

图 2.50　故障隔离测试流程图

2. 故障综合分析

通过前几项的检测,可以收集到辅助数据,并获取一些故障现象。但光电吊舱系统组成复杂,需要借助前期的检测结果,利用专业知识进行平台故障的综合分析,才能最终给出诊断结果和建议。故障综合分析实现流程如图 2.51 所示,检测界面如图 2.52 所示。

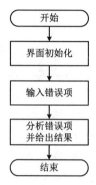

图 2.51　故障综合分析流程图

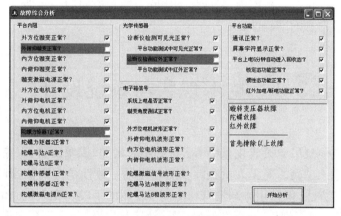

图 2.52　故障模式案例图之一

第3章 无人机光电吊舱光轴 一致性检测标校

光电吊舱跟踪瞄准系统是一种具有成像、捕获、跟踪、瞄准以及测量功能的光机电一体化设备,其通过自身搭载的各类光学传感器,利用目标物体的运动特性、几何特性、物理特性以及目标背景的光学特性对目标进行感知与识别,继而实现对目标物体的跟踪瞄准,并可输出目标物体的位置和运动信息。

光电吊舱跟踪瞄准系统的关键在于能否快速、准确地对目标进行识别,而为了适应全天候的光学观测,光电吊舱跟踪瞄准系统通常会携带可见光、红外以及激光测距等不同类型的光学传感器,由此形成一种集合了多光谱、多传感器、多光路融合的综合光电系统。在该系统中光轴平行度是极其重要的一个指标参数,只有确保各光轴平行度在一定范围内,才能保证跟瞄及测距方向的一致性,确保输出目标物体运动参数信息的准确性。

3.1 技术现状与系统设计

随着光电侦察吊舱集成化与精密程度的不断增加,成像质量、跟踪精度和光轴一致性要求越来越高。对无人机跟踪精度和光轴一致性检查调整,研制单位有一套较为完善的方法,但使用方却没有相应便于使用的手段。无人机光电吊舱,集成了 CCD 数字电视摄像机、前视红外仪、激光测距机、陀螺稳定平台和视频跟踪器等多种重要组件。无人机光电吊舱需要频繁运行于野外环境,特别是飞机外场运输、发射助推、状态转换以及降落回收过程中产生的冲击和振动,难免对光电稳定框架、光电成像设备及激光测距装置等造成损伤,如果光电载荷光轴一致性偏差较大,在工作过程中则容易出现"抖动""卡死"等故障模式,目标定位精度严重下降,直接影响系统效能。

3.1.1 技术现状分析

目前,常见的多光轴平行度校准方法包括投影靶法、小口径光管法和大口径平行光管法等,其中投影靶法需安排在一个长度足够的试验场地内进行,利用光轴之间的间隔与靶板上光轴投影间隔的镜像关系来得出光轴平行度。

如图 3.1 所示,利用一个放置在远处的靶板来接收从被测仪器出瞳射出的激光束,将各光轴投影到靶板上,各光轴的相互间隔便是靶板上各光轴投影的间隔,沿着光路的方向看,各光轴与靶板上的投影点之间是镜像关系,通过比较间隔的差异来反映光轴平行与否,这种方法在野外和室内都可以使用。

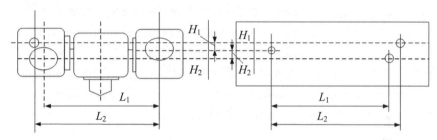

图 3.1　投影靶法原理

小口径光管法与大口径平行光管法的原理都是将待校对象的各光轴瞄准同一个目标,若该目标均落在各光轴的中心,则说明各光轴平行,否则不平行。两者的不同主要是小口径光管法需要借助分光镜和反光镜、五棱镜、斜方棱镜等装置使平行光束分别进入各光轴视场范围内,而大口径平行光管法则不需要。由此可见,小口径平行光管法的优点是简单易行,缺点是误差环节较多,精度不高。而大口径平行光管法的优点是误差环节少,测量精度高,缺点是成本相对较高。改进的平行光管法,结合了大口径平行光管法与小口径光管法的特点,其基本原理为:将不同的光轴对瞄同一位置的靶标,若该靶标均处于光轴的视场中心,则说明各光轴平行,否则说明光轴不平行。对于不平行的光轴,需将靶标移动至光轴的视场中心,通过测量靶标移动的位移量,即可得出光轴的不平行度。基于该校准原理的校准装置构成如图 3.2 所示,其主要包括轮转目标光源、轮转靶标、CCD 相机、离轴抛物面反射镜(物镜)、反光镜以及斜方反射镜组等。

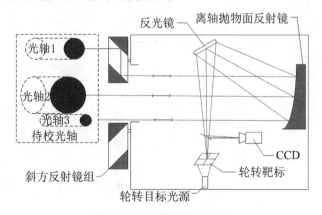

图 3.2　改进的平行光管法

综上,现有的测试方法存在着针对性强、受主观因素影响大、精度不高等缺点,难以完全适应外场检测需要。需要进一步研究新的测试/检测方法和保障设备,使其具有适用性强、操作简单、能够客观地提供高精度数据等特性。

生产工厂的光电吊舱光轴一致性标校方式是将待检光电装备固定在精密双轴转台上,对准大口径平行光管,激光探测器和可见光、红外探测源固定不动,通过调节精密双轴转台,确定出各个光轴相对精密双轴转台的俯仰和方位角度,通过两两比较得出光轴平行度指标,这种方法程序相对复杂、使用环境条件要求高。

本书课题组设计的无人机光电载荷光轴一致性检测设备的原理与使用昂贵的大口径平行光管不同,是将待检光电吊舱装备相对固定,通过在一定距离上的光轴法线平面上激光探测器和可见光、红外精准探测源的相对移动,确定出多光谱一体化光电吊舱的激光指示光轴、可见光摄像机光轴和前视红外仪光轴在其法线平面上的相对位置,进而通过软件解算出各光轴之间的夹角。

3.1.2　系统需求分析与设计

光电吊舱集成度高、检查调整难度大,特别是光轴一致性要求很高,用户需要结构可靠灵活的智能化检测维护设备。

1. 结构组成

检测系统主要由 3 部分组成,即操控终端、架设组件和光电侦察设备适配器。其中操控终端是在工控机的基础上配置多路视频采集卡并装载系统专用功能控制检测软件而形成的;架设组件包括靶标、二维机构、锂电池组单元和稳定支架;光电侦察设备适配器包括 AC/DC 电源模块、通信接口转换模块。系统基本构成如图3.3所示。

请将靶标架设至距光电设备50~70米处,并将靶标和光电设备分别上电

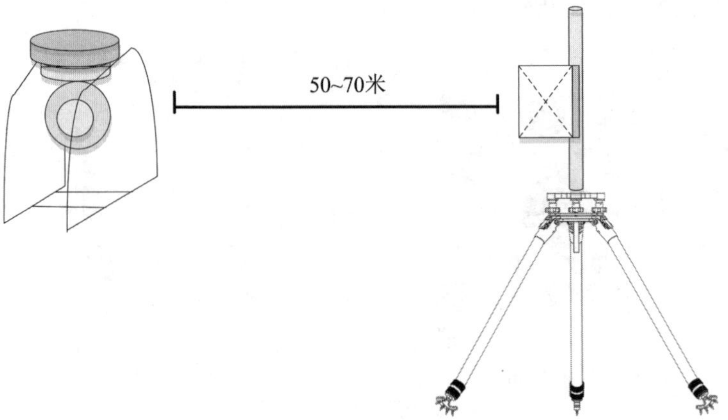

50~70米

图 3.3　光轴检测系统仿真示意图

2. 需要重点关注的性能指标

（1）光轴夹角测量

① 被测激光波长范围。

② 被测激光脉宽范围。

③ 光轴测角范围。

④ 标定测量距离。

⑤ 光轴测角误差。

⑥ 激光束中心定位精度。

⑦ 俯仰方位精度。

⑧ 图像处理定位精度。

⑨ 机械加工精度。

（2）设备功耗

① 输入电压范围。

② 功耗。

（3）战术性能指标

① 展开、撤收时间。

② 检测时间。

③ 连续工作时间。

④ 可靠性。

⑤ 维修性。

⑥ 环境要求，包括工作温度、储存温度、湿度。

3.1.3　工作流程

根据可见光与激光之间的夹角、红外与激光之间的夹角以及三光发射端的位置关系可以精确地解算出三光光轴中两两光轴的关系，并将结果用 3D 重绘，形象真实地输出测量结果。根据测得结果，对光电侦察设备进行光轴修正。

具体工作流程为：

将被测量的光电侦察设备通过光电侦察设备适配器与操控终端连接，操控终端软件应能控制光电侦察设备的吊舱状态和实现视频采集；根据操控指令的完成情况，若有故障给出相应的故障识别说明。

在安全距离上选择平坦地面展开三脚架，三脚架的架设地点应与光电设备承载吊舱大致处于同一水平高度，固定二维机构及光电靶标，系统电路供电，遥控靶标归零至移动平面的中心处。调整靶标平面与光电吊舱平面，使两平面平行，且在彼此平面上的投影大致重合（可在靶标侧面贴上荧光条，调整俯仰与方位，使得在视场中的靶标四周荧光条基本无法看见,或四周的荧光条在视场中各边相同)。开启靶标的可见光指示灯,控制光电侦察设备的方位与俯仰使其可见光视场瞄准靶标中心,调节光电吊舱可见光摄像头的焦距与视场使靶标及二维机构尽量充满可见光视场并调整保持图像清晰,通过测试软件获取此时的焦距值。

开启光电侦察设备的激光(开启前将光电侦察设备上的激光接收器遮挡,避免因短距离测试导致的损毁),靶标上的激光感应阵列将感知激光束是否照射至靶面上,并在操控终端上虚拟出激光束显示,使激光可视化。操控终端通过拟合判断激光束与靶标的相对位置,控制靶标移动,直至激光束中心与靶标中心重合。

若靶标上的激光感应阵列未检测到任何的激光照射,此时控制靶标在水平与垂直方向进行扫描,直至捕捉到激光照射,然后重复激光束中心与靶标中心重合步骤。

当靶标中心移至与激光束中心重合后,便不可再改变两者位置关系。在此时的可见光视场下截图,进行图像处理,求出激光与可见光轴之间的夹角。

关闭靶标的可见光指示灯,开启靶标的红外指示灯,调节光电侦察设备红外摄像头的焦距与视场使靶标及二维机构尽量充满红外视场,并使图像清晰,软件获取此时的焦距值。在此时的红外视场下截图,对其进行图像处理,并求出激光与红外光轴之间的夹角。

根据可见光与激光、红外与激光之间的夹角,结合光电侦察设备上三光轴发射端的分布,可计算出三光轴中两两的夹角,并在软件界面上进行3D重绘。

3.1.4　检测原理

1. 光轴夹角检测原理

在距离光电侦察吊舱近距离处架设标校系统的电子靶标。依据激光感光元件组成的阵列标靶,利用四象限定位原理可以准确地定位到激光束的中心。移动靶标中心与激光束的中心重合,此时打开可见光视场,在可见光视场下看到的靶标中心即是激光照射中心,截取此时图片,通过图像处理的方法计算出靶标中心,即激光束中心与可见光视场中心在CCD上的成像距离,结合当前状态下的可见光焦距,可精准地解算出可见光与激光两个光轴间的夹角。同理,在红外视场下将靶标中心移至激光束的中心,截取此时图片,通过图像处理的方法计算出激光束中心与红外视场中心在CCD上的成像距离,结合当前状态下的红外焦距,可精准地解算出红外与激光两个光轴间的夹角。具体光路如图3.4所示。

根据可见光与激光之间的夹角、红外与激光之间的夹角以及三光发射端的位置关系可以精确地解算出三光光轴中两两光轴的关系,并将结果用3D重绘,形象真实地输出测量结果。根据测得结果,对光电侦察设备进行光轴修正。

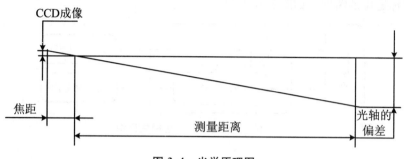

图 3.4　光学原理图

2. 基于四象限光电信号探测模式的激光束中心定位

四象限光电探测器实际由四个光电探测器构成,每个探测器一个象限,目标光信号经光学系统后在四象限光电探测器上成像。在四象限探测器光斑偏移量解算中,常用的解算算法有四象限加减法和对角相减法。四象限加减法是根据四象限探测器的四个象限对光斑进行划分的,而对角相减法中的光斑面积划分,并不是根据四象限探测器的四个表面进行划分的,而是以探测器上光敏面的对角线进行划分。

基于四象限定位原理的激光束中心定位模块原理框图如图 3.5 所示。

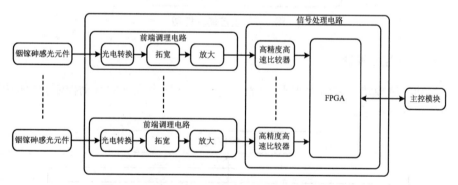

图 3.5　四象限定位原理的激光束中心定位模块图

图 3.5 为点阵式激光束中心定位模块的原理框图,整个模块的难点在于对窄脉冲激光的响应与响应信号的采集。光电设备激光常以脉冲形式发射,脉冲宽度小,重复频率低,为了准确感知激光响应,电路上设计了光电转换、脉冲拓宽、信号放大、高速比较器、FPGA 等器件,满足了对高速信号的精准采集。

3. 多光谱光源产生模块

多光谱光源产生模块主要负责产生可见光源和红外光源。在靶面上布局规则的大功率 LED 和大功率电阻,增加视场参考点,以提高可见光视场下和红外视场下对靶标定位的精度。如图3.6所示。

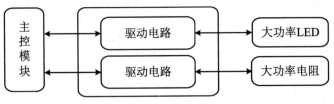

图 3.6　多光谱光源产生模块框图

4. 主控模块

主控模块主要负责与上位机通信,并统筹控制激光束中心定位模块、运动控制模块、无线通信模块、多光谱光源产生模块和电源管理模块,如图3.7所示。

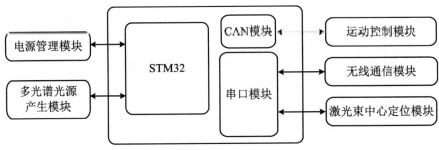

图 3.7　主控模块框图

5. 运动控制模块

运动控制模块主要负责水平、垂直、方位、俯仰四个维度的运动控制,具体功能框图如图3.8所示。

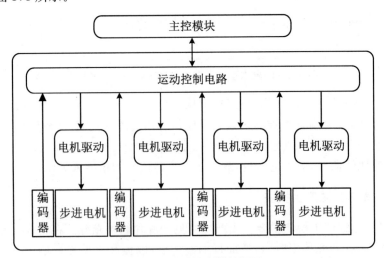

图 3.8　运动控制模块框图

（1）靶标位置初始化归零。使用具有记忆能力的编码器，每次设备上电后可以准确获得靶标当前位置，然后控制其移动到规定零位。

（2）为了减少电机启停的损伤，在控制上设计算法，将每一段位移运动分割成3 部分：加速、匀速、减速。

（3）靶标扫描状态设计：在激光束中心定位的初始阶段，激光很有可能不在靶标上，也即未能点亮靶标上的感光元件，此时运动控制机构移动靶标在靶标活动范围内进行扫描。

6. 电源管理模块

电源管理模块主要负责控制各模块的供电，在不同测试流程中关闭不相关的供电需求，从而达到省电的目的。如图 3.9 所示。

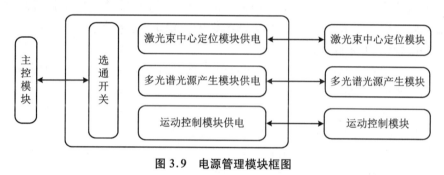

图 3.9　电源管理模块框图

3.2　激光感应定位与靶标设计

检测系统的基本组成包括操控终端、架设组件和光电侦察设备适配器三个部分。

3.2.1　操控终端

操控终端主要负责光电侦察设备的吊舱状态控制、光学传感器控制及与下位机主控模块进行通信，控制靶标完成激光束中心定位，将靶标中心移至与激光束中心重合。同时，为了加大可见光或红外视场下对靶标中心的分辨率，控制可见光源或红外光源的亮灭。其结构如图 3.10 所示。

截取可见光或红外视场图，通过图像处理的方法测量可见光或红外光轴与激光光轴在 CCD 上的成像偏差距离，结合此时的焦距值，解算出两光轴夹角。根据可见光与激光光轴夹角、红外与激光光轴夹角、三光发射端的相对位置，解算出三

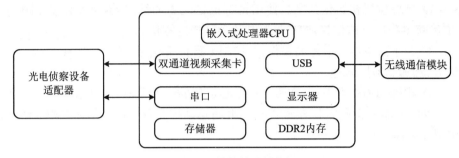

图 3.10　操控终端结构图

光轴的空间关系,并绘制 3D 空间图。

操控终端是功能控制与检测软件的运行平台,同时具有数据存储、图像信息、光轴夹角解算和测试结果显示等功能。操控终端采用性能稳定的工控机内核,既能满足软件运行要求,又可以避免台式机性能不稳定、过于笨重的特点,从而实现系统的小型化、可靠性设计。

为了显示光电侦察系统红外和可见光传感器的输出图像,用一般的监视器即可以满足要求。但是如果采用一般的监视器,一是检测系统集成度不高,二是无法进行数据处理,因为某些指标测试中需要依据图像进行基准点定位和数据采集处理。采用视频采集卡则可以解决上述两方面的问题。视频采集卡体积小,可以很方便地安装在主控计算机的 PCI 插槽上。视频采集卡可以将光电传感器输出的视频数据导入计算机,并转换为计算机可识别的数据存入计算机中,成为可以让我们进行编辑、处理的数字信号。

光电侦察系统输出视频模拟图像和数字图像。为了满足实时模拟图像采样和显示的要求,必须选用高端的视频采集卡。对于数字图像采集,需要主控平台通过适配器与光电吊舱、升降机构实现互联,适配器作为桥梁,提供系统供电和视频传输接口转换、视频 H.264 解码、升降控制、光电协议通信等功能。主控平台需增加视频显控处理程序,并结合通信协议编写控制界面。如图 3.11 所示。

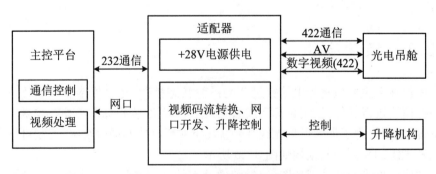

图 3.11　无人机光电数字图像采集

光电吊舱有两种视频输出格式,一种是 AV 模拟视频,一种是压缩数字视频。

出于系统对图像质量的需求,选择使用数字视频。主控平台处提供视频的接口为网口,所以适配器需要实现视频传输接口转换和视频解码功能。

3.2.2　多光谱光源产生

多光谱光源产生模块主要负责产生可见光源与红外光源,使得在图像处理上能够清晰地观测到标志点,进而精准地定位靶标中心。

红外光源和可见光光源采用同样的驱动电路,可见光光源由 LED 产生,红外光源由功率电阻产生。通过 PWM 可控制每个 LED 和功率电阻的输出功率,最大功率达到 1 W 左右。驱动电路采用斩波降压驱动,如图 3.12 所示。

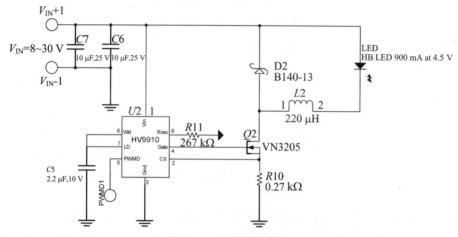

图 3.12　斩波驱动电路

功率电阻和 LED 分布在标靶边界中点处,由多个 PCB 板串联组成红外与可见光光源触动电路。红外光源由功率电阻产热并通过铜柱约束产生,可见光光源由 LED 发光并通过导光柱约束产生。

3.2.3　激光束中心定位方法

激光束中心定位主要用于实现对激光束中心的定位,设计了两个功能块:前端调理电路和信号处理模块。

1. 功能设计与实现

激光束中心定位模块以 FPGA 为核心,采用激光脉冲弱感应信号高速处理技术,完成脉冲信号的识别与采集,并将感知激光束的实时信息上传至上位机,上位机根据激光束的信息,判断激光束与靶标的位置关系,控制密布激光感应元件的靶标移动,经过多位置的信息感知,最终实现激光束中心定位,如图 3.13 所示。

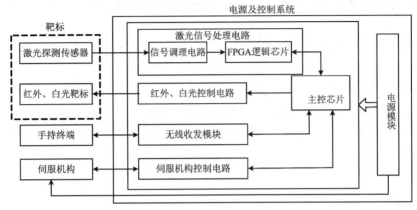

图 3.13　FPGA 电源与控制系统

其中,靶标光敏元件接收被测激光信号后,通过信号调理电路将窄脉冲信号调理为宽脉冲信号用于 FPGA 处理。

2. 激光感应元件选型

激光的参数是多样的,比如波长涉及 900～1800 nm,还有脉冲式和照射式的不同工作方式。为了兼容各型激光设备,建议选用以铟镓砷材料为主的激光感应二极管,可以对波长 800～2000 nm、脉冲宽度大于等于规定时间的激光做出灵敏反应。

铟镓砷激光感应二极管在宽光谱范围上都具有灵敏度,可制成图像传感器、线阵面阵以及光电二极管-放大器组合器件等,具有轻薄短小、高寿命、耐震、方向性佳及输出功率高等特性,适合作为长距离、大容量之通信用光源及存取高密度记录媒体,已大量应用于光通信与光储存产业上。图 3.14 为本节采用的铟镓砷激光感应二极管。

图 3.14　铟镓砷激光感应二极管

如图 3.15 所示,铟镓砷光电二极管在 900～1700 nm 波长范围内提供积极响应,极为适合弱光电信号和近红外信号探测。70、120 μm 的光电二极管提供一个单独的 TO-46 封装和透镜保护套,适用于单模和多模光纤耦合。这两种尺寸也可用于主动校准 FC 容器。70 μm 光电二极管适合高宽带应用,而 120 μm 光电二极管适合主动校准应用。3 mm 光电二极管是一个单独的 TO-5 封装,具有双面 AR 涂层窗口,配合高分流电阻,3mm 光电二极管适用于高灵敏度、微弱信号的应用。

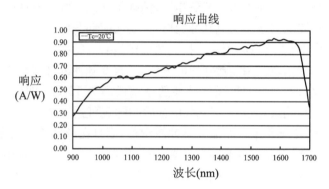

图 3.15　感光元件的敏感波长

3. 激光束感知单元

激光束感知单元由前端感知电路和信号处理电路组成,能够实时地检测 n 个感光元件点阵的激光响应状态。

前端感知电路主要负责对激光信号的电压量转换,并对感光元件进行配置,使其工作在最佳性能状态,如图 3.16 所示。

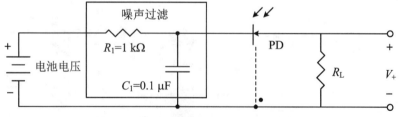

图 3.16　激光感应元件配置电路图

以上电路中的带宽与结电容及上升时间的计算公式如下:

$$f_{BW} = 1/(2 \times 3.14 \times R_{load} \times C_j) \tag{3-1}$$

$$T_r = 0.35/f_{BW} \tag{3-2}$$

式中,f_{BW} 为带宽,R_{load} 为负载,C_j 为结电容。

激光束感知单元由 n 个前端感知电路和 1 个信号处理电路组成,能够实时地检测 n 个感光元件点阵的激光响应状态。首先将铟镓砷感光元件的激光信号进行光电转换,然后经过拓宽与放大送至信号处理模块。在信号处理模块内部对激光信号进行模数转换,将转换后的数字脉冲送进 FPGA 内。在 FPGA 内部通过相关处理,实现对脉冲的采集与测量。

铟镓砷材料的感光元件在被激光照射后,由于光电效应,将接收到的光能量转换成等比例的光电流。靶标上共有 n 个感光元件点阵,为保证采集数据的同步性,采用多路高速光电转换电路并行转换,将微弱的电流信号变成对应的电压信号。在光电转换电路中使用 RC 滤波模块,消除可能出现的外部噪声干扰。

激光脉冲经探测器转换为电脉冲,其顶部持续时间与脉冲幅度有很大关系,小信号下脉冲宽度很窄,所以必须对转换后的电压信号进行拓宽,才能精确采集完整的脉冲信号。脉冲拓宽采用能量守恒的方法,只改变脉冲的脉宽和强度,但单个脉冲的总体能量保持不变。如果激光脉冲的频率最高为 15 Hz,即两个连续的激光脉冲之间的时间间隔最短为 66.7 ms,拓宽后的脉宽可达 100 ns,所以脉冲拓宽信号能够满足要求,不会将下一个激光脉冲淹没掉,而且在脉冲信号拓宽之后到下一个激光脉冲到来前,有足够的时间供后端信号处理。又由于小信号用 14 位高速采样器直接采样难以达到系统测量指标要求的精度,本系统将小信号放大后再传输到采集单元。放大电路以 OPA657 运算放大器为核心,极低电平的电脉冲信号也可在带宽和精度特性优异的单一增益级中得到显著放大。

高速高精度 A/D 采样:实现 FPGA 数字处理的前提是实现满足采样的 A/D 转换。对原始信号 $f(t)$,频谱 $F(j\Omega)$ 频带是有限的,其中最大频率分量为 Ωm,此时 A/D 采样频率应大于最高频率两倍,这样才能保证采集到的信号不失真。系统中经过拓宽后的脉冲宽度一般在 $80\sim100$ ns,而本系统 A/D 采样频率达到 65 MHz,满足精确测量采样要求。如图 3.17 所示。

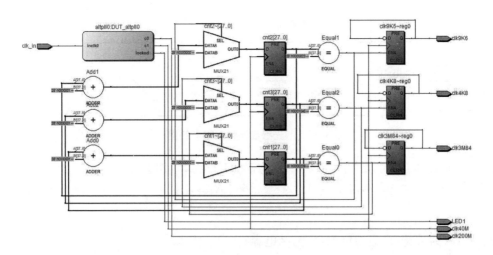

图 3.17　倍频采样设计

FPGA-激光脉冲信号提取：相较于传统的峰值保持电路，检测系统基于FPGA 对整个脉冲进行积分处理。由于激光探测器中的光能量被转换成相对应的电压脉冲信号输出，因此将整个脉冲提取出来做积分处理比单一的峰值信号更能代表各激光探测器所接收到的光能量，使得脉冲信号与光斑光强能量的相关性更强，从而测得的光斑质心位置精确度更高。

此外，为了加强对微弱激光脉冲信号的捕捉，FPGA 内部做了自相关算法。自相关处理是一个序列和它自身做相关性运算，主要用来衡量一个序列在不同时刻取值的相似程度，能够积累信号能量，消除热噪声，提高检测系统的信噪比。

FPGA-自适应匹配多类型激光：系统具备自适应匹配多类型激光的能力。当光电载荷的激光参数（如脉冲宽度、重复周期）不同时，FPGA 自动识别当下激光的占空比、脉冲宽度等参数，并根据参数自适应匹配多种类型激光，对不同的激光类型匹配不同的信号处理方式。

FPGA-自适应阈值确定：由于空间光通量的不均匀性，系统的阈值很难唯一确定，从而导致光斑检测模块的不稳定，FPGA 内部的自适应阈值算法可以合理地解决这一问题。它将通过光学系统到达面阵靶面上的所有光能量进行累加，然后再对一帧图像求平均值，得出背景光的平均光能量，这样就可以确定系统的阈值。由于自适应阈值模块可以根据背景光的能量唯一确定当前帧的平均能力作为光斑检测模块的阈值，所以它可以根据背景光的能量来改变系统的阈值，从而很好地实现自适应功能。

FPGA-信号实时处理：经 FPGA 处理得到的脉冲信号，结合自适应的激光类型将激光信号按匹配类型进行编排，打包成统一制式、方便上位机处理的数据，实时上传至上位机。

FPGA-基于非均匀性的修正算法：激光定位系统的非均匀性主要来自于激光探测器光电响应的差异以及后续放大电路增益的不一致性。理想情况下，相同激光探测器在接受相同光照射时，各激光探测器应输出幅值相同的光电流，但由于材料与制作工艺的限制，各激光探测器输出光电流有所差异。同样，对于后续多路放大电路，由于器件与工艺的限制，在相同挡位上各路增益也略有差别。FPGA 内部的基于非均匀性的修正算法，对激光探测器与放大电路的非均匀性误差进行了修正。

激光脉冲信号探测的流程：铟镓砷激光感应二极管通过前端的信号调理电路对光电信号进行转换，并对信号进行拓宽、放大处理，进而利用信号处理电路，通过高速比较器进行 FPGA 脉冲采样，详细流程如图 3.18 所示。

4. 激光感知靶标设计

考虑到测量的精度与成本控制，设计激光感知标靶如图 3.19 所示。激光感应元件排列成 X 形点阵，感光单元分为 10 个一组，沿靶标对角线布局，这样既可以有效检测到激光束，又可快速精准地定位激光中心。

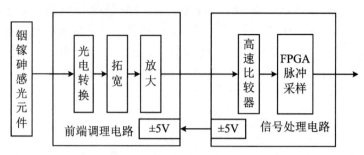

图 3.18　激光脉冲信号检测流程

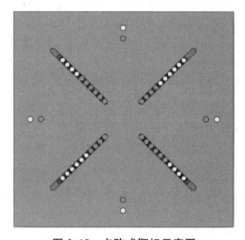

图 3.19　点阵式靶标示意图

四象限探测器将一个圆形的光敏窗口分割成四个面积相等、形状相同、位置对称的象限。每个象限为一个光电器件,能够产生光电效应。照射在光敏面上的光斑被四个象限分割成四个部分,对应在电极产生电压 A、B、C、D。当光斑在四象限探测器上移动时,各象限受光面积发生变化,从而引起四个象限电压的变化,通过后端四个象限的电压值可以推算出像点偏离探测器视场中心的大小和方向。如图 3.20 所示。

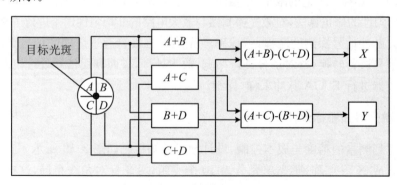

图 3.20　四象限探测器工作原理

经过硬件处理后的数据,按照协议格式上传至上位机。

根据实时的激光数据,上位机与靶标的运动执行电机形成配合。将靶标上的激光信号数据分成 4 个组,分别代表激光在靶标四个象限的能量分布。根据四象限原理,当激光光束入射到探测器的光敏面上时,根据 4 个象限的分布情况将成像光斑(假设成像光斑形状理想为圆形)分成 A、B、C、D 四个部分,四个部分的光能量转换为光电流,则探测器输出位置信息为

$$E_x = \frac{A + D - B - C}{A + B + C + D} \tag{3-3}$$

$$E_y = \frac{A + C - B - D}{A + B + C + D} \tag{3-4}$$

根据方程算出的激光束中心,上位机程序根据测算出的中心控制运动电机实现靶标的位置移动,直至靶标中心与激光束中心重合。

采用四象限探测器测定光斑能量中心位置时,可以根据测量系统基准线与器件坐标轴间安装角度的不同采用不同的算法对信号进行处理。当器件坐标轴与测量系统基准线间的安装角度为 0°时,一般采用加减算法;当其角度为 45°时,可以采用对角线算法、$\triangle/\sum$算法和对数算法,如图 3.21 所示。

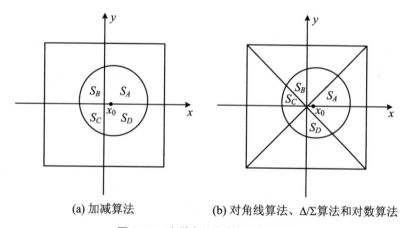

(a) 加减算法   (b) 对角线算法、Δ/Σ算法和对数算法

图 3.21 安装角度与算法对应关系

四象限探测器输出的是微弱的电流信号,需经 I/V 转换、电压放大等得到可处理的电压信号,然后根据电路的不同连接,对四路信号采用不同的处理方法来得到光斑偏移量信息。

能量均匀分布的圆形光斑是使用最为普遍且最为理想的仿真模型,在下面的讨论中,均使用这种光斑模型。

5. 能量高斯分布的圆形光斑中心定位算法

四象限探测器各象限输出电流强度取决于入射光能量和目标光斑照射到该象限的面积大小两个方面。前面讨论的均为能量均匀分布的圆形光斑,这是一种最

为理想和简单的模型,但与实际应用情况有较大差距,严格来讲,分布在四象限探测器光敏面上的光斑能量不是均匀分布的,普通激光器出射光斑能量一般为中心强边缘弱的高斯分布,能量分布函数可表示为

$$I = I_0 \frac{1}{\sqrt{2\pi}} \exp\{-[(x-x_0)^2 - (y-y_0)^2]/2\omega^2\} \tag{3-5}$$

式中,(x_0, y_0)为激光光斑中心位置坐标;I为激光束横截面上点(x, y)处的光强;I_0为该截面上光强的峰值;ω为高斯光斑的束腰半径,为常数。使用积分方法计算每个象限上光斑的能量:

$$E_A = I_0 \frac{1}{\sqrt{2\pi}} \int_0^{x_0+r} \int_0^{\sqrt{r^2-(x-x_0)^2}} \exp\{-[(x-x_0)^2 - (y-y_0)^2]/2\omega^2\} \mathrm{d}y\mathrm{d}x$$

$$\tag{3-6}$$

$$E_B = I_0 \frac{1}{\sqrt{2\pi}} \int_{x_0-r}^0 \int_0^{\sqrt{r^2-(x-x_0)^2}} \exp\{-[(x-x_0)^2 - (y-y_0)^2]/2\omega^2\} \mathrm{d}y\mathrm{d}x$$

$$\tag{3-7}$$

$$E_C = I_0 \frac{1}{\sqrt{2\pi}} \int_{x_0-r}^0 \int_{-\sqrt{r^2-(x-x_0)^2}}^0 \exp\{-[(x-x_0)^2 - (y-y_0)^2]/2\omega^2\} \mathrm{d}y\mathrm{d}x$$

$$\tag{3-8}$$

$$E_D = I_0 \frac{1}{\sqrt{2\pi}} \int_0^{x_0+r} \int_{-\sqrt{r^2-(x-x_0)^2}}^0 \exp\{-[(x-x_0)^2 - (y-y_0)^2]/2\omega^2\} \mathrm{d}y\mathrm{d}x$$

$$\tag{3-9}$$

由式(3-6)～式(3-9)可以得到如图 3.22 所示结果。

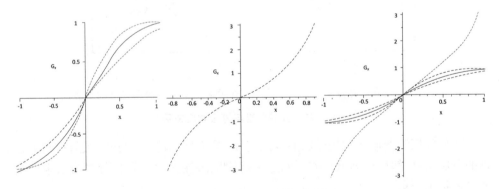

图 3.22　能量高斯分布的圆形光斑

实线:加减算法;虚线:对角线算法;虚点线:Δ/Σ算法;长虚线:对数算法

从图 3.22 所示的仿真结果可以看出,对于能量高斯分布的圆形光斑,四种算法在线性度及灵敏度方面与能量均匀分布的圆形光斑具有相同的特性差异。

3.2.4　激光定位系统性能评价参数

激光定位系统性能评价参数指标主要有位置分辨率、测量误差和测量范围,具体分析如下。

1. 位置分辨率

激光定位系统的位置分辨率是指激光光斑映射到探测器光敏面上,能够区分光敏面上光斑的最小位移 h 。理论上,可通过光敏面上任意一点的标准偏差(e_x, e_y)来衡量该点的分辨率,考虑到光敏面上任意一点的 x、y 轴相互独立,因此该点的标准偏差(e_x,e_y)可定义为

$$\begin{cases} e_x = \sqrt{\dfrac{\displaystyle\sum_{i=1}^{N}(X_i - \bar{X})}{N-1}} \\ e_y = \sqrt{\dfrac{\displaystyle\sum_{i=1}^{N}(Y_i - \bar{Y})}{N-1}} \end{cases} \tag{3-10}$$

当光斑位于四象限探测器(QD)中心时,位置标准偏差取极小值,此时位置分辨率最高。随着光斑向周围移动,位置分辨率则有所下降。

2. 测量精度

测量精度可通过绝对误差和相对误差两种方式来衡量。绝对误差是指光斑在探测器光敏面上相对于中心原点真实坐标(X, Y)与定位算法求解出的光斑质心位置坐标(x_0,y_0)的绝对差值,相对误差则指两者之间的相对差值。由于 x、y 轴相互独立,表达方式相同,此处仅以 x 轴为例进行分析。x 轴方向的绝对误差 δ_x 为

$$\delta_x = x_0 - X \tag{3-11}$$

x 轴方向的相对误差 τ_x 为

$$\tau_x = \frac{x_0 - X}{X} \tag{3-12}$$

由于 QD 光敏面各点的位置误差各不相同,为了对探测结果进行更全面的评价,本系统引入均方根误差 $\delta_{x\text{RMSE}}$ 的概念:

$$\delta_{x\text{RMSE}} = \sqrt{\frac{\displaystyle\sum_{i=1}^{N}\delta_i^2}{N}} \tag{3-13}$$

$\delta_{x\text{RMSE}}$ 可用来评价线性范围内光斑质心位置误差的平均程度。

3. 测量范围

QD 进行激光定位,当光斑处于探测器光敏面中心一片区域时,探测器各象限皆接收到完整光辐射,输出光电流信号通过定位算法可反推出光斑质心位置,该区域称之为跟踪区;光敏面超出跟踪区的区域,存在无光辐射的象限或光斑边缘超过了探测器光敏面边界的象限,这些象限无法输出准确的光电信号,此时探测器无法精确定位光斑位置,只能得到光斑所处象限信息,该区域称之为搜索区。其中,跟踪区的大小与入射光斑半径相关,将光斑能量等效于均匀分布时,光斑半径 r 与 QD 光敏面半径 R 关系不同,则跟踪区范围有所不同。图 3.23 给出了不同光斑大小下,跟踪区范围的变化,其中探测器光敏面阴影部分为跟踪区,其他部分为搜索区。

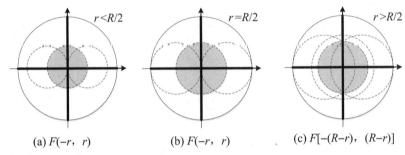

图 3.23　均匀分布模型下光斑大小与质心位置测量范围关系图

当 $r < R/2$ 时,光斑质心检测的跟踪区是以探测器光敏面中心为原点、光斑半径 r 为半径的圆形面积,搜索区为光敏面的其他区域。由于 x、y 轴测量原理相同,因此同样以 x 轴为例,测量范围为 $F[-r, r]$,此范围外的光敏面都是搜索区,只能获得光斑所在象限信息。当 $r = R/2$ 时,可看成是 $r < R/2$ 的一种特殊情况,其测量范围也是 $F[-r, r]$,此时是对 QD 光敏面利用率最大的一种情况。当 $r > R/2$ 时,跟踪区有效范围为 $F[-(R-r), (R-r)]$,当 x 轴偏移量超过这个范围,光斑的能量将不能完全落在 QD 光敏面上,随之光斑测量精度将有所下降。一般来说,光斑的质心位置测量范围与测量精度是相对的,对测量精度要求越低,质心位置测量范围则越大。在综合考虑测量精度与测量范围下,一般在 r 等于或略大于 $R/2$ 时进行激光定位测量。

实际上,普通激光器发射的脉冲光斑能量并不是呈理想的均匀分布的,而是更接近于高斯分布,光斑光强在其中心处最大,呈圆形向四周扩散,光强逐渐衰弱。

激光脉冲经光学系统汇聚后映射在 QD 光敏面上,假设质心坐标为 (x_0, y_0),此时探测器光敏面上 (x, y) 处的光强值 $I(x, y)$ 在呈高斯分布的光斑模型中可表示为

$$I(x, y) = \frac{I_0}{2\pi\delta^2} \exp\left[-\frac{(x-x_0)^2 + (y-y_0)^2}{2\delta^2}\right] \tag{3-14}$$

其中,$I_0/2\pi\delta^2$ 为光斑质心处光强;δ 为高斯分布的束腰半径,反映了光斑的映射

范围及衰减速度,可在标定时求出。图 3.24 为高斯分布模型下光斑位置偏移测量,图中内环虚线为光斑半径 2σ,外环虚线表示高斯光斑没有明确的界限,同样图中阴影部分为跟踪区,其他部分为搜索区。在半径为 R 的 QD 光敏面中,考虑到光斑能量 91.1% 都集中在以光斑质心为圆心、2σ 为半径的圆内,因此将 2σ 作为高斯分布的光斑的边界,此时可认为 2σ 等于或略大于 $R/2$ 时激光定位效果最佳。此时既能得到范围较大的有效跟踪区域,又充分利用了入射光斑能量,很大程度上提高了激光定位的灵敏度。

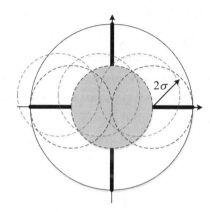

图 3.24　高斯分布模型下光斑位置偏移测量

3.2.5　关键配置

激光束中心定位电路的核心是处理器芯片。例如 ALTERA 公司的型号为 Cyclone Ⅱ 的 FPGA 芯片,板上有高速比较器、高精度 A/D 芯片、电源电路、电子开关等。

1. FPGA 精简系统

FPGA(field-programmable gate array),即现场可编程门阵列,它是在 PAL、GAL 和 CPLD 等可编程器件的基础上进一步发展的产物。它是作为专用集成电路(ASIC)领域中的一种半定制电路而出现的,既解决了定制电路的不足,又克服了原有可编程器件门电路数有限的缺点。

以硬件描述语言(Verilog 或 VHDL)完成的电路设计,可以经过简单的综合与布局,快速地烧录至 FPGA 上进行测试,是现代 IC 设计验证的主流技术。这些可编辑元件可以被用来实现一些基本的逻辑门电路(比如 AND、OR、XOR、NOT)或者更复杂一些的组合功能(比如解码器或数学方程式)。在大多数的 FPGA 里面,这些可编辑的元件里也包含记忆元件例如触发器(flip-flop)或者其他更加完整的记忆块。

　　系统设计师可以根据需要通过可编辑的连接把 FPGA 内部的逻辑块连接起来,就好像一个电路试验板被放在了一个芯片里一样。一个出厂后的成品 FPGA 的逻辑块和连接可以按照设计者的设计而改变,所以 FPGA 可以完成所需要的逻辑功能。

　　FPGA 一般来说比 ASIC(专用集成电路)的速度要慢,实现同样的功能比 ASIC 电路面积要大。但是它也有很多的优点,比如可以快速成品,可以被修改来改正程序中的错误,以及更便宜的造价。厂商也可能会提供便宜的但是编辑能力差的 FPGA。因为这些芯片只有比较差的可编辑能力,所以这些设计的开发是在普通的 FPGA 上完成的,然后将设计转移到一个类似于 ASIC 的芯片上。另外一种方法是用 CPLD(complex programmable logic device,复杂可编程逻辑器件)。

　　FPGA 采用了逻辑单元阵列 LCA(logic cell array)这样一个概念,内部包括可配置逻辑模块 CLB(configurable logic block)、输入输出模块 IOB(input output block)和内部连线(interconnect)三个部分。现场可编程门阵列(FPGA)是可编程器件,与传统逻辑电路和门阵列(如 PAL、GAL 及 CPLD 器件)相比,FPGA 具有不同的结构。FPGA 利用小型查找表(16×1 RAM)来实现组合逻辑,每个查找表连接到一个 D 触发器的输入端,触发器再驱动其他逻辑电路或 I/O,由此构成了既可实现组合逻辑功能又可实现时序逻辑功能的基本逻辑单元模块,这些模块利用金属连线互相连接或连接到 I/O 模块。FPGA 的逻辑是通过向内部静态存储单元加载编程数据来实现的,存储在存储器单元中的值决定了逻辑单元的逻辑功能以及各模块之间或模块与 I/O 间的连接方式,并最终决定了 FPGA 所能实现的功能。FPGA 允许无限次的编程。

　　例如,某型 FPGA(型号为 EP2C8Q208I8),具有 208 个管脚,可同时并行处理多路高速信号,系统工作频段为 200 M,大大满足了对窄脉宽激光信号的实时处理要求,工作温度 $-40 \sim +85\ ℃$。

2. 激光感光单元

　　采用基于四象限定位原理设计的感光单元,能够准确实时地感知激光束的位置,并能够实现对激光束的中心定位。

3. 高精度高速模数转换电路

　　高精度高速模数转换电路的核心为 A/D 芯片,工作频率适中,具有 14 位采样精度,可精准测量毫伏级别微弱信号,对窄脉冲也有快速的实时响应,可测最窄 5 ns 的脉冲信号,能够满足弱信号探测需求。

4. 串口通信电路

　　串口通信电路采用 RS232 转 TTL 电平设计,用于 FPGA 平台与主控平台间的通信。在串行通信时,要求通信双方都采用一个标准接口,使不同的设备可以方便地连接起来进行通信。RS232C 接口(又称 EIARS-232-C)是目前最常用的一种串行通信接口。串行通信接口标准经过使用和发展,目前已经有几种,但都是在 RS232 标准的基础上经过改进而形成的,所以这里以 RS232C 为主来讨论。RS232C 标准是美国 EIA(电子工业联合会)与 BELL 等公司一起开发的于 1969 年公布的通信协议,适合于数据传输速率 0～20000 b/s 范围内的通信。这个标准对串行通信接口的有关问题,如信号线功能、电气特性都做了明确规定。由于通信设备厂商都生产与 RS232C 制式兼容的通信设备,因此它作为一种标准,目前已在微机通信接口中广泛采用。

5. PCB 板设计与实现

在规划 PCB 以及设计过程中遵循了以下原则:

(1) 布局

根据结构图设置板框尺寸,按结构要素布置安装孔、接插件等需要定位的器件,并给这些器件赋予不可移动属性。按工艺设计规范的要求进行尺寸标注。根据结构图和生产加工时所需的夹持边设置印制板的禁止布线区、禁止布局区域。根据某些元件的特殊要求,设置禁止布线区。综合考虑 PCB 性能和加工的效率选择加工流程。加工工艺的优选顺序为:元件面单面贴装——元件面贴插混装(元件面插装焊接面贴装一次波峰成型)——双面贴装——元件面贴插混装、焊接面贴装。布局操作遵照"先大后小,先难后易"的布置原则,即重要的单元电路、核心元器件应当优先布局。布局中应参考原理框图,根据单板的主信号流向规律安排主要元器件。布局应尽量满足以下要求:总的连线尽可能短,关键信号线最短;高电压、大电流信号与小电流、低电压的弱信号完全分开;模拟信号与数字信号分开;高频信号与低频信号分开;高频元器件的间隔要充分。相同结构电路部分,尽可能采用"对称式"标准布局;按照均匀分布、重心平衡、版面美观的标准优化布局;器件布局栅格的设置,一般 IC 器件布局时,栅格应为 50～100 mil,小型表面安装器件,如表面贴装元件布局时,栅格设置应不小于 25 mil。如有特殊布局要求,应双方沟通后确定。同类型插装元器件在 X 或 Y 方向上应朝一个方向放置。同一种类型的有极性分立元件也要力争在 X 或 Y 方向上保持一致,以便于生产和检验。发热元件一般应均匀分布,以利于单板和整机的散热,除温度检测元件以外的温度敏感器件应远离发热量大的元器件。元器件的排列要便于调试和维修,亦即小元件周围不能放置大元件,需调试的元器件周围要有足够的空间。需用波峰焊工艺生产的单板,其紧固件安装孔和定位孔都应为非金属化孔。当安装孔需要接地时,应采用分布接地小孔的方式与地平面连接。焊接面的贴装元件采用波峰焊接生产工艺时,阻容件轴向要与波峰焊传送方向垂直,阻排及 SOP(PIN 间距大于等于设定值)元器件轴向与传送方向平行;PIN 间距小于设定值的 IC、SOJ、PLCC、QFP 等有源元件避免用波峰焊焊接。BGA 与相邻元件的距离大于 5 mm,其他贴片元件相互间的距离大于合适距离;贴装元件焊盘的外侧与相邻插装元件的外侧距离大于设计距离;有压接件的 PCB,压接的接插件周围 5 mm 内不能有插装元器件,在焊接面其周围设计距离内也不能有贴装元器件。IC 去偶电容的布局要尽量靠近 IC 的电源管脚,并使之与电源和地之间形成的回路最短。元件布局时,应适当考虑使用同一种电源的器件尽量放在一起,以便于将来的电源分隔。用于阻抗匹配目的阻容器件的布局,要根据其属性合理布置。串联匹配电阻的布局要靠近该信号的驱动端,距离一般不超过 500 mil。匹配电阻、电容的布局一定要分清信号的源端与终端,对于多负载的终端一定要在信号的最远端匹配。布局完成后打印出装配图供原理图设计者检查器件封装的正确性,并确认单板、背板和接插件的信号对应关系,经确认无误后方可开始布线。

(2) 信号走线

信号走线中,易产生噪声的信号线和易受干扰的信号线尽量远离,如无法避免时要用中性信号线隔离。数字信号走线尽量放置在数字信号布线区域内,模拟信号走线尽量放置在模拟信号布线区域内;数字信号走线和模拟信号走线垂直以减小交叉耦合。使用隔离走线(通常为地)将模拟信号走线限定在模拟信号布线区域。模拟区隔离地走线环绕模拟信号布线区域布在 PCB 板两面;数字区隔离地走线环绕数字信号布线区域布在 PCB 板两面,其中一面 PCB 板边应布较大宽度。并行总线接口信号走线线宽一般为 12 ～ 15 mil,如/HCS、/HRD、/HWT、/RESET。模拟信号走线线宽一般为 12～15 mil,如 MICM、MICV、SPKV、VC、VREF、TXA1、TXA2、RXA、TELIN、TELOUT。所有其他信号走线尽量宽,线宽一般为 10 mil,元器件间走线尽量短,放置器件时应预先考虑。旁路电容到相应 IC 的走线线宽大于 25 mil,并尽量避免使用过孔。通过不同区域的信号线(如典型的低速控制/状态信号)应在一点或两点通过隔离地线。如果走线只位于一面,隔离地线可走到 PCB 的另一面以跳过信号走线而保持连续。高频信号走线避免使用90 度角弯转,应使用平滑圆弧或 45 度角。高频信号走线应减少使用过孔连接。所有信号走线远离晶振电路。对高频信号走线应采用单一连续走线,避免出现从一点延伸出几段走线的情况。DAA 电路中,穿孔周围所有层面留出至少合理的空间。清除地线环路,以防意外电流回馈影响电源。

在搭建好的平台上做实验,利用示波器观测调理后的激光脉冲信号。捕捉脉冲信号如图 3.25 所示,可见感应元件响应迅速、灵敏,同时在 PC 端也实时地测量到响应信号的脉冲峰值。

由试验可知,电路设计能够对激光脉冲迅速响应并实时感知。

3.2.6　运动控制设计与实现

如图 3.26 所示,二维精密定位机构由两个精密电动平移台组成,平移台主体

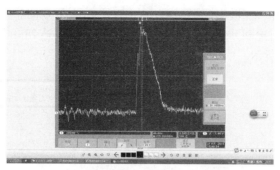

图 3.25　模拟测试

材料采用优质铝合金,平移行程最大为 400 mm,8 细分开环分辨率为 3.125 μm,重复定位精度小于 3 μm,运动直线度在每 100 mm 行程范围内小于 5 μm,中心负载 50 kg。

图 3.26　二维机构

　　二维精密定位机构通过在靶标平面内的水平和垂直移动,实现对激光中心的捕捉。二维定位机构所选用的步进电机与驱动器需满足扭矩、尺寸、精度的要求。步进电机可选择 57 系列步进电机,对应的电机驱动器应满足细分、电流、电压等要求。驱动器模块可选择雷赛步进电机驱动器,细分可调,过压短路保护,光电隔离好,控制操作简单。二维机械结构需要两个步进电机驱动器,可将驱动器模块与电池组件安装在一起,方便结构设计。驱动器模块如图 3.27 所示。

图 3.27　步进电机驱动器

　　标靶的运动由二维机构控制,分为 X 轴、Z 轴两个方向。电动平移台丝杠的导程为 5 mm,步进电机步矩角为 1.8°,8 细分后精度可达到 3.125 μm,电机驱动器接线如图 3.28 所示。

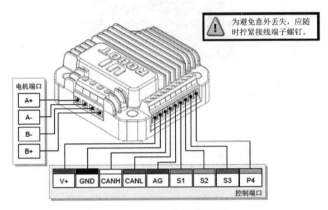

图 3.28　电机驱动器接线图

　　驱动器尺寸可直接适应 57 系列步进电机,通过 CAN 指令控制电机细分、电流等参数,安全可靠。在二维机构带动标靶运动的过程中,会出现启动、换向、停止等对运动稳定性和结构寿命有影响的操作,所以在运动控制算法中加入了针对启停和换向的加减速控制,使整个机构的运动曲线平滑。为了防止过冲或失步,提高二维机构的运动精度,在运动控制中加入了 PID 闭环控制算法,选定合适的 PID 控制参数,实现高精度闭环控制。运动控制与红外可见光由主控板控制,主控板由主控芯片及外围电路构成,实现 A/D 采样、CAN 模块收发、PWM 输出、串口控制等功能。

　　闭环 PID 控制算法因其稳定性好、结构简单、工作可靠等原因,成为工业自动控制领域的主导控制算法之一,其控制结构如图 3.29 所示。

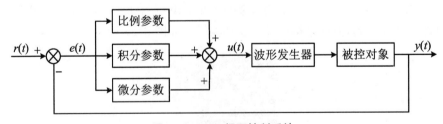

图 3.29　PID 闭环控制系统

控制算法公式如下:

$$u(t) = K_p\left[e(t) + \frac{1}{T_i}\int_0^t e(t)\mathrm{d}t + T_d\frac{\mathrm{d}e(t)}{\mathrm{d}t}\right] \tag{3-15}$$

其中 K_p 为比例系数,T_i 为积分时间常数,T_d 为微分时间常数。以设定的输入初值 $r_{in}(k)$ 与实际输出值 $y_{out}(k)$ 之差 $e(k) = r(k) - y(k)$ 作为输入,控制调节输出

$u(k)$,对被控对象实施实时控制。在此基础上,对 PID 控制方法进行改进,通过加入速度环和前馈控制提高系统精度和稳定性。

1. 速度环

在位置随动控制系统中,速度环属于系统的内环,其作用是消除速度静差,改善系统的控制精度和稳态性能。

此外,速度环还能够改善系统的动态特性,抑制超调,提高系统快速性。在大多数的随动系统中,出于种种考虑,并未安装速度传感器,在这些系统中,为了满足速度环的控制需求,速度信号将通过对位置信号的处理而获得。在本系统中,选择了简单有效的差分测速法,将两个相邻采样信号的位置差除以采样时间后直接作为计算所得的速度值,需注意的是系统采样周期和角度采集的分辨率对速度计算的结果影响很大,当参数不匹配时,速度环会产生颤振,从而最终造成系统颤振。

2. 前馈控制

由前文所述,由于引入了速度环,可以将速度指令引入到速度环输入作为速度前馈,从而提高系统的快速性。前馈控制是指在控制系统中,根据设定值或者外界干扰的变化,产生合适的控制作用去改变操纵变量,使受控变量维持在设定值上的一种控制方法,是补偿反馈的一种简单而有效的手段。以经典的位置环比例控制、速度环比例/积分控制为例,引入速度前馈后的系统原理框图如图 3.30 所示。

3.29

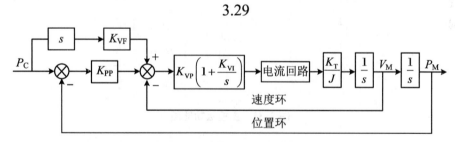

图 3.30　改进的 PID 闭环控制系统

图中,K_{PP} 为位置环比例增益,K_{VP} 为速度环比例增益,K_{VI} 为速度环积分增益,K_{VF} 为速度前馈系数,K_T 为电机力矩系数,P_C 为位置指令,P_M 为位置输出。以电流回路增益为常数 1 计算,得到输入与输出的传递函数如下:

$$\frac{P_M}{P_C} = \frac{K_{VP}K_{VF}s^2 + K_{VP}(K_{VI}K_{VF} + K_{PP})s + K_{VP}K_{VI}K_{PP}}{\dfrac{J}{K_T}s^3 + K_{VP}s^2 + K_{VF}(K_{VI} + K_{PP})s + K_{VP}K_{VI}K_{PP}} \quad (3\text{-}16)$$

同系统没有速度前馈($K_{VF} = 0$)相比,上式在分子中增加了 s^2 项,该项成为分子中的最高频率项,使系统对指令的动态响应得到改善,而分母传递函数保持不变,证明系统效率得到了改善。

3.3　主控模块设计与开发

主控模块主要用于实现对整个二维机构的运动控制及上下位机的通信。它将FPGA模块上传的激光信息转发至上位机,并配合上位机进行位置移动。

3.3.1　功能设计与实现

主控板是最终的执行控制机构,上位机的所有运动、查询指令都是通过无线传输模块传达给主控板,并由主控板控制执行的,如图3.31所示。所以主控板具有远距离无线通信能力和控制运动机构执行相应动作的能力。

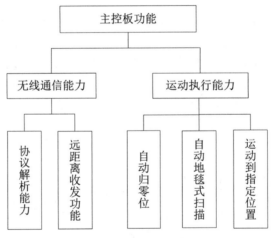

图 3.31　主控板功能图

1. 无线通信

主控板集成了无线通信模块,可以实现与上位机无线通信模块的信息交互。此模块频段隔离好、功率大,可实现1000 m的开阔场地通信或者500 m有简单遮挡情况下的通信,完全满足现有架设距离内的使用要求。

2. 控制运动机构执行相应动作的能力

为了满足自动定位要求,很多的执行都放在主控板这一端,如自主归零位、地毯式扫描、运动到指定位置等,这样就给了主控板足够的自主权,也让执行更加实时高效。

主控板的核心是 ARM 芯片。为嵌入式应用用户专门设计的高性能、低成本、低功耗的 ARM Cortex-M3,内核是意法半导体推出的全新 STM32 互联型(Connectivity)系列微控制器中的一款性能较强产品,此芯片集成了各种高性能工业标准接口,且 STM32 不同型号产品在引脚和软件上具有完美的兼容性,可以轻松适应更多的应用。

3.3.2 相关电路配置

1. 芯片电路配置

存储器容量大,工作温度范围 − 40~ + 85 ℃,支持接口类型有 CAN、I2C、SPI、UART、USART、USB,时钟频率高达 72 MHz,具有 16 路数模转换输入口。

2. 多光谱光源驱动电路

多光谱光源驱动电路位于主电路和控制电路之间,是用来对控制电路的信号进行放大的中间电路,即放大控制电路的信号使其能够驱动功率晶体管。多光谱光源驱动电路如图 3.32 所示。

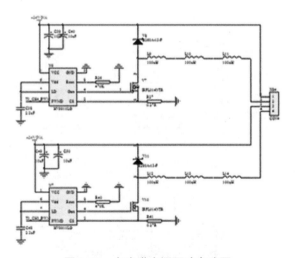

图 3.32 多光谱光源驱动电路图

3. 电机驱动电路

对于单向的电机驱动,只要用一个大功率三极管或场效应管或继电器直接带动电机即可,当电机需要双向转动时,可以使用由多个功率元件组成的 H 桥电路或者使用一个双刀双掷的继电器。如果不需要调速,只要使用继电器即可;如果需要调速,可以使用三极管、场效应管等开关元件实现 PWM(脉冲宽度调制)调速。对于 PWM 调速的电机驱动电路,主要有以下性能特点和要求:

(1) 输出电流和电压范围。它们决定着电路能驱动多大功率的电机。

(2) 效率优先。高的效率不仅意味着节省电能,也会减少驱动电路的发热。要提高电路的效率,可以从保证功率器件的开关工作状态和防止共态导通(H 桥或推挽电路可能出现的一个问题,即两个功率器件同时导通使电源短路)入手。

(3) 对控制输入端的影响。功率电路对其输入端应有良好的信号隔离,防止有高电压大电流进入主控电路,这可以用高的输入阻抗或者光电耦合器实现隔离。

(4) 对电源的影响。共态导通可以引起电源电压的瞬间下降造成高频电源污染,大的电流可能导致地线电位浮动。

(5) 可靠性。电机驱动电路应该尽可能做到:无论加上何种控制信号、何种无源负载,电路都是安全的。

4．通信电路

采用串行通信接口,按电气标准及协议来分,包括 RS232C、RS422、RS485、USB 等类型。RS232C、RS422 与 RS485 标准只对接口的电气特性做出规定,不涉及接外挂程式、电缆或协议。完整电路图如图 3.33 所示。

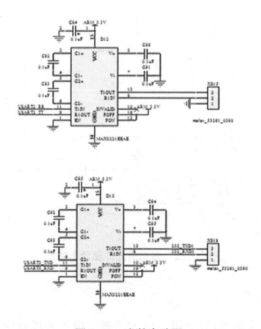

图 3.33　完整电路图

3.3.3　无线通信模块

无线通信模块主要负责操控终端与主控模块的通信。参数设置包括:(1) 供电电压;(2) 供电电流;(3) 串口设置;(4) RF 特征。

3.3.4　机械结构设计

1. 靶标结构设计

为了满足定位精度的要求,设计了精度较高的靶标,在靶标前面板扣出凹槽,将激光感应二极管嵌入凹槽内,从而形成规则的点阵分布。如图 3.34 所示。

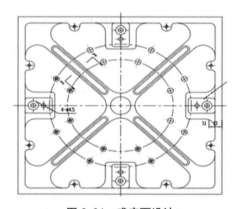

图 3.34　感应面设计

2. 二维运动机构结构设计

为了满足光轴检测的夹角测量范围,设计二维运动机构实现靶标的精密移动。

设计的稳台为靶标的架设提供了一个架设底座,能够适应多种地形。自带调平辅助设备,方便用户实现调平,如图 3.35 所示。

图 3.35　稳台结构设计图

3.4　光电吊舱适配器

3.4.1　功能和用途

适配器主要用于外场试验时独立连接光电侦察系统并进行通信,检测光电侦察系统功能完好性。它的主要功能包括以下几个方面:

(1) 能够为昼夜光电侦察系统提供稳定的直流电源,实施加电及断电控制。

(2) 能够与昼夜光电侦察系统直接进行通信,完成系统功能状态控制,接收并显示各部件反馈的状态信息。

(3) 能够完成对红外传感器和可见光传感器的快速切换、变倍及调焦等功能的控制,完成稳定转台的锁定、惯性、自动扫描等工作状态的切换及配置。

(4) 能够控制稳定转台或目标跟踪框搜索目标,实现目标的捕获跟踪。

(5) 具有发送及接收指令正误判断和故障定位信息显示功能。

(6) 能够与其他测试设备配合,完成昼夜光电侦察系统主要性能测试。

3.4.2　结构组成

光电吊舱状态和光学传感器的检测主要是利用光电侦察设备适配器的交互能力来进行的。光电侦察设备适配器完成光电侦察设备的供电、控制接口匹配及视频信号传输,将操控终端的控制信号转换为匹配的电平类型,并将光电侦察设备采集的视频信号发送回操控终端,从而实现操控终端对光电侦察设备的控制,通过控制执行情况,来完成相关功能的检测。

光电侦察设备适配器的组成结构如图 3.36 所示。

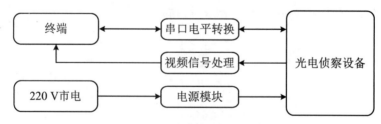

图 3.36　光电侦察设备适配器结构图

本系统硬件由主控制机、AC/DC 转换模块、通信转换模块、图像采集显示模块、电连接器、散热系统等组成。具体结构及连接关系如图 3.37 所示。

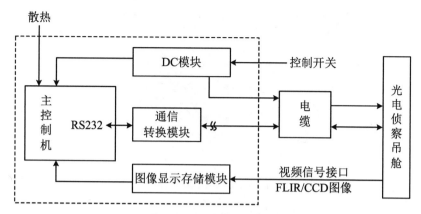

图 3.37　适配器结构组成

适配器由外部电源供电,工作时通过 RS422 串行接口与昼夜光电吊舱进行通信。工作时,首先由适配器发出指令,光电吊舱内的系统控制器接收指令并对指令进行判断解释,然后再根据指令内容分别向各主要部件如图像跟踪器、可见光电视摄像机、前视红外仪、稳定转台发送控制指令;各主要部件根据接收到的控制指令进行相应的动作,并将反馈信息通过系统控制器反馈至适配器。同时,根据需要可对从控制盒输入的视频图像进行采集、显示及存储,待日后分析剪辑时用。

3.4.3　AC/DC 电源转换模块

AC/DC 电源变换是将交流变换为直流,其功率流向可以是双向的,功率流由电源流向负载的称为“整流”,功率流由负载返回电源的称为“有源逆变”。AC/DC变换器输入为交流电,必须经整流滤波,因此体积相对较大的滤波电容器是必不可少的,同时因安全标准(如 UL、CCEE 等)及 EMC 指令(如 IEC、FCC、CSA)的限制,交流输入侧必须加 EMC 滤波及使用符合安全标准的元件,这样就限制了 AC/DC电源体积的小型化。另外,由于内部的高频、高压、大电流开关动作,使得解决EMC 电磁兼容问题难度加大,也就对内部高密度安装电路设计提出了很高的要求。由于同样的原因,高电压、大电流开关使得电源工作损耗增大,限制了 AC/DC变换器模块化的进程,因此需要采用电源系统优化设计方法才能使其工作效率达到一定的满意程度。AC/DC 变换按电路的接线方式可分为半波电路、全波电路,按电源相数可分为单相、三相、多相,按电路工作象限可分为一象限、二象限、三象限、四象限。

光电吊舱正常工作电压范围一般为 22~29 V,额定功率和最大功率较高,要求电源供电电压稳定,以避免对光电设备精密器件的可靠性、寿命产生影响。尤其是对电源的可靠性要求很高,否则受损的将是整个光电侦察系统。如图 3.38 所示是一种高可靠性电源。

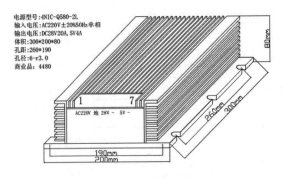

图 3.38 AC/DC 电源

3.4.4 锂电池组单元

锂电池组单元主要给靶标和二维机构供电。指标包括：

（1）额定容量。

（2）低温容量。

（3）高温容量。

（4）标称电压。

（5）工作电流。

（6）通信：电池组具有通信接口，可通过通信接口向综合电源上报电池的参数信息，具体通信协议按照正样执行。

3.5 软件设计和图像处理

3.5.1 软件功能

光轴检测软件整体架构图如图 3.39 所示。

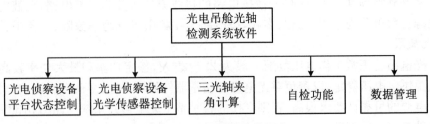

图 3.39 光轴检测软件组成

1. 光电侦察设备吊舱状态控制

光电侦察设备吊舱状态控制包括转塔方位角、俯仰角以及角度和速度等运动控制。用户根据需要,连接好相应线缆并设置参数后,即可通过软件控制吊舱的运动状态。

2. 光学传感器控制

光电吊舱的光学传感器控制不仅包括激光照射的开启和关闭以及激光测距的开、关,还包括可见光与红外视场的缩放、平移、亮度和增益的控制等。用户根据需要,可通过软件控制光电传感器的状态。

3. 三光轴夹角计算

三光轴夹角计算即计算激光光轴与可见光光轴夹角、激光光轴与红外光轴夹角,结合激光发射端与可见光、红外镜头的位置关系,对三光轴的空间关系进行计算并显示。具体包括激光束中心定位、靶标中心与可见光和红外视场中心在 CCD 图像上的成像偏差以及三光轴空间位置计算和重绘。

激光束中心定位时,终端首先实时获取靶标上的激光感应阵列的状态信息并显示在终端的虚拟靶标上,虚拟靶标与真实靶标大小成正比,用小灯泡指示各光电二极管的位置,以红色表示该光电二极管检测到激光信号,灰色表示未检测到激光信号。然后根据红色灯泡的分布,通过圆弧拟合出最小包络图形,并计算出该图形的中心,用以代表激光束真实中心。根据包络图形中心与虚拟靶标中心的位置关系,以手动或自动方式控制靶标运动模块进行移动,直至两中心重合,完成激光束中心定位,此时,激光束中心即标靶中心。

计算靶标中心与可见光和红外视场中心在图像上的成像偏差时,首先打开靶标的四个白色指示灯,通过图像处理算法识别靶标的白色指示灯位置,并通过几何知识求得四个指示灯的中心 C_1 即靶标的中心。然后在可见光视场中可看到以蓝色十字标识的可见光视场中心 C_2 以及以四个白色指示灯中心标识的标靶中心 C_1。通过图像处理算法可计算出图形上点 C_1 与 C_2 的距离 L,结合此时可见光视场的焦距 f,即可计算出可见光与激光的夹角 $a_1 = \arctan(L/f)$。同理可计算出红外与激光的夹角 a_2。

4. 三光轴空间位置计算和重绘

首先打开激光测距,测量出此时靶标距离激光发射端的距离,然后根据上文得到的 a_1 与 a_2,结合激光发射端与可见光、红外镜头的位置关系,以及激光测距的距离,可计算出三光轴在空间的详细位置,由此对三光轴进行空间重绘,直观显示三光轴的位置关系。

5. 自检功能

自检功能用于判断主控模块、运动控制模块、激光束中心定位模块、多光谱光源产生模块和电源管理模块、无线通信模块是否工作正常。由主控模块向其他各模块发起通信请求，能够正常通信表示该模块自检通过。

6. 数据管理

可完成对测试数据和标校日志的保存、查询、修改、删除等操作。

3.5.2　中心夹角解算方法

以靶面中心为坐标原点，在 CCD 成像面上分别记录激光光轴与可见光光轴对应像素坐标（$\Delta X_{激光1}$，$\Delta Y_{激光1}$）和（$\Delta X_{可见}$，$\Delta Y_{可见}$）；在红外探测器成像面上，分别记录激光光轴与红外光轴对应像素坐标（$\Delta X_{激光2}$，$\Delta Y_{激光2}$）和（$\Delta X_{外}$，$\Delta Y_{外}$）。

$$\Delta X = \varepsilon(\Delta X_1 - \Delta X_2) \tag{3-17}$$

$$\Delta Y = \varphi(\Delta Y_1 - \Delta Y_2) \tag{3-18}$$

$$\varepsilon_{可见光} = \frac{2L * \tan(\frac{FOV_1}{2})}{N_{可见光}} \tag{3-19}$$

$$\varphi_{可见光} = \frac{2L * \tan(\frac{FOV_2}{2})}{M_{可见光}} \tag{3-20}$$

$$\varepsilon_{外} = \frac{2L * \tan(\frac{FOV_1}{2})}{N_{外}} \tag{3-21}$$

$$\varphi_{外} = \frac{2L * \tan(\frac{FOV_2}{2})}{M_{外}} \tag{3-22}$$

式中，ε 为常数，表示光电成像系统像面每个像素对应物面实际尺寸；ΔX_1、ΔX_2、ΔY_1、ΔY_2 为对应像素坐标；L 为物方距离；FOV_1 为水平视场角；FOV_2 为垂直视场角；N 为 CCD 横向像元个数；M 为 CCD 纵向像元个数；a 为接收器件像元尺寸。

光电吊舱系统靶心对准的情况下，可见光光轴位于靶心在图像上的位置，则各自的光轴偏移如下。

可见光光轴与激光光轴偏移：

$$\Delta X_2 = \varepsilon_{可见光}(\Delta X_{可见} - \Delta X_{激光1}) \tag{3-23}$$

$$\Delta Y_2 = \varphi_{可见光}(\Delta Y_{可见} - \Delta Y_{激光1}) \tag{3-24}$$

红外光轴与激光光轴偏移量：

$$\Delta X_3 = \varepsilon_{外}(\Delta X_{外} - \Delta X_{激光2}) \tag{3-25}$$

$$\Delta Y_3 = \varphi_{外}(\Delta Y_{外} - \Delta Y_{激光2}) \tag{3-26}$$

激光光轴与可见光光轴偏差距离：

$$X_{\mathrm{L}} = \Delta X_2 \quad (\mathrm{mm})$$
$$Y_{\mathrm{L}} = \Delta Y_2 \quad (\mathrm{mm}) \tag{3-27}$$

红外光轴与激光光轴偏差距离：

$$X_{\mathrm{F}} = \Delta X_3 \quad (\mathrm{mm})$$
$$Y_{\mathrm{F}} = \Delta Y_3 \quad (\mathrm{mm}) \tag{3-28}$$

红外光轴与可见光光轴偏差距离：

$$X_0 = X_{\mathrm{L}} - X_{\mathrm{F}} \quad (\mathrm{mm})$$
$$Y_0 = Y_{\mathrm{L}} - Y_{\mathrm{F}} \quad (\mathrm{mm}) \tag{3-29}$$

激光光轴与可见光光轴偏差角：

$$\theta_1 = \arctan \frac{\sqrt{X_{\mathrm{L}}^2 + Y_{\mathrm{L}}^2}}{L} \tag{3-30}$$

红外与激光光轴偏差角：

$$\theta_2 = \arctan \frac{\sqrt{X_{\mathrm{F}}^2 + Y_{\mathrm{F}}^2}}{L} \tag{3-31}$$

红外与可见光光轴偏差角：

$$\theta_3 = \arctan \frac{\sqrt{X_0^2 + Y_0^2}}{L} \tag{3-32}$$

注意：此处对应 X、Y 均以靶面中心为坐标原点。

在程序中通过数学知识计算可见光视场的中心点与视场中靶标的中心点之间的距离，结合激光发射端透镜组合的焦距，通过三角函数中的反正切即可求得可见光视场与激光的夹角。

同理，确定激光束中心与靶标中心重合后，在红外视场中，如果视场中心与靶标中心不重合，则说明红外与激光存在偏差，点击红外开按键，即可加热靶标上的 4 个铜柱，从红外视场中可观察到 4 个发热的铜柱，通过程序识别视场图像中 4 个圆斑的中心，并绘制出这 4 个点所构成的矩形的两条对角线，以其交点作为红外视场中靶标的中心。然后可通过数学知识计算红外视场的中心点与视场中靶标中心点之间的距离，结合激光发射端透镜组合的焦距，通过三角函数中的反正切即可求得红外视场与激光的夹角。

3.5.3　高精度图像定位方法

图像质心的精确定位是光轴夹角解算过程中的一个重要指标，其精度与系统测量精度息息相关。由于被测光电载荷的红外成像分辨率低，在其所成像中一个像素对应视场角度较大,一定程度上影响了最终夹角解算的精度。为了达到高精度的解算要求,需要对图像进行内插值细分,通过二元线性插值的方法在目标成像区域增加细分点,来提高质心定位的精度,使新的质心定位精度达到亚像元级。亚像素定位精度能有效降低红外图像处理过程中引入误差至合理范围,同时显著提高可见光图像处理精度,可使检测系统性能有大幅提升。图像处理的目的是改善图像质量,为高精度判读奠定基础,主要包含图像校正、对比度展宽、灰度级修正、动态范围调整、直方图均衡化、图像的噪声抑制、图像的锐化处理、离焦模糊消除和图像质心超精度亚像元细分定位,其中图像质心超精度亚像元细分定位是整个图像处理模块的核心,也是保证测量精度的关键。

图像质心的精确定位决定着测量精度,理论上目标点的像分别聚集在一个像元内且每个像元的瞬时视场为 $2''$ 才能达到预期的精度要求,这种情况在实际中不可能发生,图像往往覆盖几个像元甚至几十个像元,要达到高精度的计算要求需要对图像进行内插细分,使星点质心定位达到亚像元或更高的精度。

图像的质心可以通过图像灰度函数的平衡点来计算,由图像的一阶矩和零阶矩的比值给出,即

$$
\begin{cases}
x_c = \dfrac{\displaystyle\iint_{A_{\mathrm{wcn}}} xI(x,y)\,\mathrm{d}x\mathrm{d}y}{\displaystyle\iint_{A_{\mathrm{wcn}}} I(x,y)\,\mathrm{d}x\mathrm{d}y} \\[4mm]
y_c = \dfrac{\displaystyle\iint_{A_{\mathrm{wcn}}} yI(x,y)\,\mathrm{d}x\mathrm{d}y}{\displaystyle\iint_{A_{\mathrm{wcn}}} I(x,y)\,\mathrm{d}x\mathrm{d}y}
\end{cases}
\tag{3-33}
$$

式中,(x,y) 为像平面的坐标;A 为限定区域,称作质心窗,包含整个图像;$I(x,y)$ 是图像灰度函数,为成像感光器件表面光强照度的分布。注意到采样以后我们得到的图像是离散的,采样值和相应的感应区域的光线照度的积分成比例,式(3-33)变为

$$
\begin{cases}
x_c = \dfrac{\displaystyle\sum_{k=1}^{n} x_k I_k}{\displaystyle\sum_{k=1}^{n} I_k} \\[4mm]
y_c = \dfrac{\displaystyle\sum_{k=1}^{n} y_k I_k}{\displaystyle\sum_{k=1}^{n} I_k}
\end{cases}
\tag{3-34}
$$

这里积分变为求和,质心窗由 n 个像元组成,x_c 和 y_c 为得出的质心坐标,(x_k,y_k) 为第 k 个像元的几何中心坐标,I_k 为第 k 个像元的图像灰度函数的采样

值。事实上,从式(3-33)到式(3-34)是一种近似推导,假如(x_k,y_k)恰好为第 k 个像元灰度的平衡点,那么式(3-33)和式(3-34)精确对应。由于上面提到的这种近似,给图像质心的定位带来了误差。

质心算法的误差主要来源于两个方面:系统误差和随机误差。前者主要是在计算过程中用像元的几何中心代替灰度函数的平衡点引起的;后者是在检测像元灰度时,由暗电流噪声、读出噪声、量化噪声等引起的。前者可以采用二元线性插值的方法,使计算过程中所用的像元更多,计算结果可以更加逼近灰度函数的平衡点;后者可通过减小背景噪声、提高信噪比的方法来解决。可以通过上述图像处理的方法改善信噪比。

通过二元线性插值的方法在目标成像区域增加一些可以利用的点,来提高质心定位的精度,如图 3.40 所示。

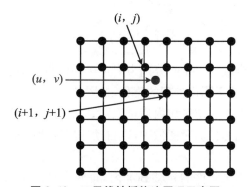

图 3.40　二元线性插值法原理示意图

点(u,v)的灰度可以通过三次插值得到。首先根据(i,j)和$(i+1,j)$这两点的灰度值 $f(i,j)$ 和 $f(i+1,j)$ 插值得

$$f(u,j) = f(i,j) + \alpha\big[f(i+1,j) - f(i,j)\big] \tag{3-35}$$

然后根据$(i,j+1)$和$(i+1,j+1)$这两点的灰度值 $f(i,j+1)$ 和 $f(i+1,j+1)$ 插值得

$$f(u,j+1) = f(i,j+1) + \beta\big[f(i+1,j+1) - f(i,j+1)\big] \tag{3-36}$$

最后根据(u,j)和$(u,j+1)$这两点的灰度值 $f(u,j)$ 和 $f(u,j+1)$ 插值得

$$\begin{aligned}
f(u,v) = &f(i,j)(1-\alpha)(1-\beta) + f(i+1,j)\alpha(1-\beta) \\
&+ f(i,j+1)(1-\alpha)\beta + f(i+1,j+1)\alpha\beta
\end{aligned} \tag{3-37}$$

根据线性插值理论,有

$$\begin{cases}
\alpha = \dfrac{x_u - x_i}{x_{i+1} - x_i} \\[2mm]
\beta = \dfrac{y_v - y_j}{y_{j+1} - y_j}
\end{cases} \tag{3-38}$$

其中,x、y 分别为像元中心的横向和纵向坐标值。适当选取 $x_u = x_i + \dfrac{1}{2}(x_{i+1} - x_i)$,

$y_v = y_j + \dfrac{1}{2}(y_{j+1} - y_j)$，使得计算简化，得 $\alpha = 0.5$，$\beta = 0.5$，即点 (u, v) 取在 (i, j)、$(i, j+1)$、$(i+1, j)$、$(i+1, j+1)$ 四点的几何中心，此时有

$$
\begin{aligned}
f(u, v) &= 0.25f(i, j) + 0.25f(i+1, j) \\
&\quad + 0.25f(i, j+1) + 0.25f(i+1, j+1)
\end{aligned} \tag{3-39}
$$

经过插值运算以后，灰度加权星点图像的质心可由下式计算：

$$
\begin{cases}
x_c = \dfrac{\displaystyle\sum_{k=1}^{n} x_k I_k + \sum_{u=1}^{m} x_u f(u, v)}{\displaystyle\sum_{k=1}^{n} I_k + \sum_{u=1}^{m} f(u, v)} \\[4mm]
y_c = \dfrac{\displaystyle\sum_{k=1}^{n} y_k I_k + \sum_{u=i}^{m} y_u f(u, v)}{\displaystyle\sum_{k=1}^{n} I_k + \sum_{u=1}^{m} f(u, v)}
\end{cases} \tag{3-40}
$$

这里 m 为插值点的个数，x_u 和 y_u 分别为第 u 个插值点的横坐标和纵坐标。

在软件上设计了关于图像处理的流程，如图 3.41 所示，具体步骤如下：

第一步，在测试人员选定区域内通过识别算法自动寻找到目标靶。

第二步，在寻找到的目标靶图像中，以自动适应变化的灰度阈值寻找满足条件的光斑。

第三步，在所有满足条件的光斑 Box 内，每四个光斑组队验证，最终筛选出满足实际布局要求的正确解。

第四步，对在第三步得出的正确解中心进行最小二乘法插值处理，最后求中心坐标的平均值，即是最优解。

可见光源由边界中点处的多个高亮 LED 组成，按需可以调整 LED 亮度，方便可见光视场下对靶标中心的确定。

红外光源与可见光源相似，由边界中点处的多个导热性能良好的铜柱组成，按需调整铜柱温度，在红外视场下根据铜柱位置确定靶标中心。红外光源效果如图 3.42 所示。

确定激光束中心与靶标中心重合后，在可见光视场中，如果视场中心与靶标中心不重合，则说明可见光与激光存在偏差，点击可见光开按键，即可点亮靶标上的多个可见光 LED 灯，从可见光视场中可观察到多个发光 LED 灯，通过程序识别视场图像中多个光斑的中心，并绘制出这多个点所构成的矩形的两条对角线，以其交点作为可见光视场中靶标的中心，如图 3.43 所示。

实验表明，该算法得到的精度优于 0.5 像元。

由于可见光、激光和红外光源物理位置不重合，导致三个光轴即使平行，其在远端的成像也不会重合。因此在多光轴夹角计算时需对光源进行位置补偿，抵消

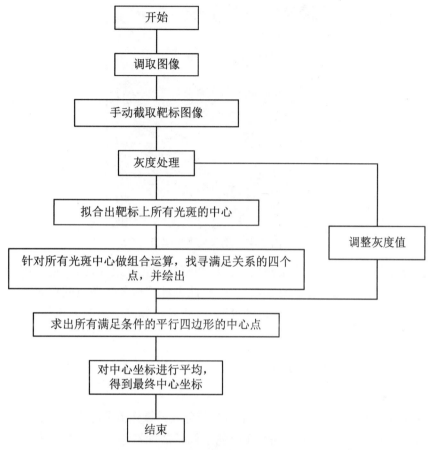

图 3.41 图像处理流程

图 3.42 红外光源效果

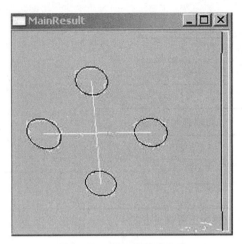

图 3.43　图像处理过程图

由于光源位置不重合导致的光轴偏差。已知靶标的实际尺寸,同时通过图像处理可计算出靶标在图像中对应的像素尺寸,据此可计算出各光源空间位置差在图像中所对应的像素尺寸,在光轴夹角计算时,应将光轴偏差距离减去该像素值,对测量结果进行补偿。

3.5.4　系统使用过程

这里以激光、红外、可见光三光轴检测与标校的操作流程作为例子。

首先按要求连接好操控终端、光电侦察设备适配器与光电侦察设备。点开软件界面,根据测试需求选择相应的测试功能。如图 3.44 所示,选择三光轴的检测与标校。

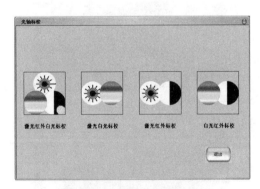

图 3.44　光轴标校主界面

进入相应的测试功能,首先提示将靶标架设至距光电 50～70 m 处,按要求架设好,将靶标和光电设备分别上电,然后点击软件界面的下一步按钮。

　　进入光电设备可见光的控制界面,在此界面内可以对可见光进行焦距、视场的操作,同时可以操作光电设备的伺服运动机构调整可见光视场转向,使可见光十字分划在指定区域附近,如图 3.45 所示。调整完毕后进行下一步操作。

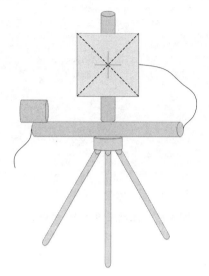

图 3.45　可见光视窗调整示意图

　　可见光视窗调整完毕后,进入激光定位模块,点击激光开按钮,打开光电侦察设备的激光,此时在屏幕左侧的模拟靶标上会实时显示出此时激光束在靶标上的投影,根据这个投影,程序自动控制二维运动机构将靶标运送到指定位置,直至激光束中心与靶标中心重合,如图 3.46 所示。

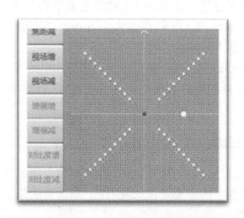

图 3.46　激光束中心定位

　　当激光束中心与靶标中心完全重合后,程序会主动发起截图,若判断图片无误,点击确认。截图后会放大显示图片细节,用户用鼠标框选出靶标。

　　程序自动实现图像处理:根据截图信息,软件会自动解算出现有光轴的夹角关系,并根据实际空间关系绘制出光轴关系的 3D 示意图,供用户更好地了解现有光轴的偏移关系,如图 3.47 所示。

图 3.47　光轴夹角及 3D 示意图

3.5.5　误差分析

1. 激光束中心定位误差

激光束中心定位误差 δ_1 主要是由布局感光元件的间隔导致的定位误差。

点阵式的靶标上密布的铟镓砷感光元件之间有一定间距,这个间距的存在导致了在判断激光束边界过程中存在误差,对激光束中心产生的误差约为 1/2 的间距值。现间距值为 3 mm,则 1/2 间距值为 1.5 mm,在 50～70 m 测量范围内,对光轴夹角测算产生的最大影响为

$$\delta_1 = \text{arctan}(1.5 \text{ mm}/50 \text{ m}) = 0.001718^\circ = 0.03 \text{ mrad}$$

由上可知,感光元件间隔导致的定位误差比较大,后续可通过减小感光元件间隔来降低误差。

2. 像元尺寸误差分析

在图像处理解算白光光轴与激光光轴、红外光轴与激光光轴的两两偏差时,像元尺寸是距离解算过程中的最小单位,是图像上能达到的最大分辨率,由此带来的误差 δ_2 需要评估分析。

已知白光焦距 50～200 mm,白光 CCD 的像元尺寸为 4.08 μm,则由白光像元尺寸造成的最大偏差角度 $\delta_{2白}$ 为

$$\delta_{2白} = \text{arctan}(4.08 \text{ }\mu\text{m}/200 \text{ mm}) = 0.001168^\circ = 0.0204 \text{ mrad}$$

已知红外焦距 30～390 mm,红外 CCD 的像元尺寸为 30 μm,则由红外像元尺

寸造成的最大偏差角度 $\delta_{2红}$ 为

$$\delta_{2红} = \arctan(30\ \mu\text{m}/390\ \text{mm}) = 0.004407° = 0.0769\ \text{mrad}$$

显然像元尺寸的误差影响需要从测量方案和图像处理算法上做优化。预计可将由像元尺寸产生的最大偏差角度 δ_2 优化至 0.03 mrad 以内。

3．焦距值误差分析

在解算白光光轴与激光光轴、红外光轴与激光光轴的两两偏差时，焦距值是被直接引用的数据，其来源于光电设备，据调研其误差为 3%，需评估其对夹角测算的影响误差 δ_3。

已知函数 $\arctan X$ 如图 3.48 所示。

由于整个系统设计测量的偏差角度小于 2.5 mrad，所以方案中的 X 值在 1/400 左右。由图可知，X 越小，其 3% 的误差对整个偏角的影响 δ_3 越小。当被测夹角为 2.5 mrad 时，其影响 δ_3 约为 0.07732 mrad；当被测夹角为 2 mrad 时，其影响 δ_3 约为 0.0618 mrad；当被测夹角为 1 mrad 时，其影响 δ_3 约为 0.03092 mrad。

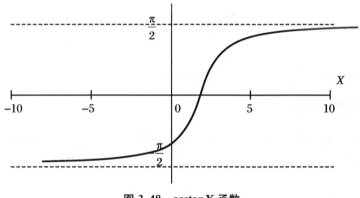

图 3.48　$\arctan X$ 函数

4．视场中心与 CCD 中心不重合的误差分析

在实际测试过程中，视场中心与 CCD 中心投影并不重合，表现为在不同焦距下视场中心在标靶上的投影不固定（图 3.49）。

考虑多种情况，按图 3-49 所示的两种极端情况计算，得出结论：当焦距值远远大于成像尺寸（约为 400 倍以上）时，中心不重合造成的偏差 δ_4 基本可以忽略不计，即 $\delta_4 = 0$。

5．其他误差

其他误差相对较小，统一列于表 3.1 中。

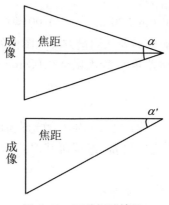

图 3.49　两种极端情况

表 3.1　其他误差

序号	误差类型	误差估算
1	靶标制作误差 δ_5	0.002 mrad
2	电视判读误差 δ_6	0.003 mrad
3	大气抖动 δ_7	0.001 mrad
4	运动机构定位误差 δ_8	0.001 mrad

6. 总体误差分析

为了对探测结果进行更全面的评价,系统引入均方根误差 δ_{RMSE} 概念,用来评价光轴一致性检测误差的平均程度。

$$\delta_{RMSE} = \sqrt{\frac{\sum_1^N \delta_i^2}{N}} = \sqrt{\frac{\delta_1^2 + \delta_2^2 + \delta_3^2 + \delta_4^2 + \delta_5^2 + \delta_6^2 + \delta_7^2 + \delta_8^2}{8}} \quad (3\text{-}41)$$

代入对应误差数值,算得 $\delta_{RMSE} = 0.0312$ mrad。

第 4 章　无人机光电吊舱激光设备检测设计

　　激光器是能发射激光的装置,由于激光光质纯净、光谱稳定,激光器在很多方面被应用。1954 年出现了第一台微波量子放大器,获得了高度相干的微波束;1958 年微波量子放大器原理推广应用到光频范围;1960 年出现了第一台红宝石激光器;1961 年出现了氦氖激光器;1962 年出现了砷化镓半导体激光器。最初的激光器是红宝石被明亮的闪光灯泡激励,所产生的激光是"脉冲激光",而非连续稳定的光束。这种激光器产生的光束质量和我们现在使用的激光二极管产生的激光有本质的区别。这种仅仅持续几纳秒的强光发射非常适合用于捕捉容易移动的物体,例如拍摄全息的人物肖像。

　　半导体激光器是当前最为常用的激光器之一。半导体激光器是指以半导体材料为工作物质,产生受激发射的小型化器件。1962 年,世界上第一台半导体激光器在美国贝尔实验室问世。初期的半导体激光器是同质结激光器,是一种以脉冲形式工作的半导体激光器。异质结半导体激光器是半导体激光器发展的第二阶段,它由两种不同带隙的半导体材料薄层组成。1969 年,单异质结激光器被提出,相比同质结激光器,其阈值电流密度降低了一个数量级。1970 年,双异质结激光器的诞生,实现了激光器在室温环境下的连续工作,是一种应用较为广泛的半导体激光器。1978 年,随着量子阱技术的提出,世界上出现了第一只半导体量子阱激光器。它极大地提高了半导体激光器的性能,具有输出功率高、稳定性好、阈值电流低、光电转化效率高等诸多优点。20 世纪 90 年代,科学家又提出了一种面发射激光器。进入 21 世纪,为了满足高速信息处理、传输宽带化等需要,高速宽带、大功率、短波长、量子线和量子点等激光器成为半导体激光器主要的发展趋势。

　　最简单的半导体激光器由 P 型和 N 型半导体材料中间夹一层很薄(约 $0.1~\mu m$)的另一种半导体材料构成。其中 P 型和 N 型禁带能量较高,中间作为有源区的薄层半导体禁带能量较低。半导体激光器受激发光必须具备三个基本条件:形成粒子数反转、提供合适的谐振腔起到光反馈作用以及满足激光振荡的阈值条件。受激辐射和受激吸收同时产生于半导体中,只有当光子的受激发送大于光子的受激吸收时,才可能得到光子放大。同时,为了实现粒子数的反转分布,必须要在 P-N 结两端加上较大的正向电压。半导体激光器要靠激励电流来工作,在 P-N 结两端加上正向偏置电压后,P 区的空穴必然向 N 区方向扩散,与此同时,N

区的电子也必然向 P 区方向扩散,这样,电子与空穴在中间的有源区复合,产生光子。当注入电流较小时,在有源区结合电子与空穴数目较少,只会产生较弱的自激辐射。当注入电流达到一定程度时,就会产生受激辐射,从而输出激光。激光器必须具有一个用以实现激光振荡所需正反馈的光学谐振腔,而在半导体激光器中,应用最广泛的是法布里-珀罗谐振腔,即 F-P 谐振腔。F-P 谐振腔的最大特点是两端为彼此平行的自然解理面。由于有源区的折射率和空气中的折射率不同,从而在自然解理面上构成了反射镜,这样光会在谐振腔中不停地来回反射。在激光器中同时存在受激辐射和自发辐射,而且受激辐射的初始光信号来源于自发辐射,而自发辐射的光向四面八方传播,杂乱无章。合适的光学谐振腔可以选取一定传播方向和频率的光信号,而抑制其他方向和频率的光信号,使其得到最好的放大效果,从而获得方向性和单色性较好的激光。由于在激光器中还存在各种损耗,使得光子数目减少,因此并不是粒子数达到反转分布和拥有合适的光学谐振腔就可以产生激光。只有当光子在光学谐振腔内来回传播一次产生的增益大于损耗时,才能发出激光。增益和损耗平衡时的临界状态条件,我们称为阈值条件。激光二极管的发明让激光应用迅速普及,如各类信息扫描、光纤通信、激光测距、激光雷达、激光唱片、激光指示器、超市的收款等。

激光测距机,是利用调制激光的某个参数实现对目标的距离测量的设备。激光照射器,是为激光半主动导引的炸弹和导弹提供足够的制导反射能量,对目标不断进行跟踪、实施激光照射的设备。自从 1960 年第一台激光器——红宝石激光器发明以后,人们便开始进行激光测距的研究。激光测距具有更好的方向性、更高的测距精度,测程远,抗干扰能力强,所以现在应用比较广泛,给人们的生产生活带来了很大的便利。现今激光测距在国民经济和国防建设中已经有了很重要的意义。随着激光技术和电子技术的发展,激光测距性能得到了很大的提高,如今的激光测距机测距快,体积小,重量轻,操作简单,性能可靠,测距误差只为其他光学测距仪的五分之一到数百分之一。激光测距技术广泛应用于生产生活和军事等各种用途上,民用上主要用在大地测绘、交通勘察、工业测控、自动化控制、精确定位、矿山和港口测量等领域;军事上主要用于地形测量,战场测量,坦克、飞机、舰艇和火炮对目标的测距,测量云层、飞机、导弹、人造卫星等的高度等方面。激光测距是用来提高坦克、飞机、舰艇等火炮精度的重要技术装备。目前激光测距在军事上已经有了手持式、脚架式、潜望式、坦克、装甲、水面舰载、潜艇潜望、高炮、机载、机场测云、导弹和火箭发射、人造卫星、航天器等约 13 大类 400 多个品种和型号。

军事方面的应用主要有以下 6 个方向:(1) 轻型便携式激光测距仪;(2) 地面车载激光测距仪;(3) 对空火炮和导弹防御激光测距仪;(4) 机载激光测距仪;(5) 舰载激光测距仪;(6) 其他。

激光测距机/照射器具有体积小、操作简单、测量精度高、作用距离远、抗干扰能力强等优点,在军事上得到广泛应用。激光测距/照射配合各种战术武器使用可使首发命中率高达 80% 以上,大大提高了武器系统的攻击力和准确性。目前,激光测距机/照射器已大量装备到飞机、坦克、地炮、导弹、军舰、潜艇上。

随着科技发展尤其在军事上的客观需要,对激光测距机/照射器的作用距离、精度、测距频率、环境适应能力以及可靠性等方面提出了更高的要求。现有的激光测距机/照射器性能参数测试系统和测试方法较为复杂,且仅限于出厂(所)前的质量检验,而在实际使用过程中,由于环境条件(如温度、湿度、电源波动、工作时间等)的变化,测距机/照射器的性能参数往往会发生变化,这将影响激光测距机/照射器的正常使用,因此对其功能和性能状况进行定期检测,查找可能存在的问题,对于无人机光电吊舱使用效率至关重要。针对于此,设计了一种新型激光测距机/照射器性能检测仪器。

4.1　激光测距机/照射器工作原理

激光测距按照测距方法分为相位法测距和脉冲法测距。相位法激光测距是利用检测发射光和反射光在空间中传播时发生的相位差来检测距离的。脉冲法测距是在工作时向目标射出一束或一序列短暂的脉冲激光束,光电元件接收目标反射的激光束,计时器测定激光束从发射到接收的时间,据之计算出目标距离。激光测距机/照射器中应用最广、数量最大、技术最成熟的首推脉冲激光测距机。

激光测距机在测距点向被测目标发射一束很窄的激光脉冲,经激光扩束准直光学系统,在导向稳定系统作用下,激光脉冲穿过大气射向目标;在激光束离开本机时,从发射光束中取出参考脉冲信号,启动数字测距计时器开始计时;到达目标的激光束有一小部分激光被目标反射回激光测距机,经接收望远镜和窄带滤波片等光学元件传递至探测器上,转换成电信号;探测器输出的电信号送往放大器和匹配滤波器,处理后进入比较器与设定的阈值比较;比较后的输出信号关闭测距计时器,终止计时。

假定光脉冲在发射点与目标间来回一次所经历的时间间隔为 T,那么被测目标的距离为

$$R = \frac{cT}{2n} \tag{4-1}$$

式中,c 是真空中的光速,n 是路径中传播介质的平均折射率。

对脉冲测距系统,时间间隔的起始时刻是由取出一小部分发射激光脉冲经光电探测器转换成电信号(通常称这个信号为"主波"或"主波信号")形成的,时间间隔的终止时刻则是由目标激光回波到达测距机经光电探测器转换成电信号(通常称这个信号为"回波"或"回波信号")形成的。这两个信号既可由同一探测器提供,

也可由两个探测器提供。

脉冲激光测距机作为一种有效的辅助侦察手段,已获得了广泛的应用,它是迄今为止装备量最多的军用激光设备。

激光测照器系统由激光发射分系统、激光接收分系统、激光电源分系统3部分组成。激光发射分系统由激光器、发射望远镜、主波取样头和温控电路等组成。激光器的设计相当重要,直接关系着激光光束的稳定与否。根据激光测照器分系统体积、重量及性能的要求,激光器采用激光二极管(LD)环形泵浦 Nd:YAG 妮酸锂(LN)晶体电光调 Q 技术设计。对于激光发射光学系统,根据激光器的特性,即对于平凹腔激光束具有固定的发散角,采用光学设计软件 CODE V 设计出 8 倍扩束镜,压缩激光发散角至原来的 1/8。采用该光学系统设计可矫正基本像差,在满足像差需求的同时尽可能地压缩体积,使其达到实际的使用目的。

1. 泵浦几何腔设计

通过合理的泵浦结构设计实现高效泵浦,使泵浦光在工作物质中均匀分布,在泵浦区与谐振腔模之间获得大的空间交叠,以提高输出激光效率与光束质量。

2. 谐振腔设计

在固体激光器中,谐振腔的模结构发生畸变的主要机理是激光棒的热效应。光泵浦导致激光棒中径向温度梯度分布,结果是在连续或高平均功率激光器中,激光棒的作用就像一个有效焦距为 f 的正厚透镜,f 反比于泵浦功率。谐振腔采用参数优化,一方面提高谐振腔的抗失谐能力,保证在宽环境温度范围内具有良好的机械稳定性,另一方面可得到很高的光轴稳定性。

3. 散热结构设计

固体工作物质吸收泵浦光后,相当一部分能量会转换成热,故需要冷却散热。由于条件的限制,工作物质在腔体中不能采用水冷工作方式,只能采用传导或风冷方式散热。提高散热面积、对流换热系数和材料导热系数以提高散热能力,选用导热系数大的散热器材料,使用尽可能多的散热片,提高流速,旺盛紊流,增加特征尺寸,增大传热系数,由此保证激光的稳定输出,保证激光输出光轴的稳定。

4.2　激光测距机/照射器检测基本方法

反映一台激光测距机/照射器是否合格最重要的综合性指标是最大测程,其大小取决于激光器的输出功率、束散角以及接收机的探测灵敏度等。如何科学合理地检测最大测程,一直是人们探讨的焦点。最大测程检测方法也经历了几次变革,但尚未形成统一的标准。本章对现行的几种检测方法进行了分析比较,在此基础上提出了一种新的检测方法,并进行了实测验证和误差分析。

4.2.1　实际测距法

实际测距法是最大测程检测最直观的方法,也是在测距机的生产与鉴定中最常用的方法。选择合适天气,在指标规定的距离上放置一待测的真实目标(如坦克、飞机等),然后对该目标进行测距,若能达到该测距机的准测率就认为该机的测程检验合格。

实际测距法存在许多不足:一是由于动用真实目标或成本太高或无法实现,有时只能用目标靶或远方建筑物来代替,因此无法控制目标的特性;二是受天候影响很大,同一台测距机,气候条件不同,所得最大测程相差极大;三是不同测距机测程可比性差,无法判断优劣,且同一测距机不同天候所做试验的结果可比性也不好。

鉴于实际测距法存在的不足,国内外都在发展激光测距机测程的模拟检测方法,以提高测程检验的可行性及可靠性。

4.2.2　消光试验法

消光试验法是通过在激光测距机的发射或接收光路中加衰减片来测量反射能量衰减量,从而模拟检测激光测距机最大测程的一种方法。消光试验法又有室外消光法和光纤消光法之分。

1. 室外消光法

室外消光法检测原理图如图 4.1 所示,在距激光测距机 L(通常取 500 m)处立一标准漫反射测试靶,靶面反射系数为 ρ 且靶面积大于发射激光光斑面积,在激光测距机发射光路中加入衰减器,瞄准靶板进行测距,改变衰减器的衰减量,直至测距机达到临界稳定测距状态,此时的衰减量可反映测距机的最大测程。

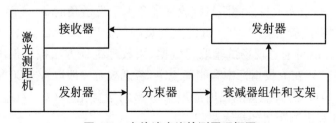

图 4.1　室外消光比检测原理框图

室外消光法最大的不足在于无法得到定量的最大测程值,因此只适合于批量产品的比对检测,具有一定的局限性。

2. 光纤消光法

光纤消光法原理与室外消光法类似,不同的是将野外 500 m 激光传输路程转换为室内激光在光纤中的传输。光纤的作用主要是对光信号进行长距离传输以及对光信号进行相应的处理。在现代科技发展过程中,光纤传导光信号的带宽、传输距离以及传输信号的质量越来越受到重视;同时,光纤还是光纤衰减器、光纤滤波器、光纤激光器等光学设备中不可或缺的组成部分。在传感应用方面,光纤不仅可以传输信号,还能够在需要的情况下将非光信号调制成光信号。

白测距机发射出的激光经衰减片衰减后进入光纤,激光经过光纤传输后,由激光测距机的接收物镜接收;改变衰减片的衰减量,直至测距机接收到的回波次数达到临界稳定测距状态,由对应的衰减量计算出最大测程。

光纤消光法可以消除外界气候条件的影响,但仍没有解决室外消光法存在的不足,且光纤在使用中搬动不便,易折断,因此在实用中也受到限制。

4.2.3　最大测程检测新方法

1. 检测原理与装置

根据脉冲激光测距机检测的国军标规定,这里提出一种能适应多种波段与形式的脉冲激光测距机的最大测程检测方法。

按照 GJB 2241—94 试验方法 105 系列,室外消光法得到的激光测距机的消光比可表示为

$$N_a = 10 \lg\left[\frac{\rho_2}{\rho_1} \frac{L_1^2}{L_s^2} \frac{G(L_s)}{G_{\max} F(A)} \mathrm{e}^{-2aL_s} \mathrm{e}^{-2aL_1}\right] \tag{4-2}$$

式中,ρ_1 为指标规定的实际测距时的目标反射率,若无规定一般取 $\rho_1 = 0.2$;ρ_2 为消光试验靶的实际反射率;L_1 为待解算的最大测程;L_s 为消光试验时的测程,一般为 500 m;$G(L_s)$ 为接收机在距离 L_s 处达到的增益;$G_{\max}$ 为接收机的最大增益;$F(A)$ 为正因子,当为大目标测距且接收视场角大于发散角时 $F(A) = 1$;α 为大气衰减系数。根据经验公式,$1.06~\mu m$ 的大气衰减系数取 $\alpha V = 2.7$,V 为气象视距;而对于 $1.54~\mu m$,可通过现场试验取得数据,用数理统计方法拟合得出,也可近似为 $\alpha V = 2.14$。V 在战技指标中有明确规定,若无规定一般取 $V = 20~km$。

由式(4-2)可知,若能检测出时序增益电路的增益比 $G(L_s)/G_{\max}$,即可由所测得的 N_a 计算出测距机的最大测程 L_1。

根据上述原理,检测系统主要由室外消光比检测分系统、室内时序增益比检测分系统以及数据采集处理分系统组成。其中,室外消光比检测分系统用于测量测

距机在 500 m 距离上的消光值,其组成和原理与室外消光法相同。室内时序增益比检测分系统用于检测测距机接收电路在 500 m 时的增益与最大增益之比。数据采集处理分系统用于采集测量过程中的有关参数和试验数据,并计算被试测距机的最大测程。

根据被试激光测距机有无时序增益开关,测试相应分为两种类型:

(1)对有时序增益控制开关的测距机,可直接采用室外消光比检测分系统实现对最大测程的测量,消光试验时使测距机处于最大增益状态。

(2)对无时序增益控制开关的测距机,先利用室外消光比检测分系统测量测距机在 500 m 距离上的消光值,再利用时序增益比检测分系统检测测距机的增益比,最后通过计算得出测距机的最大测程。

时序增益检测分系统由分光组件、光电信号接收与处理组件、标准激光器模拟组件、衰减器组件及装调机构等组成,如图 4.2 所示。其中分光组件、衰减片组件及装调机构可与室外部分共用。

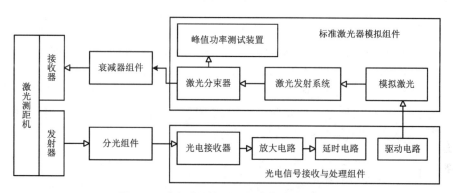

图 4.2　时序增益检测分系统组成原理框图

激光测距机发射的激光经分光组件分光后,被光电接收器接收,经过放大整形、延时,使驱动电路以恒定的电压驱动标准激光器。标准激光器发出比较稳定的激光,先经激光发射光学系统准直,再经衰减后到达接收光路,调整衰减器的衰减量使接收能量达到被试品的最小可探测功率 P_{min},此时的衰减量即为对应的消光比值。

试验时,根据 $R = \frac{1}{2} ct$ 调整延时电路的延迟时间,使激光测距机测得的距离值为时序增益电路达到最大增益时的距离值(一般测距机在 3000 m 以上),再通过调整衰减值,使测距机处于临界稳定测距状态,记录此时的衰减量值 N_1(dB)或衰减倍数 M_1。

改变延时电路的延迟时间和衰减片的衰减量,使激光测距机测得的距离与室外消光比检测时的实际目标距离(如 500 m)一致,并再次处于临界稳定测距状态,记录此时的衰减量值 N_2(dB)或衰减倍数 M_2。

当考虑自动增益时,临界最小可测距功率与增益系数符合以下关系:

$$P_{\min} \times G_{\max} = P_s \times G_s \qquad (4\text{-}3)$$

衰减倍数与最小可测距功率有如下关系：

$$P_{\min} \times M_1 = P_s \times M_2 \qquad (4\text{-}4)$$

因此时序增益控制电路的增益系数比为

$$N_s = 10 \lg \frac{G_s}{G_{\max}} = 10 \lg \frac{M_2}{M_1} = 10 \lg M_2 - 10 \lg M_1 = N_2 - N_1 \qquad (4\text{-}5)$$

该方案的优点是能全面考核所有影响最大测程的因素，如测距机本身的发射功率、最小可探测功率、接收和发射光学系统对激光的透过率、接收光学系统有效面积等内部因素，以及大气、天候、目标的影响，与实际使用情况比较一致。

4.3　基于全光路模拟的激光测距机性能检测系统技术

光纤模拟野外目标测试方法（简称模拟法），是用光纤端面模拟目标大小，以激光在光纤中的传输损耗模拟激光在大气中的传输损耗，光纤与其他光学元件组成一个光学系统，激光测距机瞄准光纤端面中心，在激光测距机的发射或接收天线前加标准衰减片，然后通过光纤介质测距，若激光测距机能测回规定的准测率和距离值，则认为该激光测距机的测距能力符合要求。

4.3.1　基本原理

光纤模拟野外目标测试法的工作原理如图 4.3 所示。

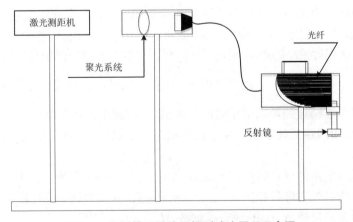

图 4.3　光纤模拟野外目标测试法原理示意图

检测时,将激光测距机分划板中心与模拟器光纤的中心重合,测距机输出的激光脉冲经衰减后由厚透镜准直聚焦在一根较长的光纤上,激光脉冲在光纤中传播到另一端的反射镜后再重新反程通过光纤、厚透镜、准直仪进入激光测距机,这样就可以将事先已知的光纤光程与测距机显示的读数相比较。

由于光纤的端面为一镜面,所以用这种方法检测时,实际上相当于测距机对镜面目标测距,此时回波激光束直径小于接收孔径,测距方程为

$$P_r = \frac{4P_t K_t K_r A_t \exp(-2\alpha R)}{\pi R^2 \theta_t^2} \tag{4-6}$$

对漫反射目标,测距方程为

$$P_r = P_t K_t \rho \cos\varphi K_r \exp(-2\alpha R) D^2 \frac{A_t^2}{\pi R^4 \overline{\theta_t^2}} \tag{4-7}$$

比较式(4-6)与式(4-7)可知,测距机对漫反射目标和镜面目标的测距方程是不同的,因此最大测程一般也是不同的,但其代表的测距机的测距能力是相同的,因为改变的仅是检测条件,而测距机本身的性能参数并没有改变。因此,我们可以根据式(4.6)对测距机的测距能力进行检测,这样可以不考虑目标的漫反射损耗对测程的影响,使问题简化。

令 $M = \frac{4A_t}{\pi R^2 \theta_t^2}$,此式的物理意义是目标与到达目标处的激光束横截面面积之比。它等于被目标拦截的激光功率与到达目标处的激光功率之比,其数值可用下述模拟方法来获得:在测距机发射天线出口处用一个焦距为 f_0 的光学系统对激光束聚焦,再用一根芯径为 d 的光纤在光学系统焦点处接收。适当选择 d 或 f_0,可使进入光纤的激光功率与光学系统焦点处激光功率之比等于 M,即可使下式成立:

$$\frac{\frac{\pi d^2}{4}}{\pi \left(\frac{\theta_t f_0}{2}\right)^2} = \frac{d^2}{\theta_t^2 f_0^2} = M \tag{4-8}$$

进入光纤的激光从光纤中输出后,由一个光学系统变成准直光束,再经过一个透过率为 T_1 的衰减器,全部送入测距机接收系统。设聚焦和准直两光学系统的总透过率为 T_2,光纤透过率为 T_3。通过选择 T_1 和 T_2,总可以使下式成立:

$$T_1 T_2 T_3 = T_1 T_2 \exp(-\beta l) = K_r \exp(-2\alpha R) \tag{4-9}$$

式中 β 和 l 分别为光纤的光损耗系数和长度。

将式(4-8)和式(4-9)代入式(4-6),得

$$P_r = \frac{P_t K_t T_1 T_2 d^2 \exp(-\beta l)}{\theta_t^2 f_0^2} \tag{4-10}$$

此式表明,光纤的作用等效于一个镜面目标。

测距机显示的距离 S 与光纤长度 l 的关系式为

$$l = \frac{2S}{n} \tag{4-11}$$

式中,n 为光纤芯的折射率。将其代入式(4.10),得

$$P_r = \frac{P_t K_t T_1 T_2 d^2 \exp(-2\beta S/n)}{\theta_t^2 f_0^2} \tag{4-12}$$

上式也可以改写成下列形式:

$$\frac{P_r \theta_t^2}{P_t K_t} = \frac{T_1 T_2 d^2 \exp(-2\beta S/n)}{f_0^2} \tag{4-13}$$

式(4-12)和式(4-13)即为通过激光在光纤中传输模拟激光在大气中传输时的测距方程,也就是检测仪对测距机测距能力进行检测的原理依据。

激光测距机检测仪的关键是利用激光束在光纤中的传输模拟激光测距机对目标的测距过程。激光束在确定长度的传输光纤中传输,由于光纤的长度和折射率一定,即激光束经过的光程可以确定,将测距机测出的距离值与该光程的一半进行比较,即可以对该激光测距机的测距性能进行检测。本书对光纤模拟野外目标测试基本方法进行改进,主要对激光到光纤的耦合及能量衰减进行调整。

4.3.2　系统方案和组成

改进的激光测距机检测仪结构组成如图 4.4 所示,该仪器由耦合透镜、高精度五维调节架、多模光纤、准直器、圆形中性密度渐变滤光片等部分组成。

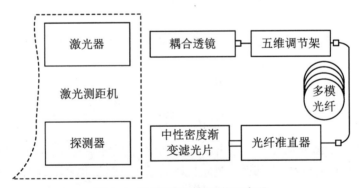

图 4.4　激光测距机检测仪示意图

具体工作过程如下:将耦合透镜对准激光测距机的激光发射端口,由测距机发射的激光束经透镜耦合进多模光纤,以激光束在多模光纤中的传输模拟测距机对空间目标的测距,利用圆形中性密度渐变滤光片对经多模光纤延时传输后的激光束进行衰减,激光测距机中快速光电探测器对衰减后的激光信号进行检测,并在计算机上读出目标距离。

1. 激光到光纤耦合器

激光到光纤耦合器用于将激光测距机发出的自由空间激光束耦合至多模光纤中,多模光纤耦合效率远高于单模光纤耦合。在激光与光纤耦合时,想要得到较高的耦合效率,即把激光尽量耦合进光纤,不但要求光纤直径要小于光纤的纤芯直径,而且激光束的发散角也要小于光纤的孔径角,满足激光在光纤中传输的全反射条件:

$$D_{\text{laser}} < D_{\text{core}} \tag{4-14}$$

$$\theta_{\text{laser}} < 2\arcsin(NA) \tag{4-15}$$

式中,D_{laser} 和 D_{core} 分别为激光光斑直径和纤芯直径,θ_{laser} 为激光发散全角。耦合条件和器件如图 4.5 所示。

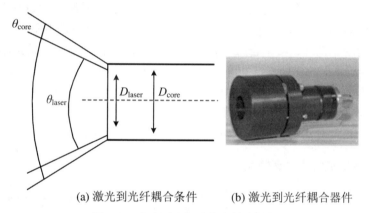

（a) 激光到光纤耦合条件　　　　（b) 激光到光纤耦合器件

图 4.5　激光到光纤耦合条件及器件

激光束的光束参数乘积（BBP）定义为

$$BBP = \frac{D_{\text{laser}} \cdot \theta_{\text{laser}}}{4} \tag{4-16}$$

根据赫姆霍兹不变量,在没有像差和光阑的情况下,对于一束激光来说光束参数乘积是一个固定值,即光束参数乘积不会因为光学系统的改变而改变。由式（4-14）、式（4-15）、式（4-16) 可以推出

$$BBP = \frac{D_{\text{core}} \cdot \arcsin(NA)}{2} \tag{4-17}$$

我们可以利用式（4-14）～式（4-17）来对光纤的纤芯直径和数值孔径进行选择,从而实现激光与光纤的高效耦合,保证较高的光束质量。此外,激光器在高泵浦运转时,热效应问题在所难免,这将导致输出激光光束质量（尤其是发散角）变化。因此,在选择光纤时要综合考虑光束质量变化对耦合条件的影响。

影响直接耦合耦合效率的主要因素是光纤端面处激光光斑大小和光纤纤芯总面积的匹配,以及激光发散角和光纤孔径角的匹配。根据耦合条件的角度关系,只要合理地放置激光二极管的位置,其平行于 PN 结方向的光功率都能耦合进光纤;但对于垂直于 PN 结方向的光只有一部分能耦合进光纤。对于大多数固体激光器发出的激光,其发散角一般都很小,均小于光纤的数值孔径角,但是光斑却远大于纤芯端面面积,因此需要聚焦光斑。

此外,光纤端面的反射,激光器发光面不在光纤的光轴上,光纤端面处理得不平整,光纤端面和光纤光轴不垂直,激光器发光面距离光纤端面太近所产生的光干涉现象等,都会影响耦合效率。对于光纤的出射端面,应进行平整处理或将光纤浸入与纤芯折射率相同的溶液中,以避免在精确测量时所带来的反射损失以及测量误差。

目前在激光与光纤的耦合技术中,主要还是以机械结构来控制光束与光纤的相对位置关系。因此要获得较高的耦合效率,除了需要严格满足耦合条件外,机械结构的精准度也是十分关键的。由于加工精度的限制以及装配过程中的失配,难免会产生横向、纵向以及角向方位上的对准误差,导致耦合效率下降。

设计的激光光纤直接耦合方式便于操作维护,结构简单,可将激光器发出的激光直接照射到平面端面的光纤上进行耦合,设计使用的耦合器工作波长为 1060 nm,配备有标准的 FC 接口,其他参数根据激光测距机输出激光束的参数进行定制。该耦合器由透镜组构成,将激光测距机发出的激光束进行压缩变换,经压缩后的光束光斑尺寸和发散角与多模光纤相匹配,从而满足高效耦合的要求。

2. 高精度五维光学调节架

五维光学调节架由三维移动台和热稳定性优越的不锈钢整体二维俯仰台组合而成,用于固定和调整激光到光纤耦合器位置。

最小分辨率分平移和倾斜两项指标,例如,平移 0.002 mm,倾斜 0.005°。

3. 光纤准直器

光纤准直器由尾纤与自聚焦透镜精确定位而成。它可以将光纤内的传输光转变成准直光(平行光),或将外界平行(近似平行)光耦合至单模光纤内。光纤准直器用于对光纤输出的激光束进行准直。光纤准直器输出端自带微小透镜,激光束经透镜后光斑增大,发散角减小,从而达到准直的目的。准直器工作波长为 1060 nm,尾纤为普通单模光纤,具有标准的 FC/PC 接头。检测系统中使用准直器,原因有两个方面:一是经光纤准直器后输出激光束光斑增大,能量密度降低,有利于保护激光测距机中探测器的使用安全;另一方面,激光测距机中的探测器非常灵敏,为测量激光测距机的最小可探测能量,需对入射至探测器的激光脉冲能量进行衰减,准直器尾纤为单模光纤,与多模光纤连接过程中,由于模场不匹配等因素影响,能量损耗很大,其结果就等效于引入了一个能量衰减器。

4. 圆形中性密度渐变滤光片

圆形中性密度渐变滤光片(图 4.6)通过旋转提供对光密度的调节,从而改变滤光片的透过率,使得经过滤光片的激光束可以得到不同程度的衰减,方便对激光测距机最小可探测能量的检测。该圆形渐变密度滤光片光密度调节范围为 0～3.0,可以实现透过率 1～1‰之间的调节。

图 4.6　圆形中性密度渐变滤光片

5. 多模光纤

多模光纤是最早用于数据传输的导波介质,相比单模光纤其具有如下优点:芯径粗,数值孔径大,具有较低的非线性系数,能够注入更强的光;使用多模光纤可以大大降低光纤接头的制作成本;在连接时不必精确对准,操作方便简单,易于在楼宇和室内布线且配套器件价格低廉;能够忍受大的弯曲损耗且易于升级、处理、安装和测试;制作工艺相对简单;可以直接与光源特别是 VCSEL 耦合等。

多模光纤能够容许不同模式的光在同一根光纤中传输,这类光纤芯径较大,可容许的传输功率较单模光纤高。采用 $50/125~\mu m$ 普通多模光纤,数值孔径为0.22,长度约为 1 km。检测系统中使用多模光纤作为传输光纤,主要是考虑到多模光纤纤芯尺寸和数值孔径均较大,便于将自由空间激光耦合至光纤中,同时,由于测距机输出激光的单脉冲能量较大,使用这类光纤可有效降低传输能量过高对光纤的损伤。

6. 光纤折射率验证

检测设计:将一激光器产生的脉冲激光分成两路输出,对其中一路引入长度为 ΔL 的待测光纤,另一路不引入,通过光电探测器连接示波器测量两路脉冲的时间差 Δt,根据公式 $n \cdot \Delta L = c \cdot \Delta t$($n$ 为待测光纤折射率,c 为光速),求出待测光纤折射率 n 的值。图 4.7 为实验结构示意图。

实验构成及结果:利用一重频为 11.2 MHz 的掺镱锁模光纤激光器,通过50∶50的 1060 nm 波段多模光纤耦合器将激光分成两路输出,其中一路加入长度

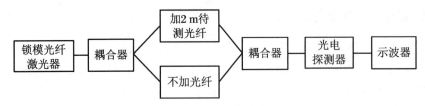

图 4.7　实验结构示意图

为 2.0 m 的待测光纤(型号为 50/125)后与另一 50∶50 的 1060 nm 波段多模光纤耦合器的一端相连,另一路直接与该光纤耦合器的另一端相连,将合成后的脉冲激光入射至光电探测器,通过示波器读出两路脉冲的时间差。实验中示波器显示两脉冲间隔为 10 ns,从而计算出待测光纤的折射率约为 1.50。如图 4.8、图 4.9 所示。

图 4.8　光纤耦合及光电探测器

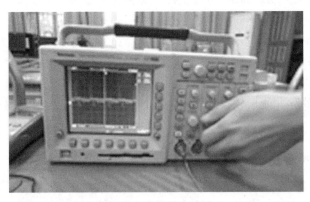

图 4.9　光纤耦合波形

4.3.3　激光测距机检测仪检测参数的确定

1. 最小可探测能量

这里定义的最小可探测能量是指激光测距机能够准确测距时入射至测距机探测器端的最小入射光脉冲能量。激光测距机检测系统中采用中性密度渐变滤光片对入射至测距机探测器端的脉冲激光能量进行衰减。按衰减量由大到小方向旋转中性密度渐变滤光片,入射至探测器的脉冲激光能量逐渐增大,当激光测距机刚好能够准确测距时,利用能量计对经过滤光片后的激光脉冲进行测量,该脉冲能量即为探测器的最小可探测能量。

2. 作用距离

激光测距机检测仪中由多模光纤引入的光程即可以看成是激光测距机的作用距离。采用不同长度的多模光纤可模拟对不同距离目标的测量。

3. 测距精度

脉冲回波激光测距机测量的目标距离可能与实际距离有偏差,这是由激光测距机本身的信号处理技术决定的。激光测距机的测距精度包含两个方面,一是单次测量时距离测量值与实际光程的差异,二是多次测量时距离测量值的稳定程度。通过激光测距机检测仪对一定长度的多模光纤进行多次测量并记录下相应的距离测量值,与标准值比较计算出距离误差的大小。同时,也可改变作用距离(即多模光纤的长度),比较不同作用距离下距离误差的大小。

4.3.4　系统测试

本检测仪采用一体式免调试结构设计。检测仪部分具体构成包括 FC 适配器型耦合透镜组、配套 50/125 μm 高功率多模跳线、50/125 μm 多模光纤、50/125 μm 多模跳线、准直器。图 4.10 为检测仪实验接线图,图 4.11 为实物装配图,图 4.12 为机箱装配图。

将激光测距机与计算机相连并给测距机供电,打开测距机测试软件。设计的激光测距机测试软件工作界面包含串口设置区、发送区、数据接收区、主控发送区和主控接收区五个部分。利用激光测距机检测仪对测距机测距能力、测距精度和重复测距能力等方面进行测试,可对激光测距机的工作状态和性能参数进行检测。

1. 激光测距能力检测

取长度为 1 km 的多模光纤,检测仪各部分在连接过程中所用到的多模跳线长

图 4.10　激光测距机检测仪实验接线图

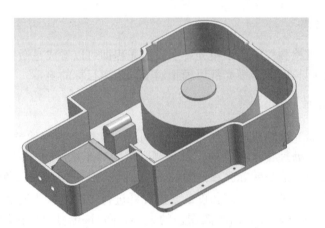

图 4.11　激光测距机检测仪实物装配图

度约为 3.2 m。将中性密度渐变滤光片衰减量置于最大处,此时由于回波信号太弱,测距机无法测出距离值。逐渐减小中性密度渐变滤光片的衰减量,调节至某一位置时测距机正常工作,测距机实测显示距离值为 754,如图 4.13 所示。此时经中性密度渐变滤光片衰减后的脉冲能量为激光测距机的最小可探测能量。由于受激光能量计测量范围的影响,此时的最小可探测能量无法精确测量。如有高灵敏度激光能量计,则可直接测出激光测距机的最小可探测能量。此外,激光测距机检测仪留有光纤接口,可换用不同长度的多模光纤,以模拟对不同距离目标的测量。

2. 激光测距精度和重复测距能力检测

在上述激光测距能力检测项目中,所采用的 $50/125~\mu\text{m}$ 普通多模光纤折射率约为 1.5,因而相当于实际目标距离测距机 752.4 m。与激光测距机测得的 754 m 相比,误差 1.6 m。考虑到所采用的多模光纤的长度测量误差和纤芯折射率误差,激光测距机检测仪的测距精度在可承受范围之内,即激光测距机工作正常。

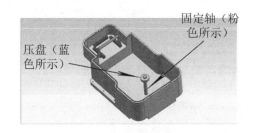

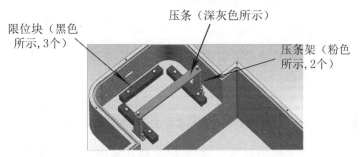

图 4.12　激光测距机检测仪机箱装配图

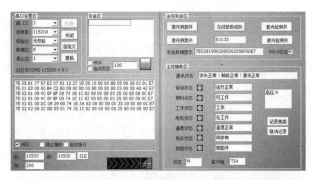

图 4.13　激光测距机正常测距时测试软件工作界面

图 4.14 为激光测距机检测仪多次工作时的距离记录值。测试软件显示的距离值在 754 m 和 756 m 之间变换,考虑到引起测量误差的原因除激光测距机检测仪以外,还包括激光测距机自身的多个误差源,如距离计数器中的量化误差、逻辑电路的计时误差、由激光脉冲有限上升时间引起的探测误差等,因此可以判断此时激光

测距机工作正常。

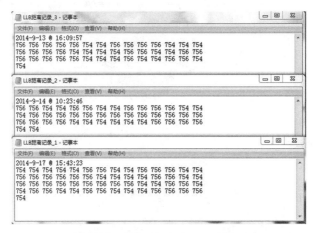

图 4.14　激光测距机检测仪多次工作时的距离记录值

通过执行激光测距机检测仪项目,目前已能够在室内实现对激光测距机性能的检测,能客观定量地反映激光测距机的测距能力。

4.4　激光照射精度检验设计

4.4.1　总体设计

研究设计的激光照射器引导精度测量验证系统,使用近红外增强 CCD 摄像机摄取被照射目标靶上的激光光斑图像,通过分析激光光斑成像在 CCD 摄像机不同的像元位置,得到目标靶板上光斑的位置变化,通过图像处理算法进行中心(重心)坐标解算,并对得到的所有光斑坐标值进行统计计算,得到均方根差,用于评定光电系统的照射引导精度。主机采用一体化设计,由外壳、成像光路、探测光路、数据处理电路板等构成。成像光路和探测光路在设计上采用单独安装,光电成像光路采用折转式光路设计,这样便于装调过程中对光路平行性进行调整;探测电路板安装在成像光路结构件侧面,有利于节省空间。

为了达到样机战技指标要求,根据理论并结合实际情况,CCD 采用对近红外响应效率高的 InGaAs 材料的 CCD,其量子效率达到 80%。对于样机光学设计主要基于两点:一是多波段设计,在 900～1100 nm 光谱范围内进行光学设计,能够满足激光信号的获取并可以看到背景;二是消杂光设计,利用光学软件仿真,对设计后的光学系统进行杂光仿真,对光学系统的结构设计进行指导,得到杂光影响较小的光学系统。

4.4.2　关键技术

整个系统涉及的关键技术分析如下：

1. 近红外光学设计技术

由于 InGaAs CCD 光谱响应在 $900\sim1700$ nm 范围内都很高，并且太阳光中近红外波段的辐射强度大于可见光，故 CCD 在近红外波段设计光学系统时，不仅仅要提高像面照度，还要同时考虑降低太阳光反射形成的背景的像面照度。故光学系统设计时，F 数不宜太小。在这样的照度下，可以通过调节曝光时间来提高激光信号的对比度。

2. 探测器前置放大电路设计技术

设计中采取共阻抗电路设计技术，主要用于提高电路的抗噪声能力，在激光信号探测采集过程中，能够降低干扰信号，提高信号的信噪比和电路的探测能力。

3. 信号延时处理技术

通过单片机控制电路，对采集到的信号进行展宽、延时，使得信号符合 CCD 曝光要求。通过编写单片机程序实现此功能。

4. 同步触发技术

CCD 通过获取硬件的 TTL 触发电平信号，进行上升沿的工作触发和下降沿的停止触发，能够通过控制 TTL 电平的脉宽来控制 CCD 的曝光时间。

4.4.3　设计过程中可能出现的问题

1. 无法看到背景的问题

无法看到背景主要是因为积分时间太短，信号能量不足，然而积分时间过长会影响激光信号的信噪比。

采取措施：适当延长积分时间，选取合理积分时间，使得在背景能够看到的情况下，不影响图像处理。通过实验，能够分辨出背景物体，同时不会使背景太亮，能够用于图像处理。

2. 光斑有漏检现象

原因有：一方面，PIN 探测能力弱，有部分能量弱的信号没有检测到。另一方面,探测到光斑,但由于照度太弱,无法达到图像处理要求,图像无法处理。

采取措施:

(1)通过更新探测电路,使探测能力满足系统要求。通过实验,规定距离照射,能量适中,束散角 0.7 mrad 时在 1 km 处能够探测到激光信号。

(2)提高像面照度。当辐射源和距离固定时,像面照度只和 F 数的平方成反比,故要提高像面照度,需要减小 F 数。如,A 型照射精度检测仪的光学系统 $F = N$,2 型照射精度检测仪的光学系统 $F = M$,则改进后,像面照度超过原来 M/N 倍。

(3)减小杂散光。大角度杂光会使背景亮度增大,在同样曝光时间的情况下,进行相应的消光,增加遮光筒,能提高信号的对比度。

3. 探测距离近

采取措施:

(1)提高 PIN 探测能力,以驱动 CCD 进行外同步触发。

(2)提高像面照度。

(3)提高对比度。使得激光亮度对比大于 60 个灰度值。

4. 阻抗不匹配

同步电路产生的 TTL 电平信号在提供给 CCD 作为外触发信号时,有时会出现反馈电干扰信号,干扰信号会干扰前方数字电路的工作,产生尖峰,影响前端检测到的激光脉冲的周期,使得控制电路紊乱。

采取措施:通过不断的调试,测试数字电路和 CCD 相机的工作阻抗,对两者进行阻抗匹配,加入 800 Ω 的电阻,使得 CCD 电路不对前方的数字电路进行反馈,提高系统的可靠性。

5. 光斑分布处理问题

光斑分布统计数据处理时,由于可能存在光斑形状不规则或者光斑区域中有多个达到了灰度值为 255 的情况,为此采用阈值逐渐增加并逐步筛选光斑的方法:首先在第一阶段,每次阈值增加 10,直至筛选不出来光斑即经过筛选的光斑数目不再增加;然后在第二阶段,每次阈值增加 1,直至筛选不出来光斑即经过筛选的光斑数目不再增加,此时的阈值下,光斑的数目要是大于 1,则利用形心法统计光斑分布的中心,否则利用质心法统计光斑分布的中心。

统计算法采用均方根差法,具体算法如下:

设 n 个点坐标分别为 $(x_1, y_1), (x_2, y_2), \cdots, (x_n, y_n)$,则期望为其中心:

$(x_0, y_0) = (\sum_{i=1}^{n} x_i/n, \sum_{i=1}^{n} y_i/n)$,以此中心建立坐标系。每个点到中心的距离为

$\sqrt{(x_i-x_0)^2+(y_i-y_0)^2}$，均值为 $\sum\limits_{i=1}^{n}\sqrt{(x_i-x_0)^2+(y_i-y_0)^2}/n$，均方根

为 $\sqrt{\sum\limits_{i=1}^{n}[(x_i-x_0)^2+(y_i-y_0)^2]/n}$。

如图 4.15 所示。

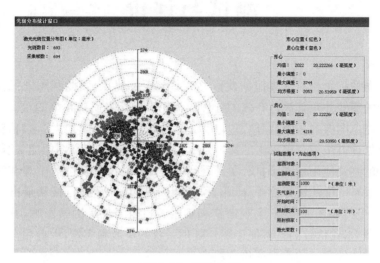

图 4.15　图像处理

第 5 章　无人机光电图像质量测试与评价

侦察图像信息相对于其他侦察信息有着显著的优点,因此利用图像信息进行战场态势的感知并对其进行有效的处理成为无人机光电侦察系统的重要手段。但在无人机光电图像的采集、存储、传输和处理的过程中,由于侦察平台、传输通道和介质以及处理方法等众多因素的影响,不可避免地会带来侦察图像的失真和降质,这给后续的判读使用带来干扰。关于图像质量的评价,主要包括主观和客观两类方法。人眼是图像的最终接受体,因此主观评价被认为是最直接和最准确的感知方法,但是受野外客观条件、主观情绪和观察者自身条件等因素影响,其评价过程往往费时费力,代价较高且不便于图像处理系统的集成和实现,因此目前学者们主要研究的是图像质量的客观评价方法。

本章重点介绍图像质量测试与评价技术国内外发展现状,针对无人机光电图像质量测试与分析进行评价指标体系的设计;图像质量好坏与无人机光电成像传感器关联程度较高,为此进一步阐述了光电传感器潜在故障分析方法的构建和相关实验情况。

5.1　图像质量测试与评价技术概况

对于图像质量,人们并没有给出过严格准确的定义,简单来说可理解为对一幅数字图像的视觉效果的主观感受,也就是被评价图像(即降质图像)与参考图像(原清晰图像)在人眼视觉系统(visual system ,VS)里产生误差的偏离程度,一般分为图像逼真度和图像可懂度两部分内容。专家学者认为图像质量评估(image quality assessment,IQA)在自动预测失真图像质量感知上目前仍是研究的难点之一,IQA 是低级计算机视觉社区中的关键组成部分,应用范围广泛。依据是否存在原始参考图像,IQA 算法可分为三类:全参考 IQA(full-reference quality assessment,FR-IQA)、弱参考 IQA(reduced-reference quality assessment,RR-IQA)和无参考 IQA(no-reference quality assessment,NR-IQA),无参考 IQA 也称作盲参考 IQA(blind-reference quality assessment,BIQA)。尽管 FR-IQA 和 RR-IQA

指标在过去几十年中取得了显著成果,但在质量预测过程中需要相应非失真参考图像的前提条件,使得这些指标在实际应用中是不可行的,因为在大多数情况下,很难甚至不可能获得理想的参考图像。典型的 FR-IQA 和 RR-IQA 方法有 SSIM、FSIM、RRED 和 GMSD。在各种 IQA 方法中,BIQA 方法非常有价值且特别具有挑战性。BIQA 不需要来自参考图像的任何信息,在没有任何附加信息的情况下,可完成输入失真图像的质量评估,因此更接近实际应用,近年来备受关注。这里我们的研究对象为盲评价方法,下面主要介绍盲评价方法的现状和进展。

按照针对失真类型的不同,图像质量盲评价方法可以分为三类:限定失真类型(distortion-specific)方法、混合失真类型(mixed-distortion type)方法和非限定失真类型(general-purpose)方法。早期 BIQA 研究旨在评估被特定失真类型破坏而降质的图像,基本都属于限定失真类型方法,失真类型包括块效应、噪声、振铃效果和模糊等。虽然通过这些限定失真先验的方法获得了令人满意的结果,但它们的普遍性受到实际中给定的失真类型的限制。相比之下,非限定失真(通用)BIQA 方法不需要任何精确的失真先验知识,因此它们更加实用并且可以在各种场景下应用。探索多种质量感知特征的描述非常具有研究价值,该类特征对于各种失真类型敏感并且对于不同的图像内容是不变的。在过去 10 年中,已经提出了许多通用 BIQA 方法。根据现有资料和文献,将基于上述三类失真类型的评价方法进行汇总,对比分析结果如表 5.1 所示。

表 5.1　BIQA 评价方法分类对比(基于失真类型)

类　　型		研究方法
限定失真	图像模糊度	基于边缘的方法
		基于变换域的方法
		基于像素统计信息的方法
	噪声评价	基于小波变换的方法
		基于分块方差估计的方法
		基于滤波的方法
		基于其他变换域的方法
	块状效应	基于块边缘的方法
		基于变换域的方法
	JPEG 及 JPEG2K 压缩失真的评价	针对 JPEG 压缩的方法
		针对 JPEG2K 压缩的方法
		针对 JPEG 及 JPEG2K 压缩的方法

续表

类　　型		研究方法
混合失真类型	X.Li 提出	定义三种不同的失真形式
	Gabrada,Cristobal 提出	基于 Renyi 熵的 NR-IQA 算法
非限定失真类型	基于支持向量机的方法	BIQI、DIIVINE、BRISQUE、LBIQ
	基于概率模型的方法	BLIINDS、BLIINDS-Ⅱ、NIQE
	基于码书的方法	CORNIA、BNB
	基于神经网络的方法	S-ELM、B-CNN、RBM

根据选择图像评价特征的不同手段,人们又将通用 BIQA 方法分为两类:一类是针对特征手工选择的方法;另一类是基于学习的方法自动选择特征。按照这两种方法,对近年来出现的通用 BIQA 方法进行分析汇总,结果如表 5.2 所示。

表 5.2　通用型 BIQA 评价方法分类对比(基于特征选择)

类型	评价方法	选取的特征	回归模型	特征规模
基于手工选取的方法	BIQI	Wavelet coefficient statistics	SVM for classification, SVR for regression	18
	DIIVINE	Steerable pyramid wavelet coefficient statistics	SVM for classification, SVR for regression	88
	BLIINDS-2	DCT coefficient statistics	Probabilistic model or SVR	10
	BRISQUE	Spatial normalized image statistics	SVR	36
	GM – LOG	Joint statistics of image GM and LOGcoefficients	SVR	40
	NR-GLBP	Rotation-invariant uniform LBP of image LOGcoefficients	SVR	72
	DBN	NSS, image texture, noisiness and blurriness based features	Deep belief network	16689
	ILNIQE	NSS, gradient, log-Gabor filter response and color features	MVG	$430 \times N$

续表

类型	评价方法	选取的特征	回归模型	特征规模
基于学习选取的方法	CBIQ	Image patch Gabor filter responses and hard pooling Spatial	SVR	10000
	CORNIA	normalized image patches and max + min pooling CORNIA	SVR	20000
	SFL	feature and codebook optimization	SVR	200
	QAF	Image patch log-Gabor filter	Random forest	10000
	CNN	responses and max pooling Spatial normalized image patches	Convolutional neural network	$1024 \times N$

如表 5.2 所示,第一种类型基于精心挑选的手工选取的特征,这些特征对不同的失真很敏感,例如自然场景统计(NSS)、图像渐变和图像熵,这些特征通常由特定概率模型的参数加以表示,常用的模型包括广义高斯分布(GGD)、高斯分布、威布尔分布和包装柯西分布。其中 Moorthy 等人为 BIQA 提出了一个两阶段框架,每个失真类型有一个分类器和几个回归器。从可操纵的金字塔小波变换系数中提取更丰富的 NSS 特征集。然而,它在训练之前需要失真类型信息,并且假设测试图像包含训练的失真类型,这使得它在实践中的适用性受到约束。Saad 等人训练了从 DCT 域提取统计特征的概率模型,但是基于块处理的算法使得整个评价过程非常耗时。Mittal 等人利用 GGD 描述局部归一化图像的统计数据,以构成有效的 BIQA 模型。然而,当 GGD 参数估计的拟合误差很大时,它的准确性难以有效保证。XUE 等人提出了 GM-LOG,它从图像梯度幅度(GM)和拉普拉斯-高斯(LOG)响应的联合统计中提取竞争性的组织图像特征,但是提取的特征不能处理所有类型的失真,例如乘性失真。Zhang 等人利用旋转不变的均匀局部二值模式(LBP)来编码 BIQA 的图像 LOG 响应,但它仍受图像内容的影响。TANG 等人提出从三类自然图像、失真纹理和模糊/噪声的统计中提取特征构建模型,然后将所有功能放入深度信任网络(DBN)以学习模型。最近 Zhang 等人从原始图像中提取丰富的感知补丁水平特征,并通过多元高斯(MVG)模型测量失真图像与原始图像之间的距离。上述这些图像质量感知功能都是手工干预选择特征的。

手工选择特征具有一定的针对性,但是存在扩展性不好,特征固化难以随失真变化而调整等问题。为了避免手工选择带来的困扰,人们开始研究基于特征学习的 BIQA 方法来感知图像的质量得分。一个具有代表性的例子是将在图像分类和检索任务中得到普及应用的基于码本的图像处理框架(也称之为词袋模型)引入到 BIQA 处理中。Ye 等人提出了一个基于码本的框架 CBIQ,用相应的码字出现直方图来计算图像质量,但码本的规模非常大,接近 120 K。后来他们扩展了 CBIQ,用无监督的特征学习方法 CORNIA 计算归一化图像块和码字之间的点积,以感知图像质量;紧跟最大和最小池化处理,生成最终质量感知功能。凭借 10 K 码字码本,它可以实现较优的 BIQA 性能,但是当码本大小减少到数百个时,性能会显著下降。作者提出了一种带有随机梯度下降(stochastic gradient descent,SGD)的监督滤波器学习(SFL)方法,以优化 100 码字码本和质量评估,其性能是可以接受的,但仍然不如 CORNIA,并且训练阶段的监督码本更新过程耗时较长。文献[28]提出的质量感知过滤器(QAF)模型提取图像 log-Gabor 响应并使用稀疏过滤器学习来制定码本,然后使用随机森林来学习特征和主观分数之间的映射,使用大型码本和复杂的码本学习过程以获得更高的性能,在每个训练测试循环期间需要重建 10 K 码字码本。借助于标准化图像补丁,Kang 等提出了一种基于浅卷积神经网络(CNN)的 BIQA 方法,它甚至可以预测局部图像质量。表 5.2 中基于特征学习的 BIQA 方法仅包含图像零阶特征统计(字数统计),难以满足 BIQA 的有效性要求,并且当码本大小减小时性能下降显著,例如与原始 CORNIA 相比,具有 100 码字的码本的 CORNIA 在 LIVE 数据库上的性能要减弱很多。另外,由于大多数手工制作的特征通常来源于自然场景图像,因此无法预测其他类型图像的感知质量,例如同时包含文本、图形和自然图像的屏幕内容图像以及文档图像。对此,Ye 等人后来提出了一种基于图像高阶统计聚合(HOSA)的新型 BIQA 框架 HOSA,用以解决这两类问题,其模型框架如图 5.1 所示。

　　HOSA 也隶属于通用的 BIQA 方法,只需要一个小的码本。HOSA 包括三个步骤:首先,通过规则网格提取局部归一化图像块作为局部特征,并通过 K 均值聚类构造包含 100 个码字的码本。除了每个簇的平均值之外,还计算了簇的对角线协方差和歪斜度(即尺寸方向和偏度)。其次,将每个局部特征轻柔地分配给几个最近的聚类,并且轻微地聚合局部特征与对应聚类之间的高阶统计量(均值、方差和偏度)的差异,以构建全局质量感知图像表示。最后,采用支持向量回归(SVR)来学习感知特征与主观意见得分之间的映射。

　　上述方法在一定程度上实现了图像质量评级与图像失真类型无关只与失真程度有关,但是由于评价结果需要符合人眼视觉感知,所以在有大量样本情况下,如何借助于深度卷积神经网络(deep neural networks,DNN)和分阶段处理展开评价是个值得研究的课题。

　　尽管 DNN 在许多视觉任务中表现出了巨大的潜力,但由于缺乏足够的图像真实样本培训,BIQA 的端到端优化具有挑战性。到目前为止,最大的用于质量评价的图像数据库仅包含已标注的 3000 个样本,而数字图像则存在于数百万维度的

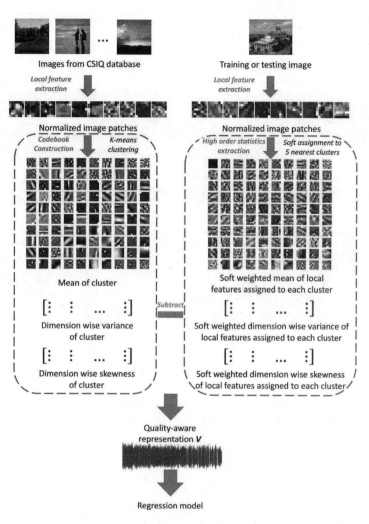

图 5.1　HOSA 算法模型框图

庞大空间中。以前基于 DNN 的 BIQA 方法以三种方式应对这一挑战。第一类方法直接继承了预训练网络的架构和权重,用于一般图像分类任务,然后进行微调。这类网络的性能和效率在很大程度上取决于任务的普遍性和相关性。第二类方法将图像的主观平均意见得分(MOS)分配给其中的所有子块来处理。这种方法有明显的局限,第一,没有给出图像质量子块间的上下文关联(例如单个 32×32 补丁的质量);第二,即使失真均匀发生在图像范围内,其子块图像质量在空间位置上也会发生变化;第三,具有相似统计行为的子块(例如平滑和模糊的区域)质量可能大不相同。第三类方法利用全参考 IQA(FR-IQA)模型进行质量标注,它们的性能直接受到 FR-IQA 模型的影响,在失真水平和失真类型之间可能不准确。用于生成训练数据的其他方法涉及创建合成分数和可辨别图像对(DIP),这两者都依赖于 FR-IQA 模型并且可能面临类似问题。

　　图像质量评价的困难还在于失真和结果之间的非线性关系,例如具有不同失真类型的图像可能表现出相似的质量,而具有相同失真类型的图像可能具有完全不同的质量,如图 5.2 所示。

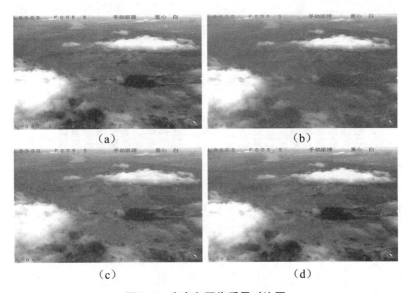

（a）　　　　　　　　　　　　　　　（b）

（c）　　　　　　　　　　　　　　　（d）

图 5.2　失真和图像质量对比图

　　图 5.2 中,根据主观测试,具有不同失真类型的图像(a)、(b)、(c)、(d)具有相似的质量。其中(a)为高斯模糊,(b)为高斯噪声污染,(c)为 JPEG 压缩,(d)为色彩丢失。Kang 等人实现了一个基于 DNN 的 BIQA 方法,其中一个卷积层和两个完全连接的层用于 BIQA,作为 CORNIA 的端到端升级版本。为了执行最大和最小池化,在卷积之后立即省略 ReLU 非线性。Bianco 等人研究了 BIQA 的 DNN 的各种设计选择方法,他们首先将在图像分类任务上预先训练的 DNN 特征作为输入,以使用支持向量回归(SVR)来学习质量评估器;然后再通过将 MOS 量化为五个类别,并将微调特征馈送到 SVR,在多类分类设置中微调预训练的特征参数。然而,他们的工作并非突出端到端优化,而是涉及大量参数的手动调整。Bosse 等人通过堆叠十个卷积层和两个完全连接层来显著增加 DNN 的深度用于图像分类,其架构受到 VGG16 网络工作的启发。他们还调整了构建的网络来处理 FRIQA。Kim 和 Lee 首先利用 FRIQA 算法的局部得分作为预先训练模型的基本先验,然后使用 MOS 对其进行微调。他们观察到,需要有足够时代的预训练才能使微调步骤收敛。所有上述方法或者使用图像补丁,其可能受到嘈杂的训练标签的影响,或者从具有低相关性和不必要复杂性的其他任务继承网络结构。将上述工作的基于 DNN 的模型的复杂性总结如表 5.3 所示。

表 5.3　基于 DNN 的 BIQA 评价模型规模对比表

序号	模型	模型规模($\times 10^4$)
1	Kang14	72
2	Kang15	7.9
3	DeepBIQ	687
4	DeepIQA	523
5	Kim	739
6	MEON	10.7

在上述理论和方法的基础上,下面重点围绕光电图像特性参数体系展开叙述。

5.2　光电图像特性参数体系

光电传感器潜在故障主要表现为基色缺失、对比度弱化、清晰度下降以及场景模糊等,这些都可以通过图像特性参数来分析判断。光电传感器潜在故障分析方法,是一种基于逆向思维的故障分析方法,通过选取反映图像质量的特性参数,采集不同拍摄条件下光电传感器成像样本,通过样本训练技术建立不同拍摄条件下图像质量特性样本库,然后在无人机任务设备维修保养和飞行前后,使用系统图像检测功能,对光电传感器成像特性参数进行分析比较,从而判断是否存在潜在故障。我们提出了将经典指标与基于 HVS 的质量因子相结合的综合图像质量评价体系,包含了 13 项指标参数,具体如下:

1. 平均灰度

即像素的灰度平均值,对人眼反映为图像的平均明暗程度。其定义为

$$\mu = \frac{\sum_{i=1}^{M} \sum_{j=1}^{N} x(i,j)}{M \times N} \tag{5-1}$$

式中,$x(i,j)$ 代表图像 X 在位置 (i,j) 上的像素灰度值,M 和 N 分别是图像的宽和高。

2. 方差

方差反映图像高频部分的大小。如果看起来很鲜艳,对比度很大,那方差就大。颜色分布范围越广,我们就可以说这个图像的方差越大。方差就是数据的分散程度(偏离均值)。方差越大,说明信息越多,能量越大。

3. 标准差

标准差反映了图像灰度相对于灰度平均值的离散情况。在某种程度上,标准差也可用来评价图像反差的大小。若标准差大,则图像灰度级分布分散,图像的反差大,可以看出更多的信息。标准差小,图像反差小,对比度不大,色调单一均匀,看不出太多的信息。标准差定义为

$$\sigma = \sqrt{\frac{\sum\limits_{i=1}^{M}\sum\limits_{j=1}^{N}\left[x(i,j)-\mu\right]^2}{M \times N}} \tag{5-2}$$

4. 清晰度

清晰度是指人眼宏观看到的图像的清晰程度,是由系统和设备的客观性能的综合结果造成的人们对最终图像的主观感觉。清晰度是图像细节边缘变化的敏锐程度。在图像细节的边缘处,光学密度或亮度随位置的变化越敏锐(变化快)、越剧烈(反差大),则细节的边缘就越清晰,可辨程度就越高。在图像信息的传递过程中,细节本身及其清晰度都会有所损失。图像的细节往往具有较为明显的边界光学密度跳跃。人眼视觉系统具备对图像密度突变的边界区域进行增强的特性。

这里我们采用图像的平均梯度来表征清晰度,其值越大,图像越清晰。梯度函数采用图像上相邻像素的差分计算出局部梯度,然后求平均。平均梯度可敏感地反映图像对微小细节反差表达的能力,还能同时反映出图像中的微小细节反差和纹理变换特征。其计算公式为

$$\overline{G} = \frac{1}{(M-1)(N-1)}\sum\limits_{i=1}^{M-1}\sum\limits_{j=1}^{N-1}\sqrt{\frac{\left[\frac{\partial f(i,j)}{\partial i}\right]^2+\left[\frac{\partial f(i,j)}{\partial i}\right]}{2}} \tag{5-3}$$

5. R 清晰度

图像的 Robert 清晰度,采用的是 3×3 的模板,其值越大,图像越清晰。

6. L 清晰度

图像的 Laplacian 清晰度,采用的是 5×5 的模板,其值越大,图像越清晰。

7. G 清晰度

图像的 Gauss 清晰度,采用的是 5×5 的模板,其值越大,图像越清晰。

8. 对比度

即图像的本身对比度。HVS 对激励的响应依赖于该激励相对于背景的亮度变化,而不是它的绝对亮度,这就是著名的 Weber 定律。对比度是对亮度相对变

化的衡量,视觉系统在早期处理阶段就将亮度转化为对比度。以对比度而不是亮度方式来处理能使图像处理与分析变得更加容易,然而到目前为止还没有一个普遍认可的适用于任意图像的对比度计算方法。但一般来说,可以认为对比度是衡量与周围平均亮度差异的一个值。

9. 噪声污染度

通过对图像像素的四方向梯度计算得到整幅图像的噪声污染度。

10. 信息熵

基于清晰图像较模糊图像携带更多信息量的事实依据,计算出一幅数字图像的信息熵,然后将其用于评价该图像的清晰度。图像的信息熵可以表征图像灰度分布的聚集特性,却不能反映图像灰度分布的空间特征,为了表征这种空间特征,可以在一维熵的基础上引入能够反映灰度分布空间特征的特征量来组成图像的二维熵。图像熵表示为图像灰度级集合的比特平均数,单位为比特/像素,也描述了图像信源的平均信息量。

11. 三阶细节

仅仅由图像边缘信息来估计传输过程中噪声的大小,会导致较大的误差,利用高阶统计量可以解决这个问题。我们采用的是高斯三阶细节平均统计量,能较好地反映信噪比的变化。

12. 峰态清晰度

边缘信息也是判断一幅图像清晰与否的直观依据,图像模糊的直接感受就是边缘的模糊,灰度变化越激烈,边缘越清晰,图像也越清晰。直观上,峰态指频数分布曲线高峰的形态,即反映分布曲线尖峭程度的测度。因此边缘峰态的取值能反映出边缘的清晰程度。

13. 三基色

自然界中的绝大部分色彩都可以由三种基色按一定比例混合得来,反之,任意一种颜色均可以被分解为三种基色。但红(波长 700 nm)、绿(波长 546.1 nm)、蓝(波长 435.8 nm)作为三种基色是相互独立的,不能由另外两种颜色混合来产生。三基色缺失或任何一个基色失真都会造成系统效能降低。

5.3　光电传感器潜在故障分析方法

无人机光电传感器性能的优劣对于侦察效能和飞行任务可靠度至关重要。受飞行自然环境、电磁环境及动力系统振动影响,光电传感器往往会发生元件老化、性能衰退,甚至在飞行途中形成故障。在临近功能故障前,可以确定部件将不能完成预定功能状态,即是潜在故障。光电传感器潜在故障的外在表现主要是图像质量下降,或者说在相近成像条件(高度、能见度、湿度)下,图像三基色完好度、清晰度、对比度、噪声污染度及基于自然场景的统计分析参数等发生变化,主要表现为基色缺失、对比度弱化、清晰度下降以及场景模糊等,这些都可以通过图像特性参数来分析判断。

如前所述,光电传感器潜在故障分析方法属逆向分析范畴,通过选取反映图像质量的特性参数,采集不同拍摄条件下光电传感器成像样本,通过样本训练技术建立不同拍摄条件下图像质量特性样本库,然后在无人机任务设备维修保养和飞行前后,使用系统图像检测功能,对光电传感器成像特性参数进行分析比较,从而判断是否存在潜在故障。整个故障分析流程如图 5.3 所示。

5.3.1　图像特性参数样本库

无人机任务设备在飞行过程中会产生大量图像,如何在这些图像中选取合适样本作为无人机光电传感器潜在故障分析的参考样本数据,提高故障分析的速度和效率,是必须要解决的问题。在研究过程中我们采取了一种基于核对齐的图像样本选取算法,其主要考虑在于:基于特定应用背景下的核方法,需相应的用于统计处理的训练样本集。一般情况下包含 N 个样本的训练集,特征提取的时间复杂度为 $O(N^3)$,新样本检测的计算复杂度为 $O(N^2)$。因此,在保证计算误差不变的前提下,减少训练样本个数是降低计算时间复杂度的最有效方法之一,而基于核对齐的图像样本选取算法正好满足了上述需求。

2002 年,Cristianini 等人首次提出了核对齐(kernel alignment)的概念。核对齐在某种程度上可看作是向量夹角余弦在矩阵上的推广,可度量两个矩阵间的相似程度。核对齐不仅可作为核函数选取的标准,亦可选择与优化核函数。基于核对齐的 SVMs 已在解决多类问题及回归问题中发挥作用。

设训练样本集 $X = \{x_1, x_2, \cdots, x_N\}$ 中的样本服从概率分布 D。特别的,对于两类问题,设 $y = [y_1, y_2, \cdots, y_N]'$ 表示训练集 X 中的 N 个样本对应标签组成的向量,其中 $y_i \in [-1, 1]$。定义相应于训练集 X 的关于对称非负核函数 K_1、K_2 的核

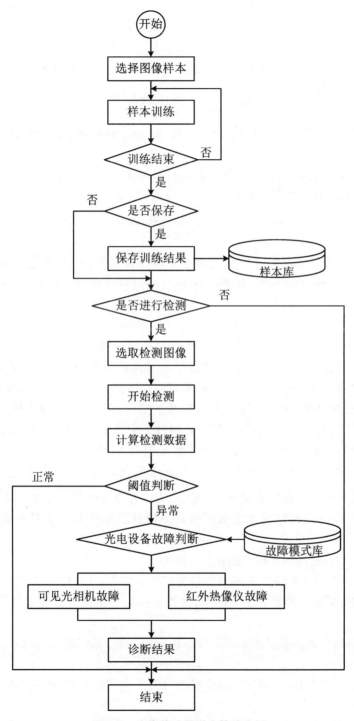

图 5.3　光电传感器潜在故障分析

对齐：

$$\hat{A}(K_1, K_2) = \frac{\langle K_1, K_2 \rangle_F}{\sqrt{\langle K_1, K_1 \rangle_F \langle K_2, K_2 \rangle_F}} \qquad (5\text{-}4)$$

其中，$K_1, K_2 \in R_N x_N$，分别表示相应于训练集 X 关于核函数 K_1、K_2 的核矩阵，$\langle K_1, K_2 \rangle_F = \sum_{i,j}^{N} k_1 \langle x_i, x_j \rangle k_2 \langle x_i, x_j \rangle = \mathrm{trace} K_1^T K_2$。可发现关于核函数 K_1、K_2 的核对齐 $\hat{A}(K_1, K_2) \in [-1, 1]$，因为矩阵 K_1, K_2 是对称半正定的，所以 $\hat{A}(K_1, K_2) \in [0, 1]$。

通过上式的定义，可给出对称半正定核函数 K 在训练集 X 上的核矩阵与样本标签 y 的 Gram 矩阵的核对齐：

$$\hat{A}(K, yy') = \frac{\langle K, yy' \rangle_F}{\sqrt{\langle K, K \rangle_F \langle yy', yy' \rangle_F}} \qquad (5\text{-}5)$$

由核对齐的上述定义知，该值可度量核函数 k 的性能，$\hat{A}(K, yy')$ 值越大表示该核函数越适合所学习问题，基于此特性，可通过核对齐的最大化来选择核函数及其参数。

从核主成分分析方法（kernel principal component analysis，简称 KPCA）可以得知，在核函数 k 确定的前提下，KPCA 中起全部关键作用的是对应训练集 X 的核矩阵 K。同时，从对 KPCA 作为统计学习算法的分析中发现，其分析能力受到训练样本集 X 的直接影响，因此，把样本对核矩阵的贡献作为选样标准是合理的。

设 S_0 表示已选定的部分显著样本组成的集合，K_0 表示其对应核函数 k 的核矩阵，在选样过程中需要判断新样本 x 相对于集合 S_0 中的样本是否显著。因为 KPCA 的计算依据是核矩阵，如果用样本 x 替换 S_0 中某个样本后得到的核矩阵 K_t 与 K_0 非常相似，那么可认为样本 x 相对于集合 S_0 中的样本不显著。

从上面关于核对齐的定义来看，量 $\hat{A}(K_1, K_2)$ 可度量两个核矩阵 K_1 和 K_2 间的相似度，基于该特性可考虑采用核对齐量判断新样本 x 相对于集合 S_0 是否显著。

基于核对齐选择显著样本的算法思路如下：

（1）把差异最大的两个样本作为显著集初始样本，计算核矩阵。

（2）剩余样本替换显著集中样本，计算替换后核矩阵与原显著集构成核矩阵的核对齐。

（3）循环（2）直到显著集中每个样本被替换一遍，标记最大核对齐为该样本与显著集的相似性。

（4）循环（2）与（3）直到所有剩余样本计算一遍，找到相似性最小的样本，并添加到显著集中。

（5）循环（2）、（3）与（4），直到显著样本集中样本个数达到指定要求。

表 5.4 中给出了基于核对齐选样的计算过程。从选样过程来看，该算法并不

是针对特定核对齐而言的，它适合于任何可度量核矩阵间相似性的度量。

表 5.4　基于核对齐的样本选取计算过程

输入	大样本集 $S = \{x_{q1}, x_{q2}, \cdots, x_{qt}\} \subset \mathbf{R}^n$，核函数 $k, \delta(\delta \in (0,1))$，选取个数 N
1	计算 $D2 \in \mathbf{R}^{ql \times ql}$，$[D2](I,j) = (xi - xj),(xi - xj), I, j = 1,2,\cdots,ql$
2	令 $Label = \text{zeros}(ql,1)$
3	通过 D_2 找到 X 中相距最远的两个样本 $x_{t(1)}, x_{t(2)}$，令 $S = [\ x_{t(1)}\ x_{t(2)}\ ]$
4	$Label(t(1)) = 1, Label(t(2)) = 1$
5	$D_{S2}(1,1) = D_2(t(1),\ t(1)), D_{S2}(1,2) = D_2(t(1),\ t(2))$
6	$D_{S2}(2,1) = D_2(t(2),\ t(1)), D_{S2}(2,2) = D_2(t(2),\ t(2)), S_n = 2$
	若向量 $Label$ 中存在 0 元素，并且 $S_n < N$，转到 5，否则转到输出
	$S_n = S_n + 1, K_0 = k(D_{S2}), nn = 0, N_0 = length\,(\text{find}\,(Label == 0))$
	令 $X_0 = \{x_{q1}, x_{q2}, \cdots, x_{qt}\}$
	for　$i = 1: S_n$
	for　$j = 1: N_0$
	计算用 x_{qj} 替换 S 中 $x_{t(i)}$ 后的集合的平方距离矩阵 D_{tS}
	$K_{ij} = k(D_{tS})$
	$\hat{A}(i,j) = \dfrac{\langle K_0, K_{ij}\rangle_F}{\sqrt{\langle K_0, K_0\rangle_F \langle K_{ij}, K_{ij}\rangle_F}}$
	end
	end
7	$[r1,c1] = \text{find}(A > 1 - \delta), Label\,(c1) = -1, A\,(:,c1) = 1$
8	计算矩阵 A 每列的和 $A_{\text{sum}} = \text{sum}(A), [r2,c2] = \text{find}(A_{\text{sum}} == \min(A_{\text{sum}}))$
	令 $Label(k_{c2}) = 1, S = [\ S\ x_{qc2}\ ], S_n = S_n + 1$
输出	$S, Label$

在采用 KPCA 进行数据降维或图像去噪时，通常要求对数据在特征空间中进行中心化，中心化数据的核矩阵与 Cortes 等人提出的核对齐定义相似，因此，选样过程也可利用 Cortes 给出的核对齐来进行选样。

$$\hat{A}(K_1, K_2) = \frac{\langle K_{1c}, K_{2c}\rangle_F}{\sqrt{\langle K_{1c}, K_{1c}\rangle_F \langle K_{2c}, K_{2c}\rangle_F}} \tag{5-6}$$

式中，$K_{qc} = K_q - I_N K_q - K_q I_N + I_N K_q I_N, I_N \in \mathbf{R}^{N \times N}, \forall i, j = 1, 2, \cdots, N, (I_N)_{i,j} = 1$。

该核对齐是对中心化核矩阵间的相似度进行度量，也可被用于上面的选样算法。假设 $\forall x \in X$，有 $k_1(x,x) \leqslant R^2$, $k_2(x,x) \leqslant R^2$ 成立，以及 $\forall \delta > 0$，关于该核对齐的集中程度不等式：

$$|A_c(K_1, K_2) - \hat{A}_c(K_1, K_2)| \leqslant 18\beta\left[\frac{3}{N} + 4\sqrt{\frac{\log(6/\delta)}{2N}}\right] \tag{5-7}$$

在至少 $1-\delta$ 的概率下成立。其中，$\beta = \max(R^4/E[K_{1c}^2], R^4/E[K_{2c}^2])$。Cortes 等人证实，在采用核对齐解决分类和回归问题时，核函数对应的核对齐值越大，预测能力越强。

通过上述方法，可以从无人机任务设备拍摄的大量图像样本数据中快速提取并建立图像特性数据样本库，为后续光传感器潜在故障分析奠定基础。

5.3.2　统计模型分析

在前面介绍的 13 种评价指标基础上，我们又进一步研究了无人机侦察图像的基于自然场景统计的评价方法。基于机器学习的方法要求提供大量训练样本用于抽取不同失真降质特征加以训练形成"字典"，针对待评价图像提取特征，依据字典进行识别，再进行回归分析即可得出图像的质量得分。该方法用于陆基平台获取图像较为有利，不活于无人机载平台的图像质量评价，原因在于成像条件各异，无法提供大量特征相对聚类的图像样本；而基于自然场景统计的方法则只需提供若干幅良好天气条件下拍摄的机载图像用于场景分析即可，因此，我们首先依据前面提到的基于核对齐的图像样本选取算法对无人机任务设备所获取的大量样本进行提取，然后依据基于自然场景统计的方法进行图像样本特性数据的分析计算。具体做法为：

（1）采用基于核对齐的图像样本选取算法建立图像样本库。

（2）对待评价图像 I，按照式（5-8）进行计算，获取结果，通常称为 MSCN 系数。

$$\hat{I}(i,j) = \frac{I(i,j) - \mu(i,j)}{\sigma(i,j) + 1} \tag{5-8}$$

式中，i、j 为图像的规模，$C = 1$，$\mu(i,j)$、$\sigma(i,j)$ 的计算方法见式（5-9）和式（5-10）。

$$\mu(i,j) = \sum_{k=-K}^{K}\sum_{l=-L}^{L} w_{k,l} I(i+k, j+l) \tag{5-9}$$

$$\sigma(i,j) = \sqrt{\sum_{k=-K}^{K}\sum_{l=-L}^{L} w_{k,l}[I(i+k, j+l) - \mu(i,j)]^2} \tag{5-10}$$

（3）如图 5.4 所示，对获取的 MSCN 系数，首先采用广义高斯分布（GDD）拟合获取两个参数（α, σ^2），再按照图像四个方向进行点乘后采用非对称的广义高斯模型（AGGD）进行拟合获取 16 个参数，按照 2 个尺度进行拟合分析后可获取 36 个参数。

$$\text{GDD：} f(x, \alpha, \sigma^2) = \frac{\alpha}{2\beta\Gamma(1/\alpha)} \exp\left[-\left(\frac{|x|^{\alpha}}{\beta}\right)\right] \tag{5-11}$$

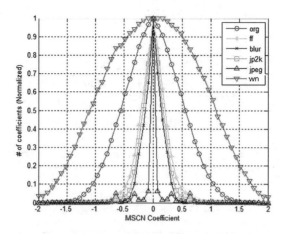

图 5.4 不同类型降质对自然图像 MSCN 的影响

$$\text{AGDD: } f(x, v, \alpha, \sigma^2) = \begin{cases} \dfrac{v}{(\beta_l + \beta_r) \Gamma\left(\dfrac{1}{v}\right)} \exp\left[-\left(\dfrac{|x|^{\alpha}}{\beta_l}\right)\right] \\[4mm] \dfrac{v}{(\beta_l + \beta_r) \Gamma\left(\dfrac{1}{v}\right)} \exp\left[-\left(\dfrac{|x|^{\alpha}}{\beta_r}\right)\right] \end{cases} \tag{5-12}$$

（4）对第（2）步获取的参数进行多变量高斯模型拟合，获得最后两个表征图像降质参数(v_2, Σ_2)，按照式(5-13)计算获取最后的图像质量得分。

$$D(v_1, v_2, \Sigma_1, \Sigma_2) = \sqrt{(v_1 - v_2)^{\mathrm{T}} \left(\frac{\Sigma_1 + \Sigma_2}{2}\right)^{-1} \left[(v_1 - v_2)\right]} \tag{5-13}$$

其中(v_1, Σ_1)是提前获得的良好天气条件下拍摄的机载图像按照上述过程得到的参数。

上述模型流程示意图如图 5.5 所示。

5.3.3 评价模型验证

为了验证所建模型的有效性，我们选取了某种环境条件下，无人机任务设备性能正常时的部分航拍图像样本(图 5.6)进行训练，得到标准状况下的参考训练值，同时，我们又随机选择了一组类似该环境下的拍摄图像进行评价，实验结果如表5.5 至表5.7 所示。

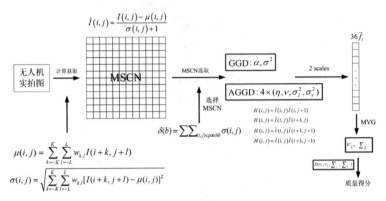

图 5.5　模型示意图

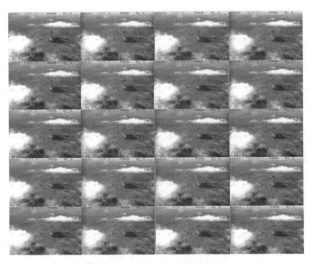

图 5.6　无人机部分图像样本

表 5.5　第一组图像检测效果对比

质量因子	参考值	第一组图像	结论
平均灰度	110.645980	104.225401	差
平均方差	4578.249651	4313.5974	优
标准差	67.566188	65.595385	优
清晰度	71.625874	70.951780	优
L 清晰度	567.027473	564.370224	优
R 清晰度	107.953770	106.573941	优

质量因子	参考值	第一组图像	结论
G 清晰度	636.157123	610.159602	优
对比度	6615.259017	6472.373376	优
噪声污染度	22.275900	19.317460	良
信息熵	4.466083	4.357472	优
三阶细节	3522.695321	3452.750754	优
峰态清晰度	6.163952	6.169722	优

表 5.6　第二组图像检测效果对比

质量因子	参考值	第二组图像	结论
平均灰度	110.645980	111.225401	优
平均方差	4578.249651	4663.062194	优
标准差	67.566188	68.200740	优
清晰度	71.625874	70.771869	优
L 清晰度	567.027473	557.321791	优
R 清晰度	107.953770	107.074714	优
G 清晰度	636.157123	656.203067	优
对比度	6615.259017	6545.771837	优
噪声污染度	22.275900	23.124107	优
信息熵	4.466083	4.571554	优
三阶细节	3522.695321	3502.236347	优
峰态清晰度	6.163952	6.165578	优

表 5.7　第三组图像检测效果对比

质量因子	参考值	第三组图像	结论
平均灰度	110.645980	101.389521	差
平均方差	4578.249651	4625.142543	优
标准差	67.566188	66.5471258	优
清晰度	71.625874	65.6852145	良
L 清晰度	567.027473	540.478011	优
R 清晰度	107.953770	107.125123	优

续表

质量因子	参考值	第三组图像	结论
G 清晰度	636.157123	695.952142	良
对比度	6615.259017	6501.251481	优
噪声污染度	22.275900	18.254181	良
信息熵	4.466083	3.025147	差
三阶细节	3522.695321	3415.101587	优
峰态清晰度	6.163952	5.082536	良

从评价指标结果可以看出,实验结果基本与实际主观判断结果相一致。

5.4　机载图像检测设计

机载图像检测设计主要实现对无人机视频采集图像设备功能质量的判定,共包括 5 个子模块:图像信息录入(分单个图像信息录入以及批量图像信息导入两种方式)、图像信息查询、样本库管理、样本库训练以及图像质量检测。

1. 图像检测主界面

选择图像检测功能菜单后,系统出现图像信息录入、图像信息查询、样本库管理、样本库训练、图像质量检测等功能选项,如图 5.7 所示。

图 5.7　无人机任务设备图像检测子系统

2. 图像信息录入

图像信息录入主要用于图像样本数据的采集,分为单个图像信息录入以及批量图像信息导入两种方式,如图 5.8 所示。

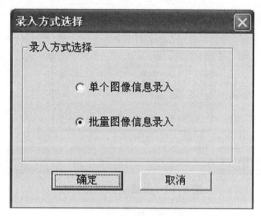

图 5.8　图像信息录入方式选择

选择单个图像信息录入方式,出现如图 5.9 所示界面。

图 5.9　单个图像信息录入

选择批量图像信息录入方式,出现如图 5.10 所示界面。

3. 样本库管理

样本库管理主要用于对系统所有样本进行管理,样本参数为该组样本的训练结果值。样本库管理界面如图 5.11 所示。

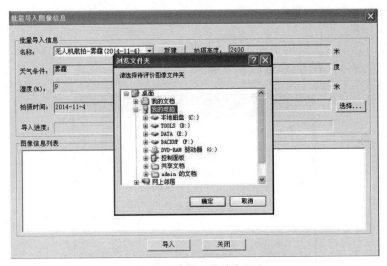

图 5.10　批量图像信息导入

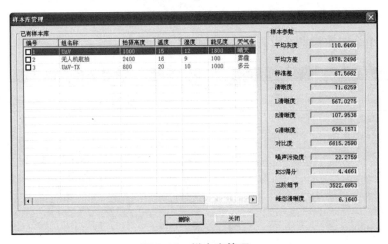

图 5.11　样本库管理

4．样本库训练

样本库训练界面如图 5.12 所示,选择要进行训练的样本组,然后点击"开始训练",训练结束后,可对本次训练结果进行保存。

5．图像质量检测

打开检测图像文件夹,并选择参考样本组名,进行检测,最终检测结果会通过绿(优)、黄(良)、红(差)等图标进行显示。图像质量检测界面如图 5.13 所示。

1 号功能区:用于质量检测软件的参数设置,可选项为拍摄时间和拍摄天气,

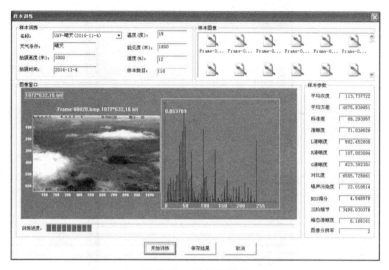

图 5.12　样本库训练

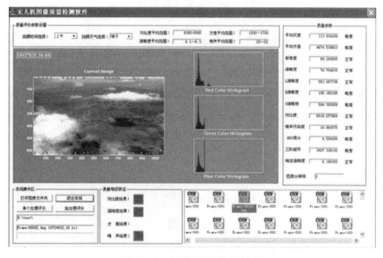

图 5.13　图像质量等级检测

部分为参数配置文件读取,可根据已有检测数据自动生成,也可手工编辑标注生成。

2 号功能区:用于显示图像及相关信息、图像大小及图像位数,同时动态绘制图像的红、绿、蓝三通道颜色直方图。

3 号功能区:系统操作动作。主要用于:打开待检测图像所在文件夹;对当前的单个图像文件进行质量检测;对打开的图像文件夹进行批处理检测,批处理检测完成后自动将检测的参数进行保存,存储在当前文件夹下的 results. txt 文件中,文件信息内容如图 5.14 所示。

图 5.14　批处理结果文件

4 号功能区:用于当前图像质量检测后的质量等级颜色标注,主要选取了无人机图像后续信息处理中敏感度高的四个指标:对比度、清晰度、方差和噪声,按等级设定为三级:优(显示为红色块)、良(显示为蓝色块)、差(显示为绿色块)。

5 号功能区:显示待检测图像文件夹下的图像文件,以缩略图和文件名组合方式显示,用鼠标单击某一图像则会在 2 号功能区显示,同时会绘制出三通道的颜色直方图。

第6章　无人机光电吊舱故障模式分析与诊断模型

6.1　故障模式分析与特征值提取

6.1.1　故障模式分析

在国军标 GJB 451A — 2005《可靠性维修性保障性术语》中,故障模式的定义是:故障的表现形式。更确切地说故障模式一般是对设备所发生的、能被观察或测量到的故障现象的规范描述。对无人机任务设备进行故障模式分析是进行无人机故障诊断的重要基础,表6.1给出了无人机光电吊舱设备部分故障模式的分析列表。

表6.1　无人机光电吊舱故障模式简要列表

序号	故障模式	测试项目	故障定位	维修方法
1	吊舱抖动	平台稳定性	1. 陀螺故障 2. 电机电刷接触不好 3. 配重块松动 4. 伺服控制板故障	1. 更换单元 2. 修理电刷 3. 紧固配重块 4. 更换单元
2	吊舱不转	吊舱转动情况	1. 电源没上电 2. 电机电刷接触不好 3. 伺服控制板故障	1. 电源上电 2. 修理电刷 3. 更换单元
3	俯仰到限位不停		1. 伺服控制板故障 2. 限位开关故障	1. 更换单元 2. 更换单元
4	快速旋转		1. 陀螺故障 2. 伺服控制板故障	1. 更换单元 2. 更换单元

序号	故障模式	测试项目	故障定位	维修方法
5	角度值不对	吊舱角度输出	1. 角度传感器故障 2. 主控制器故障	1. 更换单元 2. 更换单元
6	无角度输出		1. 角度传感器电源没上电 2. 角度传感器故障 3. 主控制器故障	1. 角度传感器电源上电 2. 更换单元 3. 更换单元
7	电视摄像机无图像	电视摄像机图像	1. 电视摄像机电源没上电 2. CCD 靶面故障 3. 视频电缆未连接好	1. 电视摄像机电源上电 2. 更换单元 3. 接线
8	电视摄像机镜头不能变倍	电视摄像机镜头	1. 电源没上电 2. 主控制器故障 3. 摄像机处理电路故障 4. 变倍齿轮卡滞	1. 电源上电 2. 更换单元 3. 更换单元 4. 更换单元
9	电视跟踪器无目标框	电视跟踪器	电视跟踪器板故障	更换单元
10	电视跟踪器目标框套不住目标		电视跟踪器板故障	更换单元
11	红外摄像机无图像	红外摄像机图像	1. 探测器靶面故障 2. 视频处理板故障 3. 视频电缆未连接好	1. 更换单元 2. 更换单元 3. 接线
12	红外摄像机控制命令不响应		电控板故障	更换单元
13	红外摄像机不制冷,没有制冷声音		制冷器故障	更换部件

序号	故障模式	测试项目	故障定位	维修方法
14	红外摄像机不受控,不响应任何命令	红外摄像机镜头	电控板故障	更换单元
15	红外摄像机变倍故障		变倍齿轮卡滞	更换单元
16	红外摄像机变焦故障		变焦齿轮卡滞	更换单元
17	红外摄像机焦距输出故障		焦距输出电位计故障	更换单元
18	激光测距机发射部分不出光	激光测距机	发射部分故障	更换单元
19	激光测距机接收部分无测距值/数码乱跳		1. 接收部分故障 2. 电控板故障	1. 更换单元 2. 更换单元
20	升降无动作	升降机构	1. 控制电路故障 2. 电机及齿轮故障	1. 更换单元 2. 更换单元
21	升降到限位不停		1. 控制电路故障 2. 限位开关故障	1. 更换单元 2. 更换单元
22	视频记录器无图像	视频记录器	电缆未连接好	接线
23	视频记录器不受控		1. 控制电路故障 2. 机芯故障	1. 更换单元 2. 更换单元
24	视频记录器录不上图像		机芯故障	更换单元

6.1.2 故障信号特征值提取

特征值提取是故障诊断的前提和基础。本节所说的特征值是指故障信号特征值。提取出的信号特征值,如角度、速度和应变量等,以物理量的形式存在,它们最能代表系统的状态和特征。无人机光电吊舱故障信号特征值提取方法如表 6.2 所示。

表6.2　无人机光电吊舱设备故障信号特征值提取方法

序号	故障模式	任务设备状态	故障信号特征值提取
1	平台抖动	跟踪状态	方位角/俯仰角(围绕某一固定角度振动,幅值大于指标范围)
2	限位不停	搜索状态	方位角/俯仰角(俯仰超出技术指标,光轴水平为 0°)
3	平台飞车	搜索跟踪状态	方位角/俯仰角
4	平台卡死	搜索状态	方位角/俯仰角(俯仰超出技术指标,光轴水平为 0°)
5	角度值输出异常	搜索状态	方位角/俯仰角(方位:0～360°,俯仰超出技术指标)
6	无角度值输出	搜索状态	方位角/俯仰角(方位俯仰无反馈)
7	跟踪速度偏慢	搜索状态	方位角/俯仰角(方位俯仰速度小于设定值)
8	无目标框	跟踪状态	图像跟踪器反馈
9	目标框套不住目标	跟踪状态	目标框偏离图像中心

例如,为了检测陀螺稳定平台是否发生故障,需提取其方位角/俯仰角随时间变化的特征值,判断陀螺稳定平台方位和俯仰角度输出是否正常。通过操作操纵器在水平和垂直方向摇动,控制平台在水平和垂直方向旋转,使得平台方位角和俯仰角分别处于 88.952° 和 −89.381°,松开操纵器,使用美国国家仪器(NI)公司研发的 Labview2012 配合相关硬件接口,采集陀螺稳定平台方位角/俯仰角随时间变化的特征值,如图 6.1 所示。图 6.2 是提取到的方位角特征值,保存在 Excel 表格中(部分)。分析提取到的特征值,可以发现,角度值围绕各自所固定的角度振动,幅值不大于技术指标要求,故可以认为此时的陀螺稳定平台工作正常。

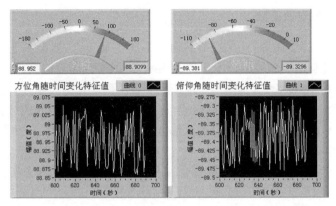

图 6.1　Labview2012 采集的陀螺稳定平台方位角/俯仰角输出值

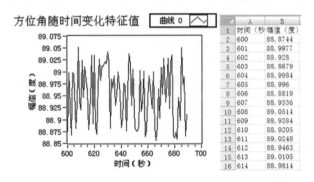

图 6.2　陀螺稳定平台方位角特征值

6.2　故障诊断模型建立

6.2.1　模糊诊断模型

　　模糊诊断模型是故障诊断常用的一种模型,在武器装备的故障诊断中有着广泛的应用。模糊(fuzzy)理论最初是由 Zadeh 在 1965 年提出的,其目的是为描述与处理广泛存在的不精粹、模糊的事件和概念提供相应的理论工具。该理论经过不断发展,目前已经形成有关纯粹数学和应用数学的众多分支,包括拓扑学、图论、系统决策、自动控制、模式识别等,并且应用成果不断出现。基于模糊理论的模糊逻辑系统、模糊神经网络等,已经成为目前理论与应用研究的热点领域。

1. 模糊集与隶属函数

在康托创立的经典集合论中，一事物要么属于某集合，要么不属于某集合，二者必居其一，没有模棱两可的情况。这就表明，经典集合所表达概念的内涵和外延必须是明确的。但在人们的思维中，有许多没有明确外延的概念，即模糊概念。

模糊概念不能用经典集合加以描述，这是因为不能绝对地区别"属于"或"不属于"，也就是说，论域上的元素符合概念的程度不是绝对的 0 或 1，而是介于 0 和 1 之间的一个实数。

设 U 是论域，U 上的一个模糊集合 A 可以表示为 U 上的一个实值函数，即

$$\mu_A : U \to [0,1] \tag{6-1}$$

对于 $\mu \in U$，μ_A 值称为 μ 对于 A 的隶属度，而 μ_A 称为 A 的隶属函数。

或者，设论域 U 为有限集，即 $U = \{u_1, u_2, \cdots, u_n\}$，$U$ 上的模糊集 A 可以表示为

$$A = \{\mu_A(u_1), \mu_A(u_2), \cdots, \mu_A(u_n)\} \tag{6-2}$$

其中，$u_i \in U$，$\mu_A(u_i) \in [0,1]$ 为 u_i 对 U 的隶属度。

上述定义表明，论域 U 上的模糊集 A 由隶属函数 $\mu_A(u)$ 来表征，$\mu_A(u)$ 取值范围为闭区间 $[0,1]$，$\mu_A(u)$ 的大小反映了 μ 对模糊集的隶属程度。$\mu_A(u)$ 的值接近于 1，表示 μ 从属于 A 的程度很高；$\mu_A(u)$ 的值接近于 0，表示 μ 从属于 A 的程度很低。因此，模糊集合完全由隶属函数所描述。

2. 隶属函数的确定

1）隶属函数构造的基本准则

用模糊集刻画模糊性时，隶属函数的建立是一件基本又关键的工作，它直接影响到问题求解的质量。但模糊理论研究的对象具有模糊性和经验性，试图找到一种统一的隶属函数构造方法是不现实的。隶属函数反映的是事物的渐变性，构造隶属函数必须依据以下基本准则。

① 设 A 是论域 U 的模糊子集，其隶属函数为 $\mu_A(x)$，如果对任意实数 $x \in (a,b)$，都有 $\mu_A(x) \geqslant \min(\mu_A(a), \mu_A(b))$，则称 A 为凸模糊集。隶属函数的模糊集合必须是凸模糊集，即隶属函数应具有单峰特性。

② 隶属函数要符合人们的语义顺序，避免不适当的重叠。

③ 对同一输入，没有两个隶属函数会同时有最大隶属度。

④ 变量所取的隶属函数一般是对称和平衡的。

⑤ 论域中的每一个点应该至少属于一个隶属函数的区域。

⑥ 当两个隶属函数重叠时，重叠部分对两个隶属函数的最大隶属度不应该有交叉。

2）确定隶属函数的方法

为了能正确确定隶属函数，既需要深刻地认识它所反映的模糊对象的具体特

点,又要找到定量反映这些模糊要领的恰当形式。确定隶属函数远没有达到类似确定概率分布那样成熟的阶段,还仅仅停留在靠经验水平预设,从实践效果中进行回馈,并不断矫正自己的认识以达到预期目标的这样一个阶段。总而言之,隶属函数的确定,一要符合客观规律,二要借助专家和操作人员的经验。

这里讨论几种在故障诊断中常用的确定隶属函数的方法。

(1) 专家评判法

专家评判法是目前应用较多的一种建立隶属函数的方法,其要点是让专家直接给出论域中每个元素的隶属度,然后再做一些相应的处理。

这种确定隶属函数的方法,主要是根据专家的实际经验,加上必要的数学处理。在许多情况下经常是初步确定粗略的隶属函数,然后再通过学习和实践检验逐步修改和完善,而实际效果正是检验和调整隶属函数的依据。

(2) 模糊统计法

模糊统计法是用确定性方法来描述问题的不确定性,并通过模糊统计实验得到相应的隶属函数。

利用模糊统计方法构造隶属函数曲线时,每一次模糊统计的试验结果均是论域的一个子集,如果论域是实数轴,则统计结果是一个实数区间,当模糊统计试验的数目较大时,对模糊统计数据区间要进行分组。进行分组时,首先要将统计数据区间按区间端点值的大小顺序排列,然后将数据区间划分为 k 个互不相交的分组区间 (x_i, x_{i+1}),组距一般要求相等,各组间隔的中点值 $\xi_i = \dfrac{x_i + x_{i+1}}{2}$ 称为组中值,用它来代替组内各数据的平均值。

对统计数据区间进行分组后,即可列出统计表。统计表的项目包括组号、组段、组中值、覆盖频数和覆盖频率等。覆盖频数 n_i 是指统计数据覆盖第 i 分组区间 (x_i, x_{i+1}) 的个数。

覆盖频率 μ_i 也称为隶属频率,是指第 i 分组区间的覆盖频数 n_i 与统计数据区间的总个数 n 之比,即以下各区间的数据:

$$\mu_i = \frac{n_i}{n} \quad (i = 1, 2, \cdots, k) \tag{6-3}$$

(3) 二元对比排序法

在故障诊断中,常出现多个不同的故障原因导致相同征兆出现,要确定该征兆对诊断哪一故障原因的贡献最大,或者说,在某一征兆出现的条件下,哪一原因优先发生,这就需要运用二元对比排序法来解决这类模糊次序的问题。

二元对比排序法,就是将研究对象之间进行两两对比来确定某种特征下的优先级,并根据此优先级建立模糊子集 A 的隶属值,从而其相应的隶属函数的大致轮廓就可以描绘出来。这种方法是一种比较实用的确定隶属函数的方法,可将其分为相对比较法、择优比较法、对比平均法和优先关系法等。

（4）加权统计法

诊断中每一具体征兆 x_i 对所需判断的各个原因 y_i 的作用是不同的，即 x_i 对 y_i 的隶属度不相等。显然，某一征兆 x_i 对诊断某一原因 y_i 的作用越大，其相应的隶属度 μ_{ii} 也越大。μ_{ii} 的确定必须综合考虑多种因素。首先考虑经验统计资料（l_1），其次为了弥补统计资料的不足，还必须考虑机理分析因素（l_2）、征兆出现的明显程度（l_3）与现场获得该征兆的难易程度（l_4），要针对这四项因素对每一征兆进行评分。

对 l_1 的评分 $K_{ij}^{l_1}$ 可直接从统计资料算出：

$$K_{ij}^{l_1} = P(x_i/y_i) = N_{x_i}/N_{y_j} \qquad (6-4)$$

式中，N_{y_j}、N_{x_i} 分别为原因 y_i 发生故障的总次数与在此条件下征兆 x_i 出现的次数。

（5）例证法

例证法是 Zadeh 在 1972 年提出的，其主要思想是从已知的有限个 μ_A 值，来估计论域 U 上模糊子集 A 的隶属函数。例如，论域 U 是全体人，模糊子集 A 是"高个子的人"。为了确定 μ_A，可以先给出一个语言真值（即一句话真的程度，如"真的""大致真的""似真又似假""大致假的""假的"等）的集合，然后对一个具体的高度 h 值，用语言真值中的一个来回答某人高度是否算"高"，然后把这些语言真值分别用数字表示为 1、0.75、0.5、0.25 和 0。对几个不同高度 $h_1,h_2,\cdots,h_n$ 都作为样本进行询问，就可以得到 A 的隶属函数 μ_A 的离散表示法。

（6）综合加权法

该方法将专家评判法和统计方法进行综合得到最终的隶属度。设专家评判得到的隶属度为 s_{ij}，由统计方法得到的经验隶属度为 v_{ij}，专家评判的权重为 W_1，统计方法的权重为 W_2，则综合模糊隶属度为

$$r_{ij} = W_1 s_{ij} + W_2 v_{ij} \qquad (6-5)$$

式中 V_{ij} 由下式计算：

$$v_{ij} = \frac{\text{第 } i \text{ 征兆属于第 } j \text{ 原因次数}}{\text{第 } i \text{ 征兆出现总次数}}$$

综上所述，确定隶属函数通常可以归纳出下列 3 种途径：

① 根据调查统计得出的经验曲线做隶属函数，如模糊统计试验法、二元对比排序法等。

② 根据问题的性质，选用某些典型函数作为隶属函数。论域元素多半是连续的。

③ 根据主观认识或个人经验，给出隶属函数的具体数值。论域元素多半是离散的。

3. 模糊逻辑诊断的一般模型

在对装备故障进行诊断的过程中，故障诊断专家根据故障现象诊断装备出现

何种故障的推理过程,其本质就是在分析装备异常现象的基础上,由症状推断出故障的原因。

由于故障征兆是界限不分明的模糊集合,用传统的二值逻辑方法显然不合理。可选用隶属函数,用相应的隶属度来描述这些征兆存在的倾向性。模糊诊断方法就是通过某些征兆的隶属度来求出各种故障原因的隶属度,以表征各种故障存在的倾向性。

设一个系统(一台机器设备或一个部件)中所有可能发生的故障原因集合为 $Y = (y_1, y_2, \cdots, y_n)$,其中 n 为故障原因种类的总数,由这些故障原因所引起的各种征兆的集合为 $X = (x_1, x_2, \cdots, x_m)$,其中 m 为故障征兆种类的总数。

当得到一征兆群样本为 $\{x_1, x_2, \cdots, x_m\}$,同时得出样本各个分量对征兆的隶属度为 $\mu_{x_i}(x_i)$ 时,就构成了故障征兆模糊矢量 $X = (\mu_{x_1}(x_1), \mu_{x_2}(x_2), \cdots, \mu_{x_m}(x_m))$。又假设该征兆样本是由故障原因 y 产生的,y 对各种故障原因的隶属度为 $\mu_{y_j}(y_j)$,则构成了故障原因模糊矢量 $Y = (\mu_{y_1}(y_1), \mu_{y_2}(y_2), \cdots, \mu_{y_n}(y_n))$。

因为故障原因和征兆之间存在因果关系,所以根据模糊数学原理可以得到 X 和 Y 的模糊关系为

$$Y = X \circ R \tag{6-6}$$

上式称为故障原因与征兆之间的模糊关系方程。其中,符号"$\circ$"为模糊逻辑操作算子;R 为模糊关系矩阵,在故障诊断中也称模糊诊断矩阵,其具体形式为

$$R = (r_{ij})_{m \times n} = \begin{bmatrix} r_{11} & r_{12} & \cdots & r_{1n} \\ r_{21} & r_{22} & \cdots & r_{2n} \\ \vdots & \vdots & & \vdots \\ r_{m1} & r_{m2} & \cdots & r_{mn} \end{bmatrix} \tag{6-7}$$

式中,$0 \leqslant r_{ij} \leqslant 1, 1 \leqslant i \leqslant m, 1 \leqslant j \leqslant n$,$r_{ij}$ 表示第 i 种征兆对第 j 种原因的隶属度。

由以上可知,对于设备而言,如果检测到征兆群样本 $\{x_1, x_2, \cdots, x_m\}$,即故障征兆模糊矢量 X 已知,又根据现场观测资料及诊断专家的经验构造好模糊诊断矩阵 R,那么,就可以求得故障原因模糊矢量 Y,进而对各种故障原因进行分析与综合,得出故障诊断结果。其模糊逻辑诊断模型如图 6.3 所示。

4. 常用模糊综合评判模型

在实际应用中,人们结合各种需要,提出了多种模糊综合评判模型。各种评判模型都是以故障征兆矢量 X 和单因素评判矩阵 R 之间不同的合成方式来给出的,选择一种合成运算方式,就给出了一种综合评判模型,即模糊逻辑诊断算法。主要的算法模型部分如下:

(1) 模型 1:$M(\wedge, \vee)$

该模型采用 $\vee$(取大)和 $\wedge$(取小)运算方式,即

$$y_j = \bigvee_{i=1}^{m} (x_i \wedge r_{ij}) \quad (j = 1, 2, \cdots, n) \tag{6-8}$$

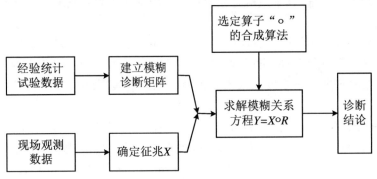

图 6.3 模糊逻辑诊断模型

$M(\wedge,\vee)$ 计算方便,无论 X 和 R 是怎样产生的,都可以采用这种算法。缺点是这种运算太粗糙,诊断中往往丢失有价值的信息,以致诊断结果常常不太令人满意。如果 R 和 X 都是稀疏矩阵,即它们的隶属函数衰减都很快的话,选用 $M(\wedge,\vee)$ 也能得到较满意的结果。

(2) 模型 2:$M(\cdot,\vee)$

该模型采用 $\vee$(取大)和 $\cdot$(普通乘法)运算方式,即

$$y_j = \bigvee_{i=1}^{m}(x_i \cdot r_{ij}) \quad (j = 1,2,\cdots,n) \tag{6-9}$$

这里相乘运算不会丢失任何信息,但取大运算仍将丢失有用信息。与模型 1 一样突出了主要因素,又突出了单因素评判的隶属度。在反映单因素评判结果和因素的重要程度方面较模型 1 有所改进。

(3) 模型 3:$M(\wedge,\oplus)$

该模型采用 $\wedge$(取小)和 $\oplus$($\oplus$ 为有上限 1 求和,即 $x \oplus y = \min(1, x + y)$)运算方式,即

$$y_j = \sum_{i=1}^{m}(x_i \wedge r_{ij}) \quad (j = 1,2,\cdots,n) \tag{6-10}$$

式中,$\sum$ 为对 m 个数在 $\oplus$ 运算下求和。

显然,该模型在进行取小运算时,仍会丢失大量有价值的信息,以致诊断结果不会令人满意;另外,当 x_i 和 r_{ij} 取值较大时,相应的 y_j 值均可能等于上限 1,当 x_i 取值较小时,相应的 y_j 值均可能等于各 x_i 之和,这样就得不出有意义的诊断结果。

(4) 模型 4:$M(\cdot,\oplus)$

该模型采用 $\cdot$(普通乘法)和 $\oplus$(有上限 1 求和)运算方式,即

$$y_j = \sum_{i=1}^{m}(x_i \cdot r_{ij}) \quad (j = 1,2,\cdots,n) \tag{6-11}$$

式中,$\sum$ 为对 m 个数在 $\oplus$ 运算下求和。

该模型不仅考虑了所有因素的影响,而且保留了单因素评判的全部信息。在运算时并不要求对 x_i 和 r_{ij} 加上限限制,只是 x_i 必须做归一化处理,这是它的显著特点。

综上所述,各种诊断模型都能在各自的算法下给出一定的诊断结果,但由于各自运算的含义不同,同一问题不可能得出完全相同的诊断结果。模型1~模型3都是在具有某种限制和取极限值的情况下寻求各自的诊断结果,因此在诊断过程中会不同程度地丢失一些信息,可用于仅关心事物的极限值和突出某种主要因素的场合。模型4则不存在上述限制情况,能保留全部有用信息,可用于需要全面考虑各个因素的影响、因果关系较强及 $\sum_{i=1}^{m} x_i = 1$ 的场合。在实际运用中,一般可先用 $M(\wedge, \vee)$ 和 $M(\cdot, \oplus)$,若所得数值偏小,则改用 $M(\wedge, \oplus)$,否则用 $M(\cdot, \vee)$。

5. 模糊阈值 δ 的自适应计算方法

当设备的故障诊断结果产生后,可以利用阈值对出现可能性小的故障原因进行过滤。其中模糊阈值的自适应计算过程见图6.4。

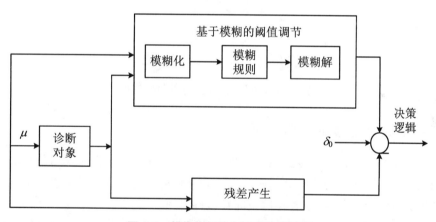

图6.4　模糊阈值的自适应计算过程

在这种方法中,阈值的调节依赖于由适当的隶属度函数确定的模糊集合和出现在模糊规则中的 u 和 y 的量值。最终的模糊阈值调节规律可表示为

$$\delta(u, y) = \delta_0 + \Delta\delta(u, y) \tag{6-12}$$

式中, $\delta_0 = \delta_0(u_0, y_0)$ 表示在工作点 (u_0, y_0) 处的定常阈值,增量 $\Delta\delta(u, y)$ 表示由于系统偏离了工作点而产生的模型不匹配的影响。δ_0 的确定考虑了静态干扰的影响,如测量噪声,但没有考虑故障;阈值的调节可以看作是残差隶属度函数的调节,此时残差的隶属度函数和规则可以理解为对变化工作点的适应。

6.2.2　模糊专家系统故障诊断模型

模糊专家系统故障诊断模型是人们根据长期的实践经验和大量的故障信息设计出的故障诊断模型,以此来解决复杂系统的故障诊断问题。模型中故障原因与故障现象之间表现出极其错综复杂的关系,如图 6.5 所示。对于一个故障诊断专家系统来说,能否准确处理故障原因这种复杂关系是至关重要的,它直接决定着这个专家系统的质量。模糊专家系统故障诊断过程主要包括知识库的构造、推理运算等内容。

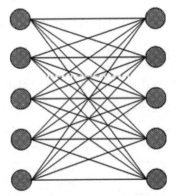

图 6.5　故障与征兆之间的放射性关系

1. 模糊专家系统知识库的构造

知识库的构造是模糊专家系统故障诊断的关键部分。知识库构造的核心是专家知识表示与问题求解。有效的知识表示和求解模式可以提高经验表示的确切度和知识编码的容易程度,节省存储空间和运行时间。

任务设备保持良好状态和维护人员的操作、零部件的质量、周围环境(如沿海地区、沙漠地区或盐碱地区等)等有密切的联系。任务设备故障的发生是由于外界各种因素的作用和机体自身反应特性两方面在一定条件下相互作用的结果,如图6.6 所示。

任务设备发生故障,是由于故障原因在一定条件下作用于机体,表现出一定征兆,导致故障的产生。为了更好地进行知识表示,给出以下定义。

设 $Fail$ 表示故障集,Sym 表示征兆集,Pal 表示故障原因集。

定义 1　(故障的定义)任务设备故障是故障原因导致机体工作不正常而表现出来的各种征兆的集合。相同的任务设备故障由于故障原因的不同而表示为不同的征兆集合:

$$X_j = \{(x_1, x_2, \cdots, x_i), p \mid x_i \in Sym, i > 0\} \tag{6-13}$$

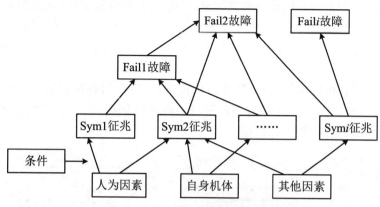

图 6.6　任务设备故障产生的机理

式中，X_j 表示任务设备故障，$X_j \in Fail$；x_i 为 X_j 的元素，表示征兆；p 表示在集合 $(x_1, x_2, \cdots, x_i)$ 发生的条件下，X_j 发生的概率：

$$p = p\{X_j \mid (x_1, x_2, \cdots, x_i)\} = \sum_{k=1}^{i} p(x_i) p(X_j \mid x_i) \beta_i \qquad (6\text{-}14)$$

其中 $\sum\limits_{k=1}^{i} \beta_i = 1$ 表示 x_i 对 X_j 影响的权重。

定义 2　（故障与征兆的定义）设 $A = (x_1, x_2, \cdots, x_i)$，其中 $1 \leqslant k \leqslant i$，是故障 X_j 的子集，当 $p = \{p(X_j \mid A) \geqslant \alpha\} = \alpha$ 时，则称集合 A 为故障 X_j 的主征兆。

定义 3　（征兆与故障原因的定义）相同的征兆可以由不同的故障原因导致，而相同故障原因可以产生不同的征兆，即故障原因与征兆存在着多对多的关系。根据故障原因对征兆影响度的不同，将其分为原发故障原因、直接故障原因和间接故障原因。

定义 4　（并发症的定义）设在某一时间内任务设备发生故障，而此时征兆可以描述为两种或两种以上的故障，如果 $\mathrm{Cov}(A, B, \cdots) > 0$，即 $A, B, \cdots$ 具有某种关联性，则称其为并发症。

根据以上定义，将任务设备故障诊断所需知识分为故障原因知识、征兆知识和任务设备故障知识以及它们之间相互关系的知识，并构造了任务设备故障知识表示的概念模型，如图 6.7 所示。

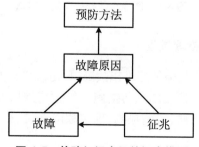

图 6.7　故障知识表示的概念模型

按照故障知识表示的概念模型和定义,建立了相应规则库,包括故障征兆-故障原因库、故障原因-故障库、地理环境库等。图 6.8 是无人机任务设备图像跟踪器的故障征兆知识库,它采用以下规则描述(由于次要故障征兆较多,故仅描述主要故障征兆)。

规则　目标框锁不住目标(D01 目标框情况;D02 目标捕获情况)(0.8):目标框锁不住目标(0.9)。表示只有当该两种故障征兆同时出现时,才能以 80% 的置信度推定可能目标框锁不住目标。

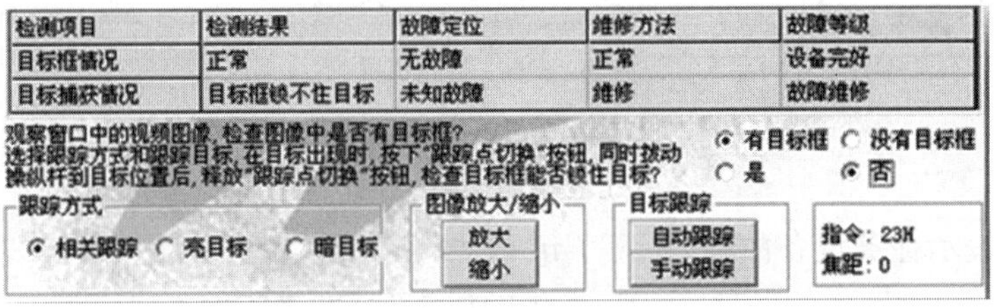

检测项目	检测结果	故障定位	维修方法	故障等级
目标框情况	正常	无故障	正常	设备完好
目标捕获情况	目标框锁不住目标	未知故障	维修	故障维修

观察窗口中的视频图像,检查图像中是否有目标框?　　　　　● 有目标框　○ 没有目标框
选择跟踪方式和跟踪目标,在目标出现时,按下"跟踪点切换"按钮,同时拔动　○ 是　　　● 否
操纵杆到目标位置后,释放"跟踪点切换"按钮,检查目标能否锁住目标?

跟踪方式　　　● 相关跟踪　○ 亮目标　○ 暗目标　　　图像放大/缩小　[放大]　[缩小]　　　目标跟踪　[自动跟踪]　[手动跟踪]　　　指令:23K　焦距:0

图 6.8　图像跟踪器的故障征兆知识库

当目标框能够跟踪目标,但却表现出目标框锁不住目标这个征兆时,专家系统给出了故障定位方法,如图 6.9 所示,将故障原因初步定位于跟踪器处理板,建议更换处理电路板。

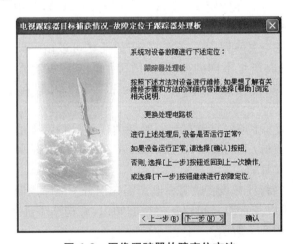

图 6.9　图像跟踪器故障定位方法

2. 模糊专家系统的推理过程

故障诊断推理就是由故障征兆推出故障,再由故障征兆和故障推出故障原因,根据故障原因与故障确定相应的预防措施。经过与领域专家讨论和座谈,将故障诊断过程分为弄清故障征兆、实施检测、确定故障部位、排除故障四个阶段。故障诊断推理框架见图 6.10。

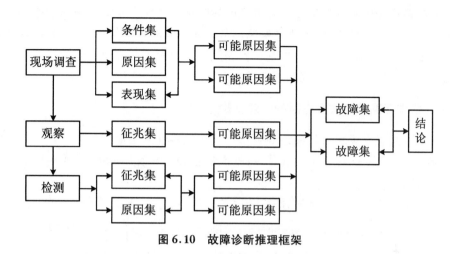

图 6.10　故障诊断推理框架

从故障诊断的推理过程,可以看出故障诊断推理的核心是用户选择的集合与知识库的知识集合的匹配过程。从数学角度来看,是集合的运算过程。诊断推理过程具有以下形式:

给定规则:

$$\text{IF} \left[(p_1) \text{and} (p_2) \text{and} \cdots \text{and} (p_m) \right] \quad \text{THEN} \left[q_1, q_2, \cdots q_n \right]$$

给定证据:

$$(pp_1) \text{and} (pp_2) \text{and} \cdots \text{and} (pp_m)$$

其中,$p_1, p_2, \cdots, p_m$ 是模糊条件;$q_1, q_2, \cdots, q_n$ 是模糊结论;$pp_1, pp_2, \cdots, pp_m$ 是故障征兆。此时要根据给定的模糊规则和故障征兆,推导相应的结论。按照扎德(L. A. Zadeh)等人提出的合成推理规则,对于知识:

$$\text{IF } p \text{ is } X \quad \text{THEN } q \text{ is } Y$$

其中 X、Y 分别为条件论域 U 和结论论域 V 上的模糊概念,即 $X \in F(U)$,$Y \in F(V)$,在构造出模糊诊断矩阵 R 之后,通过 R 与故障征兆的合成可求出结论。

下面以故障征兆集推断出可能故障集为例,说明该算法。为了简单起见,不考虑置信度的计算,同时不考虑次要故障征兆,因为其仅影响结论的置信度计算。

输入:$X = \{x_1, x_2, \cdots, x_i \mid x_i \in Sym\}$ 为用户选择的征兆集合,x_i 表示单个征兆;$U = \{u_1, u_2, \cdots, u_j\}$ 表示用户输入的故障名称、时间、轻重程度、表现、环境状况等因素集合。

输出:故障集合 Y。

(1) 根据 Y 集合和知识库相关规则,生成可能故障的主征兆集合 possible。

(2) for(i = 0; i < possible length; i + +)//开始最外层循环。

……

(3) 进行冲突消解,主要进行故障并发症的判断。

(4) 形成最终结果 Y。

　　基于模糊规则和基于模糊关系方程的故障诊断方法是专家系统处理模糊知识时采用得最多的两种方法,它们在解决多故障多征兆时各有偏重,都可能存在错判现象。专家系统故障诊断方法将基于模糊规则和模糊关系方程的故障诊断方法结合使用,可以减少错判和漏判的可能性。

3. 模糊专家系统故障诊断的一般步骤

　　下面是模糊专家系统故障诊断模型中两个经验性的结论。

　　结论1　若装备具有故障原因 A,则该装备必然表现出原因 A 所对应的全部征兆,反之则不然。

　　结论2　设某装备的诊断结果 $Y = (\mu_{y_1}, \mu_{y_2}, \cdots, \mu_{y_n})$,且阈值 $\delta = \max(\mu_{y_i})$,$i = 1, 2, \cdots, n$,若该故障存在故障原因 y_i,则必然有 $\mu_{y_i} \geqslant \dfrac{\delta}{k}$,通常可将 k 取为2。

　　利用上述两个结论,可首先利用模糊诊断模型对故障原因进行"过滤",滤掉"出现可能性"极小的故障原因,然后通过模糊专家系统故障诊断模型,对剩下的"可能原因"进行验证,确定最终故障原因。

　　在这种结合的理论基础上建立模糊专家系统故障诊断的具体步骤如下。

　　(1) 建立诊断模型关系方程的权矩阵。诊断权矩阵一般是在集中多位领域专家经验的基础上建立的,并可在以后的诊断过程中通过实例不断地学习提高权矩阵的可靠性。

　　(2) 确定模糊关系方程权矩阵合成算法。在6.2.1节中给出了多种模糊合成算法,但用得最多的是 $M = (\wedge, \vee)$,此算法计算非常方便,缺点是运算太粗糙,信息丢失很多。其他算法如 $M = (\wedge, \oplus)$、$M = (\cdot, \oplus)$ 等各有优劣,可根据问题的具体情况选用不同的算法。

　　(3) 建立基于规则的专家系统。集中多位领域专家的经验,将这些经验转化为规则,由结论1可知,对于每一种故障原因只有一条规则与之对应。

　　(4) 进行合成运算确定可疑原因。利用公式 $\mu_{y_i} \geqslant \dfrac{\delta}{k}$ 作为可变阈值,对各种故障进行过滤,把隶属度较小的故障原因首先滤掉,留下相对大隶属度的故障原因。

　　(5) 确定真正的故障原因。对可疑的故障原因进行模糊规则推理,验证可疑原因,通过的则为真正的故障原因。

4. 任务设备维修决策支持系统的一般流程

　　任务设备维修决策支持系统总体上采用基于流程的设计,可以使用户较快地熟悉整个系统,防止系统设计产生管理上的漏洞。在整个维修决策支持系统中,各类数据的处理和传输贯穿系统运作的始终,整体设计如图6.11所示。

　　通过状态获取系统,采用在线监测或离线定期检测的方式获取任务设备的状态特征参数,并存入数据库以备调用;根据状态特征参数对任务设备进行状态评

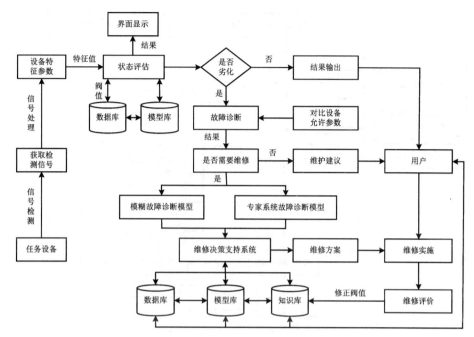

图 6.11　任务设备维修决策支持系统流程图

估,要调用数据库中的维修阈值和模型库中的评估模型;接着对状态评估的结果进行维修判断,不需维修时,系统给出任务设备维护建议,需要维修时,进入维修决策系统进行决策;在进行维修决策的同时调用知识库、数据库、模型库中相关的数据和模型,系统根据模糊故障诊断结果和专家系统推理结果对用户提出维修建议,用户参考维修建议对任务设备实施状态维修;系统对任务设备维修的效果进行评估,并对维修阈值进行修正,存入数据库中,实现维修决策的自适应;用户在整个系统的运行过程中负责系统的维护和管理。

5. 任务设备故障诊断模型框图

概括前节内容,建立任务设备故障诊断模型的运作框图如图 6.12 所示。任务设备驱动后,由双向自复位操纵器控制其运动。通过一般的故障排除手段,完成对任务设备子模块如可见光摄像机、红外热像仪、图像跟踪器、伺服控制器等的基本功能测试,此时可以隔离出一部分显而易见的故障。然后对任务设备各子模块进行特征参数提取,提取的参数包括方位俯仰角、图像特性值、焦距输出值、跟踪器反馈值等,由模糊知识推理模型对这些特征参数进行故障分析,并进一步隔离出发生的故障,完成此部分工作后对各个特征参数设定一个状态阈值。最后由专家知识推理模型对隔离出来的故障进行故障定位。此模型可完成任务设备故障的精确定位诊断。

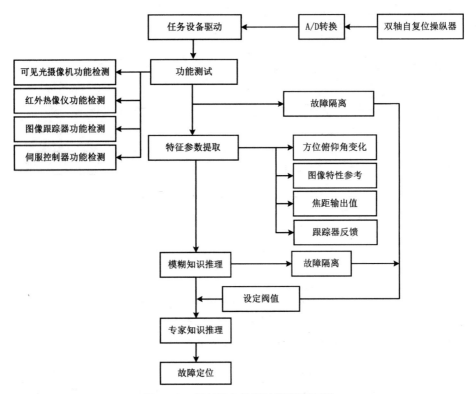

图 6.12　任务设备故障诊断模型框图

6.2.3　故障诊断模型应用

根据前一节的故障模型分析,下面主要对光电吊舱稳定控制系统的故障问题做进一步的分析计算。

1. 故障原因集与故障征兆集

结合前述分析,选定故障原因集为

$$Y = (y_1, y_2, y_3, y_4, y_5, y_6, y_7)$$

式中,y_1 为陀螺故障;y_2 为伺服控制板故障;y_3 为电机电刷故障;y_4 为角度编码器故障;y_5 为主控制器故障;y_6 为限位开关故障;y_7 为图像跟踪器故障。

故障征兆集为

$$X = (x_1, x_2, x_3, x_4, x_5, x_6, x_7, x_8, x_9)$$

式中,x_1 为平台拉动;x_2 为飞车现象;x_3 为限位不停;x_4 为平台卡死;x_5 为角度输出值异常;x_6 为无角度值输出;x_7 为转动速度偏慢;x_8 为无目标框;x_9 为跟踪器套不住目标。

2. 构造诊断矩阵

依据对使用单位所统计的平台电子盒故障的调研,故障征兆 x_i 与故障原因 y_j 对应出现的次数见表 6.3。

表 6.3　稳定控制平台故障征兆隶属故障原因统计表

征兆＼原因	陀螺故障 y_1	伺服控制板故障 y_2	电机电刷故障 y_3	角度编码器故障 y_4	主控制器故障 y_5	限位开关故障 y_6	图像跟踪器故障 y_7
平台抖动 x_1	4	10	20	0	0	0	0
飞车现象 x_2	6	10	0	0	0	0	0
限位不停 x_3	5	12	3	0	1	0	0
平台卡死 x_4	0	11	0	0	1	15	0
角度值输出异常 x_5	0	0	0	13	7	0	0
无角度输出值 x_6	2	0	0	12	5	1	0
转动速度偏慢 x_7	0	3	12	1	0	0	0
无目标框 x_8	0	0	0	0	0	0	9
跟踪器套不住目标 x_9	0	1	0	0	2	0	11

根据表 6.3,由统计方法经验隶属度值 $v_{ij} = \dfrac{\text{第 } i \text{ 征兆属于第 } j \text{ 原因次数}}{\text{第 } i \text{ 征兆出现总次数}}$,得经验诊断矩阵:

$$V = \begin{bmatrix} 0.118 & 0.294 & 0.588 & 0 & 0 & 0 & 0 \\ 0.375 & 0.625 & 0 & 0 & 0 & 0 & 0 \\ 0.238 & 0.571 & 0.143 & 0 & 0.048 & 0 & 0 \\ 0 & 0.407 & 0 & 0 & 0.037 & 0.556 & 0 \\ 0 & 0 & 0 & 0.65 & 0.35 & 0 & 0 \\ 0.1 & 0 & 0 & 0.6 & 0.25 & 0.05 & 0 \\ 0 & 0.188 & 0.75 & 0.062 & 0 & 0 & 0 \\ 0 & 0 & 0 & 0 & 0 & 0 & 1 \\ 0 & 0.071 & 0 & 0 & 0.143 & 0 & 0.786 \end{bmatrix} \qquad (6\text{-}15)$$

由专家评判得诊断矩阵 $S = (s_{ij})_{9 \times 7}$，见表 6.4。

表 6.4　专家评判模糊诊断矩阵

原因\n征兆	陀螺故障 y_1	伺服控制板故障 y_2	电机电刷故障 y_3	角度编码器故障 y_4	主控制器故障 y_5	限位开关故障 y_6	图像跟踪器故障 y_7
平台抖动 x_1	0.2	0.4	0.4	0	0	0	0
飞车现象 x_2	0.3	0.5	0	0	0.2	0	0
限位不停 x_3	0.2	0.6	0.1	0	0.1	0	0
平台卡死 x_4	0	0.3	0	0	0.1	0.6	0
角度值输出异常 x_5	0	0.1	0	0.5	0.4	0	0
无角度值输出 x_6	0.2	0	0	0.4	0.3	0.1	0
转动速度偏慢 x_7	0	0.4	0.4	0.1	0.1	0	0
无目标框 x_8	0	0	0	0	0.1	0	0.9
跟踪器套不住目标 x_9	0	0.1	0	0	0.1	0	0.8

由表 6.4 可得专家评判矩阵：

$$S = \begin{bmatrix}
0.2 & 0.4 & 0.4 & 0 & 0 & 0 & 0 \\
0.3 & 0.5 & 0 & 0 & 0.2 & 0 & 0 \\
0.2 & 0.6 & 0.1 & 0 & 0.1 & 0 & 0 \\
0 & 0.3 & 0 & 0 & 0.1 & 0.6 & 0 \\
0 & 0.1 & 0 & 0.5 & 0.4 & 0 & 0 \\
0.2 & 0 & 0 & 0.4 & 0.3 & 0.1 & 0 \\
0 & 0.4 & 0.4 & 0.1 & 0.1 & 0 & 0 \\
0 & 0 & 0 & 0 & 0.1 & 0 & 0.9 \\
0 & 0.1 & 0 & 0 & 0.1 & 0 & 0.8
\end{bmatrix} \tag{6-16}$$

设专家评判权重 $W_1 = 0.6$，统计方法权重 $W_1 = 0.4$，由 $r_{ij} = 0.6 s_{ij} + 0.4 v_{ij}$，得综合模糊诊断矩阵为

$$R = \begin{bmatrix} 0.167 & 0.358 & 0.475 & 0 & 0 & 0 & 0 \\ 0.33 & 0.55 & 0 & 0 & 0.12 & 0 & 0 \\ 0.215 & 0.588 & 0.657 & 0 & 0.079 & 0 & 0 \\ 0 & 0.343 & 0 & 0 & 0.075 & 0.582 & 0 \\ 0 & 0.06 & 0 & 0.56 & 0.38 & 0 & 0 \\ 0.16 & 0 & 0 & 0.48 & 0.28 & 0.08 & 0 \\ 0 & 0.315 & 0.54 & 0.085 & 0.06 & 0 & 0 \\ 0 & 0 & 0 & 0 & 0.06 & 0 & 0.94 \\ 0 & 0.089 & 0 & 0 & 0.117 & 0 & 0.794 \end{bmatrix} \qquad (6\text{-}17)$$

3. 故障诊断分析

根据计算公式 $Y = X \circ R$，采用模型 $M = (\cdot, \oplus)$，输入征兆矢量 X，即可得故障原因矢量 Y，再由最大隶属度原则可诊断出故障原因。

如 $X = (1\ 1\ 0\ 0\ 0\ 0\ 0\ 0\ 1)$，即有 x_1, x_2, x_9 现象时，得

$$y = (0.497\ 0.997\ 0.457\ 0\ 0.237\ 0\ 0.794)$$

由最大隶属度原则知

$$y_2 = \max\{y_j \mid j = 1,2,3,4,5,6,7\} \qquad (6\text{-}18)$$

所以故障原因为第二个原因，即伺服板故障。

4. 模糊专家系统故障诊断分析

稳定控制平台电子盒故障征兆 x_i 有 9 项，故障原因 y_i 有 6 项。根据该型号设备的结构特点和维修经验统计数据，综合多个专家的意见得到模糊诊断矩阵 R。

如果稳定控制平台故障征兆矢量 $X = (1\ 1\ 0\ 0\ 0\ 0\ 0\ 0\ 1)$，则根据模糊合成的推理关系，利用计算公式 $Y = X \circ R$，采用模型 $M = (\wedge, \vee)$，可得故障原因矢量 Y，即

$$Y = (0.33\ 0.55\ 0.475\ 0\ 0.12\ 0\ 0.794)$$

按阈值（$\delta = 0.794/2 = 0.397$）原则，得出可疑故障原因为：y_2, y_3, y_7。

集中多位领域专家经验，建立基于规则的专家系统知识库，其中相关的 3 条规则分别是：

$$\text{Rule1：IF } (x_1, x_2, x_3, x_4, x_5, x_7, x_9) \qquad \text{THEN} \quad y_2$$
$$\text{Rule2：IF } (x_1, x_3, x_7) \qquad \text{THEN} \quad y_3$$
$$\text{Rule3：IF } (x_8, x_9) \qquad \text{THEN} \quad y_7$$

这样，根据诊断对象的现有故障征兆集进一步经过规则推理，可以确定故障原因为 y_2。

6.2.4 健康状态评估模型

无人机光电吊舱共分为五大子系统,如图 6.13 所示。对其进行整体健康评估,需要对每个子系统进行健康分析,即需要对每个子系统的故障模式及影响程度进行分析。

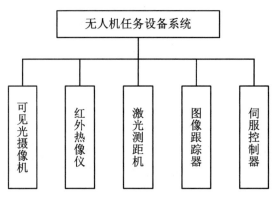

图 6.13 无人机光电侦察系统组成

无人机光电侦察系统的健康指数可由式(6-19)得出:

$$\begin{cases} H = \sum_{i=1}^{n} \omega_i E_i \quad (i = 1, 2, \cdots, n) \\ \sum_{i=1}^{n} \omega_i = 1 \end{cases} \tag{6-21}$$

定义惩罚函数 α,当关键分系统(如伺服控制器)出现灾难性故障(严酷度级别为1)时,对无人机任务设备系统的健康指数进行修正。α 由式(6-20)计算:

$$\alpha = \frac{1}{n^2 \omega_i} \quad (i \neq 3, 4) \tag{6-20}$$

即可见光摄像机、红外热像仪以及伺服控制器发生灾难性故障时,会对无人机任务设备造成致命影响,而其他子系统发生故障时,不会对其产生致命影响。此时,式(6-19)变为

$$\begin{cases} H = \alpha \Big(\sum_{i=1}^{n} \omega_i E_i \Big) \quad (i = 1, 2, \cdots, n) \\ \sum_{i=1}^{n} \omega_i = 1 \end{cases} \tag{6-21}$$

这里对传统的 FMEA 过程进行了改进,充分考虑了无人机光电侦察系统的动态工作过程,并假设在未发生故障之前,无人机任务设备一直处于健康状态。改进

后的 FMECA 由两项相对独立的工作组成,即故障模式及影响分析(failure mode and effect analysis,FMEA)和危害性分析(critically analysis,CA)。当子系统发生故障时,通过计算出的危害值,即可计算出健康指数。

FMEA 分析子系统每一个可能的故障模式对该子系统的影响,并将每一故障模式按其严酷度分类。一般分为以下 4 类,第 1 类:灾难性的;第 2 类:严重的;第 3 类:比较严重的;第 4 类:轻微的。针对无人机任务设备各子系统典型故障及其处理方法,系统故障现象如表 6.3 所示,在此基础上,所做的部分部件或设备 FMEA 总结如表 6.5 至表 6.9 所示。

表 6.5　可见光摄像机

序号	故障模式	严酷度	故障解决办法
1	无视频图像	2	摄像机电源上电、连接电缆、更换 CCD
2	摄像机镜头不能变倍	4	电源上电、更换单元
3	摄像机不能变焦	4	电源上电、更换单元

表 6.6　红外热像仪

序号	故障模式	严酷度	故障解决办法
1	无视频图像	2	更换探测器单元、连接电缆、更换电路板
2	摄像仪变倍故障	4	更换单元
3	红外热像仪不制冷,无制冷声音	2	更换制冷器部件
4	红外热像仪不能变焦	4	更换单元

表 6.7　激光测距机

序号	故障模式	严酷度	故障解决办法
1	发射部分不出光	2	更换单元
2	接收部分无测距值/数码乱跳	4	更换单元

表 6.8　图像跟踪器

序号	故障模式	严酷度	故障解决办法
1	没有跟踪目标框	2	更换处理电路板
2	目标框无法锁住目标	3	更换处理电路板

表 6.9 伺服控制器

序号	故障模式	严酷度	故障解决办法
1	角度没有输出	2	更换角度传感器、更换主控制板
2	角度值错误	3	更换角度传感器、更换主控制板
3	平台不转动	1	平台上电、修理电机电刷、更换单元
4	飞车	1	更换伺服控制板

传统的 CA 综合考虑每一种故障模式的严酷度类别及故障模式出现概率所产生的影响,并对其进行划等分类。其计算公式为

$$C_{mj} = \lambda_p d_j \beta_j t \tag{6-22}$$

式中,λ_p 为故障率;d_j 为故障模式频数比;β_j 为故障影响概率;t 为工作时间;C_{mj} 为故障模式 j 的危害度。

但这是在无人机任务设备系统没有发生故障情况下的一个预测公式,一旦任务设备发生故障,则故障率 λ_p 和故障模式频数比 d_j 都将不再适用。为此,可以认为无人机光电任务设备在没有发生故障前,一直处于健康状态,发生故障后才需要对故障的危害度进行分析。根据不同的故障模式,按照严酷度类别 r 分别计算危害度,即

$$C_{mj} = \begin{cases} 100\% & (r = 1) \\ 80\% & (r = 2) \\ 50\% & (r = 3) \\ 20\% & (r = 4) \end{cases} \tag{6-23}$$

第 i 个子系统健康指数 E_i 的计算公式为

$$E_i = \begin{cases} 1 - \sum_{j=1}^{k} C_{mj} & \left(1 - \sum_{j=1}^{k} C_{mj} \geqslant 0\right) \\ 0 & \left(1 - \sum_{j=1}^{k} C_{mj} < 0\right) \end{cases} \tag{6-24}$$

这里是对无人机任务设备系统的总体健康状态进行评估。为了不失一般性,分两种情况进行:一是对无人机任务设备部分子系统发生故障后的健康状态进行评估;二是对采取修复措施后的健康状态进行评估。并假设无人机任务设备系统在未发生故障之前一直处于健康状态,即健康指数 $H = 1$。

假设无人机任务设备有两个子系统同时发生故障:伺服控制器和图像跟踪器,其他子系统均处于健康状态,即 $E_i = 1 (i = 1, 2, 3)$。其中伺服控制器中发生平台飞车这一严重故障,图像跟踪器发生没有跟踪目标框的故障,并采取相应修复措施。

1. 任务设备各子系统权值确定

(1) 构造 TFN 判断矩阵 $A_r = (a_{ij}, r)_{n \times n}$。取专家数 $p = 3$，构造判断矩阵 A_r（数据量较大，略）。

(2) 把建立的 TFN 正互反判断矩阵群 $A_r = (a_{ij}, r)_{n \times n}$ 转换为 TFN 正互补判断矩阵群 $B_r = (b_{ij}, r)_{n \times n}$（数据量较大，略）。转换公式如下：

$$b_{ij} = (1 + a_{ji})^{-1} \quad (i, j \in \mathbf{N}) \tag{6-25}$$

(3) 对三角模糊正互补判断矩阵 B_r 做行合并归一化处理，按照式(6-26)求出每一判断矩阵 B_r 的 TFN 权重向量 $w'_r = (w'_{1,r}, w'_{2,r}, \cdots, w'_{n,r})^{\mathrm{T}}$。

$$
\begin{aligned}
w'_{i,r} &= \frac{\displaystyle\sum_{j=1}^{n} b_{ij,r}}{\displaystyle\sum_{i=1}^{n}\sum_{j=1}^{n} b_{ij,r}} = \frac{\displaystyle\sum_{j=1}^{n}(b_{lij,r}, b_{mij,r}, b_{uij,r})}{\displaystyle\sum_{i=1}^{n}\sum_{j=1}^{n}(b_{lij,r}, b_{mij,r}, b_{uij,r})} \\[2mm]
&= \left(\frac{\displaystyle\sum_{j=1}^{n} b_{lij,r}}{\displaystyle\sum_{i=1}^{n}\sum_{j=1}^{n} b_{uij,r}}, \frac{\displaystyle\sum_{j=1}^{n} b_{mij,r}}{\displaystyle\sum_{i=1}^{n}\sum_{j=1}^{n} b_{mij,r}}, \frac{\displaystyle\sum_{j=1}^{n} b_{uij,r}}{\displaystyle\sum_{i=1}^{n}\sum_{j=1}^{n} b_{lij,r}} \right)
\end{aligned} \tag{6-26}
$$

$$
w'_1 = \begin{bmatrix} 0.1152 & 0.1027 & 0.1324 \\ 0.0287 & 0.0310 & 0.0320 \\ 0.0725 & 0.0701 & 0.0692 \\ 0.1326 & 0.1250 & 0.1129 \\ 0.6510 & 0.6712 & 0.6535 \end{bmatrix}
$$

$$
w'_2 = \begin{bmatrix} 0.1325 & 0.1285 & 0.1006 \\ 0.0258 & 0.0337 & 0.0317 \\ 0.0750 & 0.0742 & 0.0667 \\ 0.1420 & 0.1328 & 0.1619 \\ 0.6247 & 0.6308 & 0.6391 \end{bmatrix}
$$

$$
w'_3 = \begin{bmatrix} 0.0992 & 0.1108 & 0.1206 \\ 0.0327 & 0.0305 & 0.0348 \\ 0.0800 & 0.0792 & 0.0752 \\ 0.1210 & 0.1513 & 0.1137 \\ 0.6671 & 0.6282 & 0.6557 \end{bmatrix}
$$

(4) 把 TFN 的 $w'_{i,r}$ 进行两两比较，利用式(6-27)求得相应可能度 $V(w'_{i,r} \geqslant w'_{j,r})$，并建立相应的可能度矩阵 $V_r = (v_{ij,r})_{n \times n}$（数据量较大，略）。

$$V(M_1 \geqslant M_2) = \lambda \max\left\{ 1 - \max\left(\frac{m_2 - l_1}{m_1 - l_1 + m_2 - l_2}, 0 \right), 0 \right\}$$

$$+ (1 - \lambda)\max\left\{1 - \max\left(\frac{u_2 - m_1}{u_1 - m_1 + u_2 - m_2}, 0\right), 0\right\}$$

(6

（5）根据式(6-28)计算 $V_r = (v_{ij,r})_{n \times n}$ 的权值 w_i。

$$w_1 = \begin{bmatrix} 0.1142 \\ 0.0305 \\ 0.0707 \\ 0.1284 \\ 0.6812 \end{bmatrix}, \quad w_2 = \begin{bmatrix} 0.1285 \\ 0.0265 \\ 0.0727 \\ 0.1501 \\ 0.6222 \end{bmatrix}, \quad w_3 = \begin{bmatrix} 0.1002 \\ 0.0312 \\ 0.0767 \\ 0.1426 \\ 0.6493 \end{bmatrix}$$

这里 V_r 的权值向量 $w = (w_1, w_2, \cdots)^{\mathrm{T}}$ 由下式确定：

$$w_i = \frac{\sum_{j=1}^{n} v_{ij} + \frac{n}{2} - 1}{n(n-1)} \quad (i = 1, 2, \cdots, n) \tag{6-28}$$

由图 6.14 可知，专家对于无人机任务设备子系统重要程度的认知基本一致。

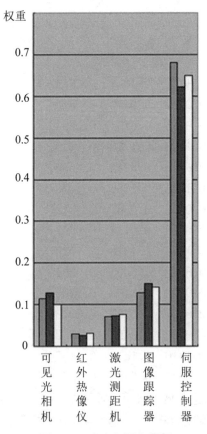

图 6.14　专家权重向量图

（6）根据公式计算多专家子系统的权值：

$$w = \begin{bmatrix} 0.1143 & 0.0294 & 0.0733 & 0.1403 & 0.6509 \end{bmatrix}^{\mathrm{T}}$$

这里

$$w_i = \frac{\sum\limits_{j=1}^{n} \dfrac{1}{p} w_{i,r}}{\sum\limits_{j=1}^{p} \sum\limits_{r=1}^{p} \dfrac{1}{p} w_{j,r}} \quad (i = 1, 2, \cdots, n) \tag{6-29}$$

其中 $r = 1, 2, \cdots, p$ 为专家数。

通过计算多专家分系统的权值，可以看出伺服控制器对于整个系统至关重要，其次是图像跟踪器，再次是可见光摄像机，而红外热像仪与激光测距机对整个系统影响相对较小。

2. 无人机任务设备系统健康状态评估案例分析

（1）无人机两个子系统（伺服控制器和图像跟踪器）发生故障时的健康指数

按照 FMECA 的分析过程分析伺服控制器与图像跟踪器发生故障的严酷度级别和危害度。伺服控制器发生故障的严酷度级别为 $r = 1$，根据式（6-24）可得伺服控制器的健康指数为 $E_5 = 0$，即伺服控制器发生灾难性故障，在不加修复的情况下，将无法继续工作。图像跟踪器发生故障的严酷度级别为 3，计算得出的健康指数为 $E_4 = 0.5$，由此得出无人机任务设备系统的健康指数为

$$H = \alpha \left(\sum_{i=1}^{5} w_i E_i \right) = 0.0177$$

（2）故障修复后的健康指数

对于伺服控制器发生飞车这一严重故障采用"更换伺服控制板"处理措施，可使其健康指数重新恢复为 $E_1 = 0$，而对于图像跟踪器没有跟踪目标框采取"维修电路板"措施可使其故障严酷度级别降为 4，此时 $E_4 = 0.8$，由此得出无人机任务设备系统的健康指数为

$$H = \sum_{i=1}^{5} w_i E_i = 0.9801$$

6.3　无人机光电吊舱故障管理与辅助维修系统

6.3.1　设计思想

采用信息化、智能化保障思想与智能管理理论,主要对无人机装备系统通过检测设备和人工录入数据进行分析归类,建立故障特征、故障模式、检测诊断以及维修知识库,具有故障知识更新、知识检索、健康评估、故障预警及预测、故障统计分析和维修技术支持等功能,系统利用综合数据库的信息提供无人机健康管理、故障数据分析等功能,利用数据采集与挖掘、人工录入等方式得到基础数据集及规则集,对规则进行分析、存储和推导进而建立知识库,调用知识检索模块,从知识库中抽取相应的知识,通过一定的故障诊断、故障预测过程,将结果(故障发生的可能原因、应急措施等)反馈给使用人员。(1) 知识库需具备自学习功能,能够定时挖掘综合数据库中的信息用于产生新知识;(2) 具有专家审核功能,对新增知识、知识的修改和删除进行审核;(3) 可通过知识检索获取到故障基本信息及诊断信息;(4) 可实时获取无人机状态信息及故障信息,为无人机健康管理提供数据支持;(5) 可利用模型或算法对故障进行预警及预测,提醒用户可能发生的故障;(6) 对故障的一些基本信息(如伺服控制)进行统计分析,找出故障与条件的关系;(7) 支持远程网络查询故障知识,为使用维护人员提供查询接口与知识共享服务。

故障知识更新模块:提供知识的增删改功能,使用人员可通过该模块对知识进行添加、删除和更新,对知识进行操作之后需审核该操作是否通过。故障知识检索模块:根据输入的故障名称或故障部位等信息进行模糊匹配,寻找相关的知识,调用推理机进行推理,得出诊断结论,呈献给用户。健康管理模块:主要针对无人机装备状态与故障数据,对这些信息进行多维展示,可利用装备前端 APP 发送来的状态数据,可展示无人机系统性能状态,使地面保障人员能够简单清晰地了解到无人机状态信息及故障信息。系统数据管理模块:对无人机各类检测数据进行数据分析、汇总、分类、统计、清洗及挖掘等处理,为无人机装备使用、维修和管理提供决策依据。故障预警及预测模块:负责进行故障预警及预测,根据最近一段时间内的状态预测装备将来可能发生的故障,根据已经发生的故障来预测将要发生的故障,超过了设定的阈值则进行预警,提示使用人员注意该故障及发生故障的具体位置。技术支持模块:传统模式中无人机故障诊断与维修的经验知识不能够实现共享,无人机在使用过程中出现故障,相关专家、技术人员若没有伴随保障,维修将会出现被动的局面,而在线式技术支持依托故障知识库,对维修资源和技术有很强的辅助决策能力,待故障解决后,将相应的结果转化成知识增加到知识库。

从无人机典型系统运行过程中可以获得部分实时故障案例信息,再结合地面故障仿真和寿命试验数据,采用基于动态规则推理的方法能够有效解决数据量较少情况下的故障诊断,通过集成更多的故障推理规则,实现对规则库以及推理算法的扩充,具有良好的工程应用性。

无人机故障知识管理平台及流程分别如图 6.15、图 6.16 所示。

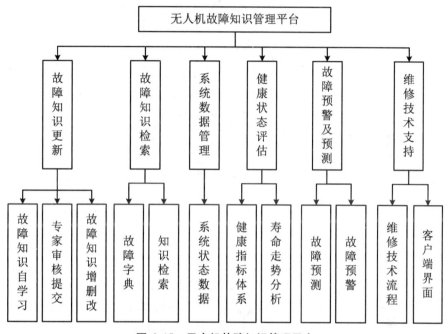

图 6.15 无人机故障知识管理平台

6.3.2 功能设置

本书研究设计的系统主要有两大功能:分析维护与系统管理。依托 VS2012 搭建系统框架,采用 SQL Server 2008 构建数据库。系统功能结构如图 6.17 所示。

各模块功能具体如下:

(1) 数据录入:主要实现对光电吊舱故障现象、故障模式以及故障分析和原因等数据的增加、修改与删除。界面如图 6.18 所示。

(2) 分析查询:方便用户针对光电吊舱出现的特定故障现象查找问题和原因,以数据库为支持,实现智能化分析,并可将分析结果存储为 Word 文档。界面如图 6.19 所示,生成的 Word 文档如图 6.20 所示。

(3) 资料登记:将维修过程以视频的形式保存在系统中,方便调阅。

(4) 资料查阅:查找保存在系统中的维修资料,系统提供按时间、维修人员以及故障现象的模糊查询和组合查询。界面如图 6.21 所示。

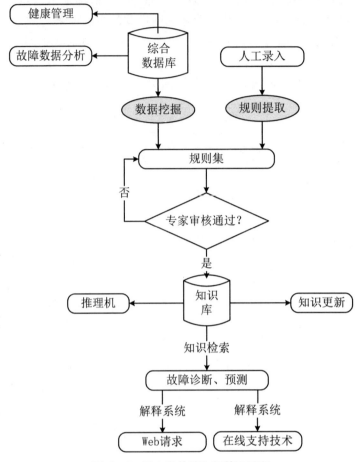

图 6.16　无人机故障知识管理流程

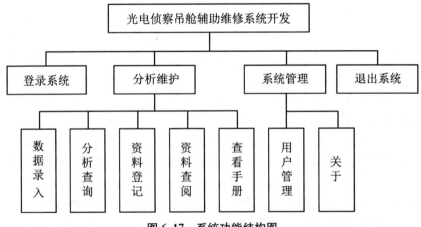

图 6.17　系统功能结构图

图 6-18 数据录入功能

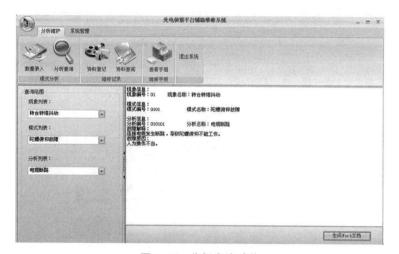

图 6.19 分析查询功能

故障分析结果表

现象编号	01	现象名称	转台转塔抖动
模式编号	0101	模式名称	陀螺俯仰故障
分析编号	010101	分析名称	电缆断路
故障解释	连接电缆发生断路，导致陀螺俯仰不能工作。		
故障原因	人为操作不当。		

图 6.20 生成 Word 文档

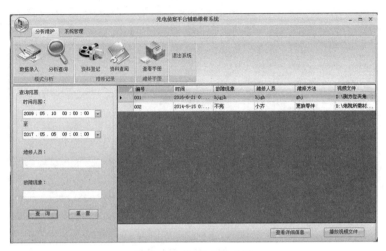

图 6.21　资料查阅功能

　　(5) 查看手册:将光电吊舱的维护说明集成于系统中,可随时查询。界面如图 6.22 所示。

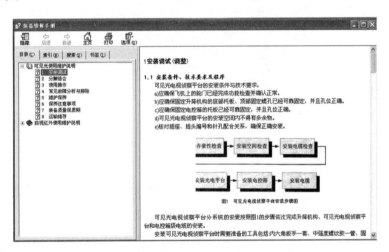

图 6.22　查看手册功能

　　(6) 用户管理:提供更改密码和用户维护功能。

6.3.3　系统安装

　　将系统功能整合集成,生成安装文件,运行该文件即可将软件安装于电脑中。将数据库文件导入 SQL Server 数据库中,即可运行该系统。

第7章 无人机光电吊舱虚拟维修训练资源开发

随着虚拟现实技术的发展,虚拟现实技术在设备维修领域的运用日益广泛,将虚拟现实技术应用到无人机装备维修训练中,创建一个训练内容全面、支持三维展示、可交互操作的虚拟维修训练系统已经成为可能。虚拟维修训练是以装备维修训练为研究对象,以虚拟现实技术为基础,以计算机及其相应的硬件设备为实验手段,为复杂装备的维修训练建立起一个融合"实装""实地"和"实战"的仿真环境,通过完备的训练功能支持相关人员完成维修训练任务。

目前,大型复杂装备缺乏维修训练器材现象较为普遍,对维修人员的训练主要是结合实装进行的,存在如下缺陷:(1) 结合实装维修训练,其数量和训练场地有限,受训人员的数量和时间难以保证,训练效率低下;(2) 新装备功能结构复杂,造价昂贵,难以在实践上提供做维修训练使用,造成维修训练工作无法进行,从而影响战备完好性和战斗力的快速形成;(3) 结合实装维修训练,局限性很大,所见故障现象和所能体会的维修操作有限,大多还只能从书本上进行抽象理解;(4) 维修训练结合实装维修,多限于分解、结合,而对故障检测这一维修训练的重要内容训练甚少;(5) 结合实装进行维修训练,成本高,甚至是不可能的。随着虚拟现实技术的发展,其应用研究领域也在不断扩大和成熟。基于虚拟现实技术和智能化技术的维修训练系统,能够有效地克服结合实装进行维修训练带来的问题,为装备维修训练提供先进的操作环境和模拟手段,对于改进训练效果、提高维修水平以及进行维修性分析具有重要作用。通过虚拟维修训练系统的开发,能有效解决无人机维修训练中受场地、数量、安全的限制以及训练效率低等问题,提高维修人员训练水平和训练质量。

1. 无人机光电吊舱虚拟维修训练课程体系设计

利用虚拟样机建模技术、桌面式仿真技术开发出一套集维修学习、训练、考核和管理于一体的无人机光电吊舱虚拟维修训练系统,创新无人机维修教学与训练模式,提供有效的维修训练手段。分析无人机光电吊舱可更换单元和基层级维修任务,确定维修训练的具体内容要求;分析确定适合采用虚拟技术进行维修训练的内容,建立无人机光电吊舱虚拟维修训练课程知识与技能体系、训练标准体系。根据维修训练大纲和维修资源需求,按照该装备的组成来划分训练课程。

2. 无人机光电吊舱虚拟样机建模

利用3DMax、CAXA、Solid Edge等软件,建立无人机光电吊舱设备的三维结构模型。单一采用一种建模工具和建模方法对所有模型进行创建,将会带来模型开发数据量大、系统运行效率低以及对系统硬件要求高等问题。如使用Solid Edge进行管道设计与实体建模时,存在在某些条件下无法直接建立参考面以及在管道设计环境下无法识别参考面上的某些二维图素对象等问题,需要提出解决的方法,把管线抽象为两圆锥曲面的交线,求出其端点坐标,依据其坐标建立参考面,再把参考面上的二维点变换为可被识别的三维点,从而提高建模效率。根据所规划的训练内容及其要求,利用"装备虚拟维修训练通用平台"提供的功能,对构建的三维模型进行格式转换、数据简化,赋予三维模型交互行为特征,形成外形特征与无人机实装基本一致,能够支持各种虚拟维修操作和状态控制的虚拟维修样机。

3. 无人机光电吊舱故障知识建模

故障模型是对故障信息的一种标准的抽象表达方式,是一系列用于描述系统诊断知识和功能特性的定义。故障建模实质上是根据故障产生机理,建立包括故障源、故障现象、故障数据及其之间关联的故障模型,使仿真结果能够生成故障现象及故障数据,与训练人员进行交互,实现对故障的诊断、定位。故障现象主要包括装备运行噪声的改变、装备显示屏报警、功能中止、功能结果异常等。在虚拟环境中通过声音、图像、动画等方式能够较好地实现故障现象的再现。因此,对无人机光电吊舱设备故障结构进行建模,是装备故障状态仿真的前提,同时可以支持故障诊断策略的规划以及故障诊断。根据无人机光电吊舱设计中的可靠性、测试性数据以及FMECA数据,采用分析、推理、仿真的方式,建立其故障模型,用以描述故障知识,支持对无人机光电吊舱分系统具体设备故障排除的训练。

4. 无人机光电吊舱维修过程建模

对无人机基层级维修任务进行分析,根据维修作业流程和规范,描述其维修作业过程以及虚拟维修训练时的交互控制方式,利用"装备虚拟维修训练通用平台"提供的功能进行建模。

5. 无人机光电吊舱虚拟维修训练系统资源创建

根据维修学习训练内容和受训者认知规律,创建多种类型的维修训练资源。维修训练资源类型的多样化,决定了必须采用合适的开发工具。这里采用Flash、Virtools、Ulead VideoStudio、GoldWave、Word等多种软件进行不同资源的创建,并根据训练需要可创建结构组成学习、工作原理演示、分解结合训练、技术检查训练、故障维修训练、考核等六类资源。

6. 无人机光电吊舱维修训练系统集成与发布

根据具体的训练内容、训练模式、训练资源格式、适用对象等,将创建的训练资源集成到装备虚拟维修训练通用软件平台,形成无人机光电吊舱虚拟维修训练系统,如图 7.1 所示。

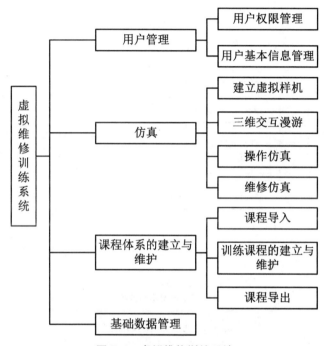

图 7.1　虚拟维修训练系统

训练系统开发是基于装备虚拟维修训练通用软件平台,设计和开发知识和技能的接受过程,形成无人机光电吊舱分系统基层级虚拟维修训练系统,具体包括:训练的实施过程设计,训练资料的准备,训练中交互和控制环节的设计、讲解,训练和考核具体内容的开发。其中,训练资料不仅包括虚拟样机以及虚拟维修仿真等虚拟维修训练特有的素材,还包括文字、视频、声音文件等。

虚拟维修训练系统的开发,可实现以下目标:

(1) 动态逼真的训练场景。在该场景中既有虚拟装备,也有虚拟的辅助工具、设备、设施等;既能进行操作流程训练,也能进行操作与使用及勤务与维修等操作。

(2) 实时交互的训练途径。受训人员不是仅仅通过被动的视听来获取知识和技能的,而是主要通过漫游、仿真、动画等多种交互手段来实现的。

(3) 全面完备的训练功能。系统具有施教、主学、演练和考核等训练功能,既能支持施训人员教学,也能支持施训人员对训练过程进行监控、指导和评价;既能支持受训人员进行相关理论的学习,也能支持受训人员进行操作、考核等。

（4）体系完整的课目设计。内容可包含无人机光电吊舱所有的训练和维修任务，实现"四全"，即训练课目全、故障设置全、人员层次全、组训过程全。

（5）科学的学习训练过程。虚拟维修训练属于学习训练过程，应该基于认知、学习及训练的基本过程来描述。

无人机光电吊舱虚拟维修训练系统开发技术路线与步骤如图7.2所示。

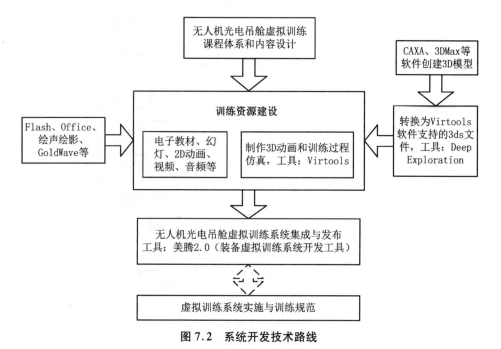

图 7.2　系统开发技术路线

7.1　无人机光电吊舱维修训练系统需求分析

无人机光电吊舱集机、电、气、光于一体，具有复杂性、实时性、开放性、造价昂贵、使用寿命周期长等特点。装备维修是无人机光电吊舱的重要技术保障。要实现快速而有效的维修，就离不开技能娴熟、具有丰富维修经验的维修人员。但长期以来，对无人机装备的维修训练工作大多是在实装上进行，而且多是在装备部署到位以后才由院校或有关单位进行训练。这种训练模式势必造成训练工作滞后和训练费用高等情况，尤其是对当前装备数量少、高技术含量大的复杂装备，这种训练模式急需改进。迫切需要一种现代化的训练手段来解决目前存在的问题，而利用虚拟现实技术进行维修训练是一种目前最有效的替代方法。

一是无人机光电吊舱维修需求大，需要加强基层级维修训练。无人机光电侦察系统等频繁运行于野外和高空等复杂环境,特别是在降落过程中容易产生损伤和故障。飞行结束后,光电侦察系统和激光设备需要全面维修和保养。目前维修人员的技能水平很难适应维修实际要求,需要加强科学有效的维修训练。

二是无人机维修操作难度高,保障资源有待建设,需要改进基层级维修训练手段。无人机光电吊舱集成化程度高,出现故障后分解结合难、维修操作难。目前,无人机产生故障后即便已经查明具体部位和原因,由于缺乏维修训练和作业技能,仍然需要研制部门靠前"保驾"。

三是无人机实装维修训练开展困难,急需基层级虚拟维修训练资源。无人机结构复杂、造价昂贵,难以提供实装维修训练,特别是某些部位看不见,拆装安全风险大,结合实装维修训练局限性大;所能见的故障现象和所能体会的维修操作有限,大多还只能从教材上进行抽象理解,造成维修训练工作无法进行或无法全面系统进行,从而影响战备完好性和战斗力的快速形成。目前急需一套基层级虚拟维修训练系统。

7.1.1　无人机光电吊舱维修作业特点

1. 过程复杂

无人机光电吊舱包括机、电、光等多种系统和设备,并且构成设备的各部分之间相互联系、紧密配合,每种系统和设备在使用过程中都可能出现故障,所以对无人机光电吊舱的维修不同于单体小型设备,具有复杂性。同时大型复杂装备的故障表现出层次性、传播性、相关性、放射性、延时性和不确定性等特点,使得针对故障现象的维修活动也非常复杂。

2. 维修作业的层次性

大型复杂装备的结构层次错综复杂,影响因素多,而且大型复杂装备所配备的维修力量较强、维修人员多,结构上呈现出层次性和模块化特点,许多维修工作可以并行进行,以缩短维修时间,实际维修往往是多个人员并行交叉作业。每一次维修事件的组成较复杂,不能转换为简单的串行作业或并行作业来描述,而是一种更广义的网络关系。

3. 维修时考虑不同单元的重要度

不同的单元故障后对系统的影响可能有很大的不同,根据单元失效后故障后果的严重程度,一般可分为三种轻重等级:

(1) 安全性影响

单元的失效引起系统性故障的后果,即因失效而造成大设备系统报废,导致装备的重大损失或财产的重大损失。

（2）任务性影响

单元失效后，虽然不影响人身安全与整个设备安全，但直接妨碍任务的完成，其影响程度与安全性影响处于相同地位。

（3）经济性影响

一般来说，如果单元故障会造成安全性影响或任务性影响就可认为系统发生严重故障，需要立即停机修理。如果单元故障不影响系统执行任务，仅造成经济性影响，则可以在任务结束后或发生严重故障后再进行修理。

4. 维修知识的多样性

无人机光电吊舱应用的技术覆盖面广，包括机械、电子、光学等高新技术领域，对无人机进行维修所涉及的技术领域广，所需维修知识多样。同时，在对某一种功能系统进行维修时，所需要的知识也是多种多样的，包括故障现象、故障原因、检测方法、处理方法、所需的维修资源，基于装备结构、行为和功能的描述以及拆卸/安装等多种维修知识。

7.1.2　无人机光电吊舱虚拟维修训练系统信息需求分析

1. 虚拟维修训练系统的信息要求

无人机光电吊舱虚拟维修训练系统就是利用虚拟现实技术，建立一个包含装备虚拟样机、维修工具、维修设备、维修设施和维修过程信息的虚拟环境，并在该环境下模拟无人机的维修及其相关过程，如图7.3所示。

在无人机光电吊舱虚拟维修训练系统中进行的维修活动是修复性维修活动，包括准备、检测、隔离、拆卸、换件或修复原件、安装、调试及检验等一系列维修活动。

通过对无人机等复杂装备虚拟维修过程的分析，总结得出虚拟维修训练系统信息需求主要包括以下四种类型：

（1）虚拟样机信息。包括建立虚拟样机的各种几何、行为、交互特征等数据。需要强调的是，虚拟维修训练系统中除了装备或系统的虚拟样机外，还应该包括进行训练所需的工具与保障设备、备件和消耗品、试验设备、安全设备等的虚拟样机。

（2）维修过程和维修控制信息。维修过程信息包括维修序列、维修路径、维修动作和维修资源规划信息。维修控制信息包括维修过程控制信息以及误操作和操作延时判断信息，允许正确的维修操作进行下去，对误操作和操作延时能够进行记录和辨别。

（3）分布交互信息。大型复杂装备虚拟维修训练系统是一类分布交互式仿真

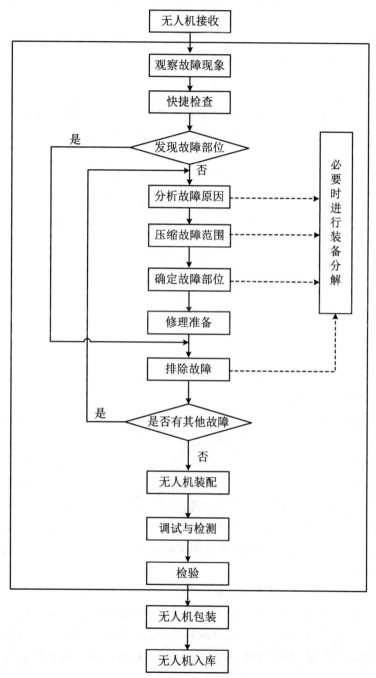

图 7.3　无人机光电吊舱维修基本程序

系统,为了完成仿真节点间的交互,需要对大型复杂装备维修过程中的交互信息进行提取。

（4）维修故障信息。维修故障信息用来描述与具体原理相关的故障，每一种故障对应一个训练任务。

2．虚拟维修训练系统装备信息需求分析

在大型复杂装备虚拟维修训练系统中，主要选择一些典型的故障进行维修过程的模拟仿真。由于大型复杂装备各子系统具有不同的维修特点，所以在这里分别对大型复杂装备的电子系统、机械系统维修所需要的信息进行分析。

（1）电子系统维修信息需求分析

在复杂装备电子系统的修理中遇到的各种故障，一般是由于故障点的元器件变质或损坏而造成的。当确认某个元器件损坏或其性能参数不符合要求后，应进行修理。而在多数情况下，元器件已不能修复或者没有修理的价值，因此对电子系统故障的修复主要是对有故障模块进行更换。通过对大型复杂装备电子系统维修过程的分析和抽象，得出对电子系统维修的一般过程如下：

① 将电子系统的全部电源关闭，拆下装备故障部件的外壳。

② 找出故障元器件，必要时可取出故障元器件所在的印制板组件。

③ 脱开故障元器件与电路板、机架等部位的机械连接和电连接，拆下故障元器件。

④ 对拆下的元器件进行检测，确认其故障，并对拟换上的新元器件进行检测，确保其良好。

⑤ 按照拆卸故障元器件的相反顺序，装上新的元器件并对装备进行恢复。

⑥ 整理场所，做好对装备通电检查的各项工作。

通过以上过程，可看出对电子系统的维修既包括故障检测与修复，又包括拆卸与装配。电子系统可更换单元受力通常较小，零部件的安装方式多采用插接等快速连接方式，电路板的连接多采用螺钉连接、插接的方式，电子系统的拆卸与装配任务较简单，但需要在合适的自然与电磁环境下作业和专用的工具配合。针对电子系统虚拟维修任务，侧重考虑故障检测与修复，即电路模块中元器件的故障检测方法、测试设备、维修工具等三个方面的信息。

（2）机械系统维修信息需求分析

对于大型复杂装备的机械系统而言，由于其组成结构复杂，在机械维修过程中大量的工作主要是对机械系统零部件的拆卸/装配，所以机械系统的虚拟维修内容侧重于零部件的拆卸/装配维修。机械系统零部件维修的一般拆卸过程如图7.4所示。

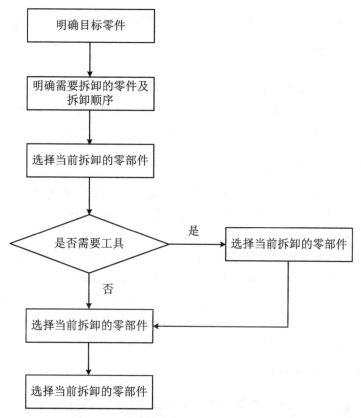

图 7.4　机械系统零部件维修的一般拆卸过程

7.1.3　无人机光电吊舱虚拟维修训练系统功能需求分析

根据虚拟维修训练内容要求,系统需要具备以下功能:

(1) 学习功能:能够指导用户进行主要零部件的基础理论知识、结构构造和原理演示等的学习,使受训者打好维修训练基础。

(2) 训练功能:能够让用户在虚拟场景中实现主要零部件的分解结合训练、技术检查训练和故障维修训练等,使受训者掌握其基本技能。

(3) 考核功能:能够针对不同层次、不同对象进行理论和操作考核,使受训者能自我检验维修训练效果,对所学内容进行深化和巩固。

(4) 管理功能:提供用户管理、模型管理、资源管理、题库管理等功能,便于管理员管理系统。

7.1.4　无人机光电吊舱虚拟维修训练系统资源需求分析

无人机是典型复杂系统,维修训练内容多,涉及面广,完全采用三维仿真不仅工作量大,学习训练形式单一,而且存在数据量大、运行速度慢等问题,这就需要根据维修学习训练内容和受训者认知规律,创建多种类型的维修训练资源。

1. 维修训练资源分类的要求

一是满足训练需要。虚拟维修训练资源的分类必须以满足训练需求、提高训练效果为目的,既有二维动画类型,也有三维仿真类型,还有图片、文本等其他类型。

二是便于管理优化。繁杂的训练资源往往会使整个系统运行效率降低,因此,通过分类管理和资源优化以提高系统运行效率显得尤为重要。

三是提高开发效率。训练资源进行分类后,要能够使开发人员可以根据不同类型的资源选用合适的开发工具和开发方法,并进行人员分工与协作,还可以根据不同的训练资源制定相应的开发规范和模板,以此提高开发效率。

2. 维修训练资源的种类

根据维修训练的要求,维修训练内容主要分为简介、结构组成(含分解结合)、原理演示、技术检查、维护保养、故障维修等。为了实现有效的学习,遵循受训对象的认知规律,可根据训练内容的不同将训练资源划分为动画类(二维动画和三维动画)、仿真类和其他多媒体资源(图片、文本、视频、音频等)。

7.2　无人机光电吊舱虚拟维修系统内容体系设计

虚拟维修训练系统要能使受训者在虚拟场景中,通过人机交互的方式,运用多种交互手段,实现对无人机光电吊舱的维修基础知识学习和维修技能训练。

目前虚拟维修训练系统分为沉浸式系统、增强现实系统、视窗式系统三类。视窗式系统可以分为投影式和桌面式两类,其中按硬件组成不同,又可将桌面式分为复杂桌面式、简易桌面式、便携桌面式三种。这三大类虚拟维修训练系统各有优缺点,开发时要结合实际情况进行选择。

7.2.1 训练内容与模式分析

1. 维修训练内容分析

光电吊舱维修训练内容主要包括基础知识类、结构组成类、工作原理类、基本技能类,其中基本技能类含分解结合类、技术检查类和故障排除与维修类。

(1) 基础知识类:包括光电吊舱及其主要零部件的简介、用途、维护保养等知识。

(2) 结构组成类:包括光电吊舱及其主要零部件的组成、构造信息等。

(3) 工作原理类:包括相关零部件或系统的工作过程等。

(4) 分解结合类:主要是零部件的分解结合、拆卸规划等训练。

(5) 技术检查类:主要是光电吊舱系统及各机构的技术检查训练。

(6) 故障排除与维修类:主要是光电吊舱系统及各机构的故障排除与维修训练等。

无人机光电吊舱虚拟维修训练系统基于虚拟维修训练软件平台系统开发,开发重点是基于通用软件平台的训练课程内容设计、虚拟样机建模、维修过程仿真。系统的基本功能框架如图 7.5 所示。

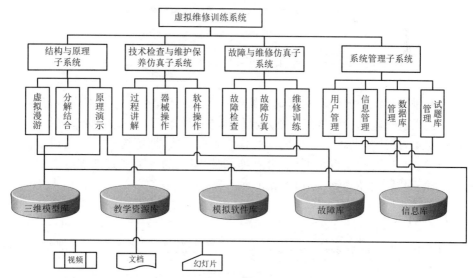

图 7.5 虚拟系统的基本功能框架

2. 维修训练模式分析

维修训练内容的实施是以不同的训练模式来实现的,训练模式主要包括讲解演示、自主学习、引导式训练、自主训练和考核模式等。讲解演示是指按开发好的训练课程资源,讲解维修知识,演示操作过程。此时,受训人员按训练课程所安排的训练脚本接受维修知识。自主学习是指用户自主选择学习内容,查看维修知识的各种信息载体,如文字、视频、操作过程仿真等,从而获取或巩固维修知识。引导式训练是指受训人员通过交互操作虚拟装备来巩固维修知识,获取实际维修操作经验的一种训练方式。自主训练是指用户自主地进行操作训练,系统只提供错误操作提示。考核模式是指由系统自动设定考核内容,通过监控和记录受训人员的知识回答、交互操作虚拟装备的过程,按照时间和操作错误的权重评估操作成绩,判断操作人员是否掌握维修知识,达到维修训练要求。

训练内容和训练模式之间的配置关系如图 7.6 所示。

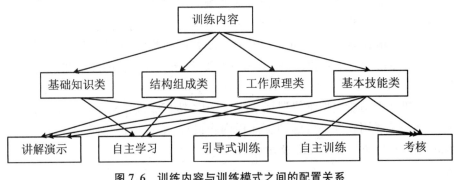

图 7.6　训练内容与训练模式之间的配置关系

7.2.2　训练课程体系的设计

按照维修训练内容要求构建虚拟维修内容单元包,并在每个维修内容单元包内按照无人机光电吊舱结构组成确定具体维修训练单元。对每个维修训练单元分析适应对象,设计其训练模式和训练模式的表现形式,训练模式主要有讲解演示、自主学习、引导式训练、自主训练、自测等,训练模式的表现形式即训练资源,主要有文档类、视频类、动画类、音频类和仿真类等。

1. 设计要求

(1) 虚拟维修训练系统基本涵盖基层级可更换单元,基本支持全部维修训练任务。

(2) 系统功能齐全,训练课目和训练内容完整。

(3) 系统可替代或减少实装大部分训练量。

(4) 软件开发文档符合国标规定。

无人机光电吊舱基层级虚拟维修训练系统开发的重点在于无人机光电吊舱虚拟样机建模与仿真以及训练课程创作,系统的基本框架及其功能由装备虚拟维修训练软件平台提供,其总体框架如图7.7所示。

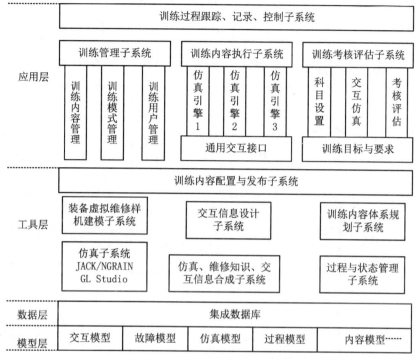

图7.7　虚拟维修训练平台总体框架

开发人员建立装备的虚拟样机以及虚拟维修训练环境,对维修过程进行虚拟仿真,并根据文字、音频、视频等素材,设计并开发具体训练课件,形成完整的维修训练课程体系。虚拟维修训练系统的使用人员主要是受训人员,受训人员利用配发的具体维修训练课件开展训练。系统包括学习、训练、考核三大核心功能,此外还具有用户管理、课程数据管理、课程管理和维修帮助功能。利用该系统可以完成对构造原理、操作使用、分解结合、检查调整、故障诊断五种类型训练内容的学习、训练与考核,使得受训人员掌握相关维修知识与操作技能,达到近似实装训练的效果。此外,维修帮助提供基层级常见维修任务的操作帮助、相关资料查询等功能,支持受训人员获取维修知识,达到训练目的。课程开发和训练实施使用时机、用户特点和使用情景不同,是两个可以独立运行的软件。课程开发子系统提供训练课程给训练实施子系统使用,训练实施子系统不具有对训练课程进行开发和编辑的功能。

2. 训练科目体系

构建的适合无人机光电吊舱虚拟维修训练开发的课程体系如表7.1所示。

表 7.1　无人机光电吊舱虚拟维修科目设计

序号	内容单元	适用对象	学习方式和表现形式					内容要点
			讲解	自学	引导学习	自主学习	自测	
1	概述	基层级/中继级	□内容	□内容	□内容	□内容	□内容	
1.1	光电吊舱总体	★(1/2) ▲(1/2/3) ☆	文字图片	文字图片	文字图片	文字图片	文字图片	光电侦察设备功能等及操作人员的总体组成与职责
1.1.1	光电吊舱简介	★(1/2) ▲(1/2/3) ☆	文字图片介绍光电吊舱	文字图片动画	文字图片动画	文字图片动画	文字图片动画	用途、性能及基本组成
1.1.2	主要任务	★(1/2) ▲(1/2/3) ☆	文字图片介绍作战任务	文字图片	文字图片	文字图片	文字图片	作战任务
1.1.3	系统功能	★(1/2) ▲(1/2/3) ☆	文字图片顺序显示	文字图片	文字图片	文字图片	文字图片	主要功能
1.1.4	技术指标	★(1/2) ▲(1/2/3) ☆	文字图片	文字图片	文字图片	文字图片	文字图片	介绍作战技术指标
2	系统结构							
2.1	光电侦察吊舱稳定转塔	★(1/2) ▲(1/2/3)	文字图片动画结构和内部构造介绍及展示	文字图片动画结构和内部构造介绍及展示	仿真内容:分解和结合	仿真内容:分解和结合	仿真内容:分解结合	光电吊舱的结构
2.2	电子控制器	★(1/2) ▲(1/2/3)	文字图片仿真	文字图片仿真	三维仿真	三维仿真	三维仿真	介绍结构

续表

序号	内容单元	适用对象	学习方式和表现形式					内容要点
			讲解	自学	引导学习	自主学习	自测	
2.3	升降机构	★(1/2) ▲(1/2/3)	文字图片仿真	文字图片仿真	三维仿真	三维仿真	三维仿真	介绍结构
3	操作使用							
3.1	光电侦察吊舱	★(1/2) ▲(1/2/3) ⚲	文字图片	文字图片	图片	图片	图片	介绍安装展开和撤收的过程
3.2	升降机构	★(1/2) ▲(1/2/3) ⚲	文字图片	文字图片	图片	图片	图片	介绍安装展开和撤收的过程
……	……	……	……	……	……	……	……	……

7.2.3　无人机光电吊舱故障建模与仿真设计

无人机光电吊舱虚拟维修训练系统基于虚拟训练平台开发,系统的基本功能框架如图 7.8 所示。

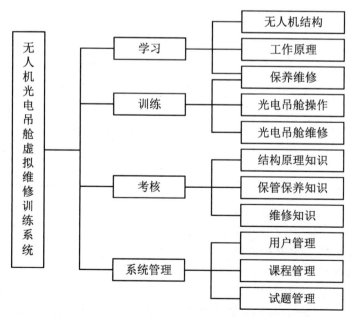

图 7.8　无人机光电吊舱虚拟维修训练系统功能框架

1. 光电吊舱故障分布模型

无人机光电吊舱修复性维修主要针对出现故障的系统和部件进行,装备故障具有以下特点:

(1) 层次性。无人机光电吊舱的结构可划分为系统、子系统、部件、元件等各个层次,因而其故障也有不同的层次。

(2) 传播性。有两种传播方式:横向传播,指同一层次内的故障传播;纵向传播,指元件的故障相继引起部件、子系统、系统的故障。

(3) 相关性。指某一故障可能对应若干征兆,而某一征兆可能对应若干故障。

(4) 放射性。指某一部位的故障本身征兆不明显,却引起其他部位的故障。

(5) 延时性。指故障的发生、发展和传播时间的延迟。

(6) 不确定性。指系统的故障和征兆信息具有随机性、模糊性,某些信息具有不确定性。

光电吊舱控制系统较为复杂,有多类多路控制回路,在吊舱转台处于不同的工作状态时,其参与控制的回路也不相同,为便于分析,首先应对其多路控制回路和多种工作状态的对应关系进行分析,如表 7.2 所示。

表 7.2　某型光电侦察转台工作状态与控制回路对应关系分析表

转台工作状态	参与工作的控制回路
启动态	无
回收态	内方位等
锁定态	内方位等
惯性态	内俯仰稳定回路等
搜索态	内俯仰稳定回路等
保持态	内方位、内俯仰稳定回路等
备份态	内方位、内俯仰稳定回路等
自动扫描态	内方位、外方位锁定回路等
跟踪态	自动跟踪回路
跟踪/搜索	自动跟踪回路

依据上表所示的对应关系,当转台出现故障后,就可以根据故障现象及当时的工作状态判断是哪一个控制回路出现了异常,然后根据控制回路工作原理进一步分析其故障原因,找到故障部件。

1) 转台转塔抖动故障树分析

转台转塔抖动故障是指转台工作(执行控制指令)过程中,转塔出现抖动的一种故障状态。依据转台控制回路工作原理,这种抖动可能是稳定回路工作异常导致的,也可能是锁定回路工作异常导致的。从参与工作的基本部件看,这两类回路的不同点在于传感器不同,前者陀螺参与回路控制,后者旋转变压器参与回路控制;两类回路的相同点在于 XX 芯电缆和伺服系统都参与了控制回路,但伺服机构驱动原理不同。通过对多种回路(包括稳定回路、锁定回路)的分析,可以建立如图7.9 所示的故障树。

　　为便于简化及分析故障树,对故障树中的事件进行编号,用 T 表示顶事件,用 G 表示中间事件,用 x 表示底事件(基本事件),用自然数 $1,2,3,\cdots$ 表示某一类事件中的不同事件,则对转台转塔抖动故障树编号表示后即可得到如图 7.10 所示的故障树逻辑结构。

　　如图 7.10 所示,其底事件状态向量为

$$X = (x1, x2, x3, x4, x5, x6, x7, x8, x9, x10, x11, x12)$$

依据逻辑代数运算规则和逻辑门等效变换规则,可得结构函数为

$$
\begin{aligned}
\Phi(X) &= G1 + G2 = (G3 + G4 + G5) + (G6 + G4 + G5) \\
&= (x1 + x2 + x3 + x1 + x2 + G8 + G9) + (x1 + x2 + x9 + x10 \\
&\quad + x1 + x2 + G8 + G9) \\
&= (3 \cdot x1 + 3 \cdot x2 + x3 + x4 + x5 + x6 + x7 + x8 + x11 + x12) \\
&\quad + (3 \cdot x1 + 3 \cdot x2 + x9 + x10 + x4 + x6 + x7 + x8 + x11 + x12) \\
&= 6 \cdot x1 + 6 \cdot x2 + x3 + 2 \cdot x4 + x5 + 2 \cdot x6 + 2 \cdot x7 + 2 \cdot x8 + x9 \\
&\quad + x10 + 2 \cdot x11 + 2 \cdot x12 \\
&= x1 + x2 + x3 + x4 + x5 + x6 + x7 + x8 + x9 + x10 + x11 + x12
\end{aligned}
$$

由上可知,转台转塔抖动故障树的最小割集有 12 个,即

$$\{x1\},\{x2\},\{x3\},\{x4\},\{x5\},\{x6\},\{x7\},\{x8\},\{x9\},\{x10\},\{x11\},\{x12\}$$

　　每一个底事件就是一个最小割集,即当任何一个底事件发生时(基本部件故障),顶事件都将发生(转台转塔出现抖动故障)。各底事件相应的相对(以最小值为单位"1"计算,后文同此)结构重要度如表 7.3 所示。

表 7.3　各底事件的相对结构重要度

底事件	$x1$	$x2$	$x3$	$x4$	$x5$	$x6$	$x7$	$x8$	$x9$	$x10$	$x11$	$x12$
重要度	6	6	1	2	1	2	2	2	1	1	2	2

　　可见,依据转台结构特点,在转台转塔抖动故障中,最可能的故障模式是 XX 芯电缆断路或接口接触不好,其次是电子控制盒和电机部件故障,再次是陀螺或陀螺板故障,这与装备使用实践中该故障出现的实际情况基本一致。

2) 转台转塔外框架不能随动故障树分析

　　转台转塔外框架不能随动故障是指转台在执行部分指令(需要外框架随动)的过程中,转塔外框架不能随着内框架运动而相应地变化姿态。这类故障的发生是由于外框架两路随动回路(俯仰或方位)出现了工作异常,而这两路回路涉及的基本部件有内框架旋转变压器、电子控制盒、外框架电机以及连接电缆。依据前述章节对转台工作原理的介绍,通过对该故障进行分析,可以建立如图 7.11 所示的故障树。

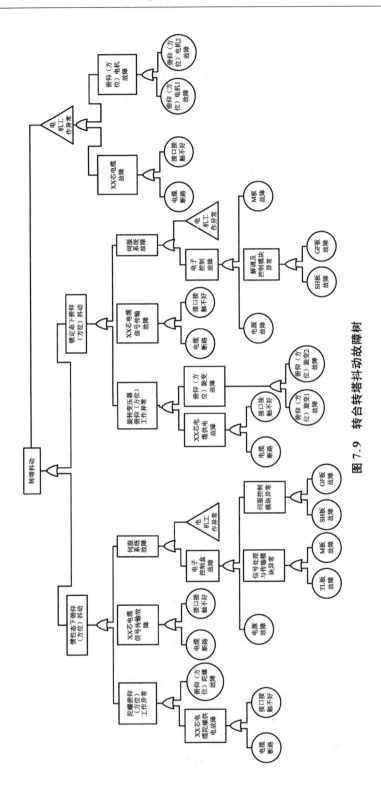

图 7.9 转台转塔抖动故障树

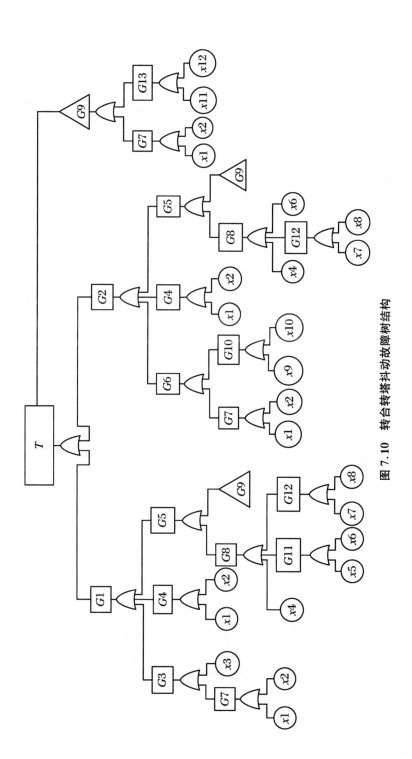

图 7.10　转台转塔抖动故障树结构

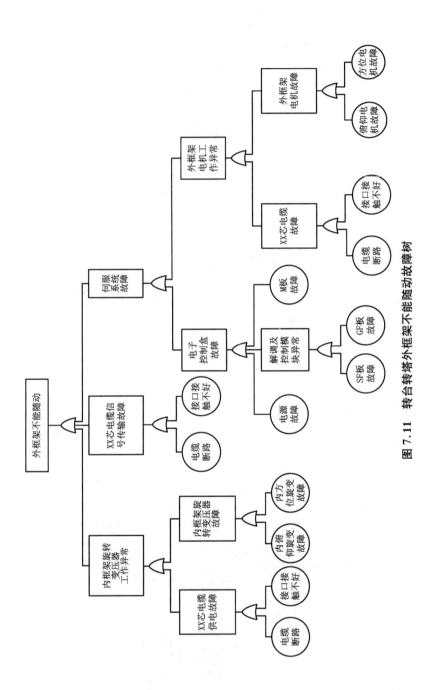

图 7.11　转台转塔外框架不能随动故障树

对故障树中的事件进行编号,用 T 表示顶事件,用 G 表示中间事件,用 x 表示底事件(基本事件),用自然数 $1,2,3,\cdots$ 表示某一类事件中的不同事件,则对故障树编号表示后即可得到如图 7.12 所示的转台转塔外框架不能随动故障树逻辑结构。

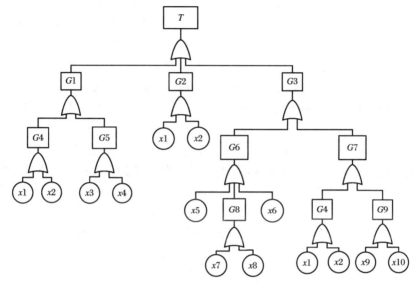

图 7.12　转台转塔不能随动故障树结构

如图 7.12 所示,其底事件状态向量为

$$X = (x1,x2,x3,x4,x5,x6,x7,x8,x9,x10)$$

依据逻辑代数运算规则和逻辑门等效变换规则,可得结构函数为

$$\Phi(X) = G1 + G2 + G3 = (G4 + G5) + (x1 + x2) + (G6 + G7)$$
$$= (x1 + x2 + x3 + x4) + (x1 + x2) + (x5 + x6 + x7 + x8$$
$$+ x1 + x2 + G9 + G10)$$
$$= 3 \cdot x1 + 3 \cdot x2 + x3 + x4 + x5 + x6 + x7 + x8 + x9 + x10$$
$$= x1 + x2 + x3 + x4 + x5 + x6 + x7 + x8 + x9 + x10$$

由上可知,转台转塔不能随动故障树的最小割集有 10 个,即

$$\{x1\},\{x2\},\{x3\},\{x4\},\{x5\},\{x6\},\{x7\},\{x8\},\{x9\},\{x10\}$$

每一个底事件就是一个最小割集,即当任何一个底事件发生时(基本部件故障),转台转塔都将出现不能随动的故障。各底事件相应的相对结构重要度如表7.4 所示。

表 7.4　各底事件的相对结构重要度

底事件	x1	x2	x3	x4	x5	x6	x7	x8	x9	x10
重要度	3	3	1	1	1	1	1	1	1	1

可见,依据转台结构特点,在转台转塔不能随动故障中,最可能的故障模式是XX芯电缆断路或接口接触不好,其次是旋转变压器或电子控制盒或电机部件故障,这与实际情况是一致的。

3) 转台不能跟踪目标故障树分析

转台跟踪功能的实现比较复杂,需要内框架稳定回路、外框架随动回路和图像跟踪器以及成像传感器一起协调工作才能完成。这里光电吊舱转台不能跟踪故障是指转台在能正常传输图像的条件下,转台控制回路故障而导致转台不能跟踪目标。这一故障的发生与前述的几个回路都有关系。根据光电吊舱转台跟踪原理,光电吊舱转台不能跟踪目标有两种基本情况,一是内框架不能跟踪,二是外框架不能随动。外框架不能随动的故障在前面已经做了分析,这里仅将其作为转出事件,具体参照前节分析。

这里重点对内框架不能跟踪这一状态进行分析,若把内框架不能跟踪作为顶事件,对故障树中的事件进行编号,用 T 表示顶事件,用 G 表示中间事件,用 x 表示底事件(基本事件),用自然数 $1,2,3,\cdots$ 表示某一类事件中的不同事件,则转台内框架不能跟踪故障树的逻辑结构如图 7.13 所示,其底事件状态向量为

$$X = (x1,x2,x3,x4,x5,x6,x7,x8,x9,x10,x11,x12)$$

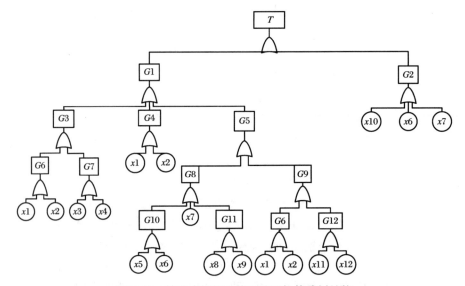

图 7.13　转台内框架不能跟踪目标故障树结构

依据逻辑代数运算规则和逻辑门等效变换规则,可得结构函数为

$$\Phi(X) = G1 + G2 = (G3 + G4 + G5) + (x10 + x6 + x7)$$
$$= (G6 + G7 + G4 + G10 + x7 + G11 + G6 + G12) + (x10 + x6 + x7)$$
$$= (x1 + x2 + x3 + x4 + x1 + x2 + x5 + x6 + x7 + x8 + x9 + x1 + x2$$
$$+ x11 + x12) + (x10 + x6 + x7)$$

$$= 3 \cdot x1 + 3 \cdot x2 + x3 + x4 + x5 + 2 \cdot x6 + 2 \cdot x7 + x8 + x9$$
$$+ x10 + x11 + x12$$

$$= x1 + x2 + x3 + x4 + x5 + x6 + x7 + x8 + x9 + x10 + x11 + x12$$

由上可知,光电吊舱转台内框架不能跟踪目标故障树的最小割集有 12 个,即
$\{x1\},\{x2\},\{x3\},\{x4\},\{x5\},\{x6\},\{x7\},\{x8\},\{x9\},\{x10\},\{x11\},\{x12\}$

每一个底事件就是一个最小割集,即当任何一个底事件发生时(基本部件故障),转台都将出现内框架不能跟踪目标的故障。各底事件相应的相对结构重要度如表 7.5 所示。

表 7.5　各底事件的相对结构重要度

底事件	$x1$	$x2$	$x3$	$x4$	$x5$	$x6$	$x7$	$x8$	$x9$	$x10$	$x11$	$x12$
重要度	3	3	1	1	1	2	2	1	1	1	1	1

可见,依据光电吊舱转台结构特点,当转台出现内框架不能跟踪故障时,最可能的故障模式是 XX 芯电缆断路或接口接触不好,其次是电子控制盒母板或电源故障,再次是陀螺或内框架电机或电子控制盒其他板块故障。

转台不能跟踪目标故障是转台内框架不能跟踪故障和外框架不能随动故障的"或门"输出事件,将其作为顶事件,结合前面对外框架不能随动故障的分析,再次进行分析,则有状态向量:

$$X = (x1,x2,x3,x4,x5,x6,x7,x8,x9,x10,x11,x12,x13,x14,x15,x16)$$

式中,$x1$ 为 XX 芯电缆断路;$x2$ 为 XX 芯电缆接口接触不好;$x3$ 为俯仰陀螺故障;$x4$ 为方位陀螺故障;$x5$ 为 TL 板故障;$x6$ 为 M 板故障;$x7$ 为电源故障;$x8$ 为 SF 板故障;$x9$ 为 GF 板故障;$x10$ 为 GZ 板故障;$x11$ 为内框架俯仰电机故障;$x12$ 为内框架方位电机故障;$x13$ 为内框架俯仰旋变故障;$x14$ 为内框架方位旋变故障;$x15$ 为外框架俯仰电机故障;$x16$ 为外框架方位电机故障。

依据逻辑代数运算规则和逻辑门等效变换规则,这里若设转台不能跟踪目标故障树的结构函数为 $\Phi(x)$,转台内框架不能跟踪故障树的结构函数为 $\Phi_1(x)$,转台外框架不能随动故障树的结构函数为 $\Phi_2(x)$,则有

$$\Phi(x) = \Phi_1(x) + \Phi_2(x)$$

将前一节结果和本节前述结果代入,可得

$$\Phi(X) = \Phi_1(x) + \Phi_2(x)$$
$$= (3 \cdot x1 + 3 \cdot x2 + x3 + x4 + x5 + 2 \cdot x6 + 2 \cdot x7 + x8 + x9$$
$$+ x10 + x11 + x12) + (3 \cdot x1 + 3 \cdot x2 + x7 + x6 + x8 + x9$$
$$+ x13 + x14 + x15 + x16)$$
$$= 6 \cdot x1 + 6 \cdot x2 + x3 + x4 + x5 + 3 \cdot x6 + 3 \cdot x7 + 2 \cdot x8 + 2 \cdot x9$$
$$+ x10 + x11 + x12 + x13 + x14 + x15 + x16$$
$$= x1 + x2 + x3 + x4 + x5 + x6 + x7 + x8 + x9 + x10 + x11 + x12$$

$$+ x13 + x14 + x15 + x16$$

由上可知,转台不能跟踪目标故障树的最小割集有 16 个,即

$\{x1\}, \{x2\}, \{x3\}, \{x4\}, \{x5\}, \{x6\}, \{x7\}, \{x8\}, \{x9\}, \{x10\}, \{x11\},$
$\{x12\}, \{x13\}, \{x14\}, \{x15\}, \{x16\}$

每一个底事件就是一个最小割集,当任何一个底事件发生时,转台都将出现不能跟踪目标的故障。各底事件相应的相对结构重要度如表 7.6 所示。

表 7.6　各底事件的相对结构重要度

底事件	$x1$	$x2$	$x3$	$x4$	$x5$	$x6$	$x7$	$x8$
重要度	6	6	1	1	1	3	3	2
底事件	$x9$	$x10$	$x11$	$x12$	$x13$	$x14$	$x15$	$x16$
重要度	2	1	1	1	1	1	1	1

可见,依据转台结构特点,当转台出现不能跟踪目标的故障时,最可能的故障模式是 XX 芯电缆断路或接口接触不好,其次是电子控制盒功能板或电源故障,再次是陀螺或内框架旋转变压器或电机故障。

4) 转台不执行指令故障树分析

转台不执行指令是指控制终端向转台发送各类操作命令,转台没有执行指令相应动作的故障现象。这种情况的发生有两种可能:一是转台未收到指令;二是转台收到但不执行指令。前者可能是由于终端系统死机或其他故障导致未发指令,这里不做深入分析,仅分析转台本身的故障。前者也可能是由于 YY 芯电缆故障引起的。转台本身的故障比较复杂,涉及转台的信号传输和伺服系统,通过详细分析,可以建立如图 7.14 所示的故障树。

对该故障树中的事件进行编号,用 T 表示顶事件,用 G 表示中间事件,用 x 表示底事件(基本事件),用自然数 1,2,3,…表示某一类事件中的不同事件,则对故障树编号表示后即可得到相应的故障树逻辑结构如图 7.15 所示。

图 7.15 所示的故障树逻辑结构中,底事件状态向量为

$$X = (x1, x2, x3, x4, x5, x6, x7, x8, x9, x10, x11, x12, x13)$$

该故障树含有 3 个逻辑"与门",但也是规范化故障树。依据逻辑代数运算规则和逻辑门等效变换规则,可得结构函数为

$\Phi(X) = G1 + G2 = (G3 + x3) + (G4 + G6 + G7)$

$\qquad = (x1 + x2 + x3) + (x4 + x5 + x6 + x8 + x9 + x7 + x4 + x5 + G9)$

$\qquad = x1 + x2 + x3 + 2 \cdot x4 + 2 \cdot x5 + x6 + x7 + x8 + x9 + G10 \cdot G11$

$\qquad = x1 + x2 + x3 + 2 \cdot x4 + 2 \cdot x5 + x6 + x7 + x8 + x9 + (x10 \cdot x11)$

$\qquad \cdot (x12 \cdot x13)$

$\qquad = x1 + x2 + x3 + x4 + x5 + x6 + x7 + x8 + x9 + x10 \cdot x11 \cdot x12 \cdot x13$

由上可知,转台不执行指令故障树的最小割集有 10 个,即

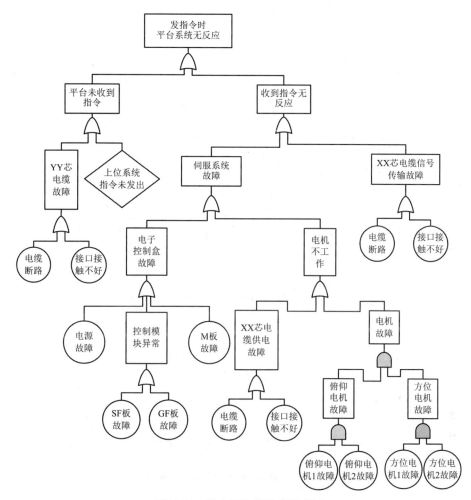

图 7.14　转台不执行指令故障树

$\{x1\},\{x2\},\{x3\},\{x4\},\{x5\},\{x6\},\{x7\},\{x8\},\{x9\}$ 和 $\{x10,x11,x12,x13\}$

底事件 $x1,x2,x3,x4,x5,x6,x7,x8,x9$ 分别就是最小割集,底事件 $x10,$ $x11,x12,x13$ 组合为一个最小割集,即当任何一个底事件编号 1～9 发生或者底事件编号 10～13 同时发生时,转台将出现不执行指令的故障。各底事件相应的相对结构重要度如表 7.7 所示。

表 7.7　各底事件的相对结构重要度

底事件	$x1$	$x2$	$x3$	$x4$	$x5$	$x6$	$x7$	$x8$	$x9$	$x10$	$x11$	$x12$	$x13$
重要度	1	1	1	2	2	1	1	1	1	0.25	0.25	0.25	0.25

通过分析可知,转台不执行指令故障的最简模式有 10 种,依据转台结构特点,最可能的是 **XX** 芯电缆断路或接触不良,其次是 **XX** 芯电缆或电子控制盒部件故

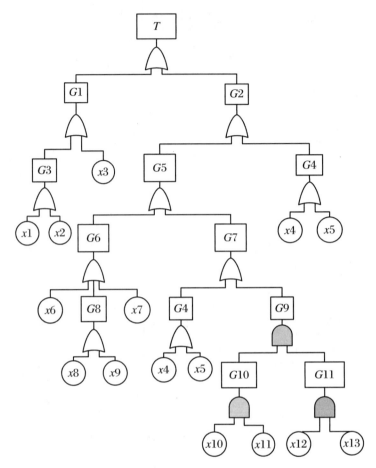

图 7.15　转台不执行指令故障树结构

障,再次是电机全部故障。

5) 转台其他典型故障分析

前面对转台控制系统的故障进行了分析,下面对转台另外两种功能性故障进行分析,它们不涉及转台的控制回路,主要和信号传输及电源有关。

(1) 转台图像输出缺失故障分析

转台的主要功能是完成侦察视频图像的传输,其他功能也是以此为基础的。视频图像(电视/红外)由光学传感器捕获,经过 ZZ 芯电缆传输至电子控制盒,经处理通过 2 根视频电缆输出,一路送至机载磁记录仪存储,一路通过机载无线数据链路实时送至地面监控终端。

转台图像缺失故障是指转台加电工作后,系统无图像或者仅能显示出一路图像(电视或者红外)的故障现象。对此故障,依据转台工作原理,可建立如图 7.16 所示的故障树。

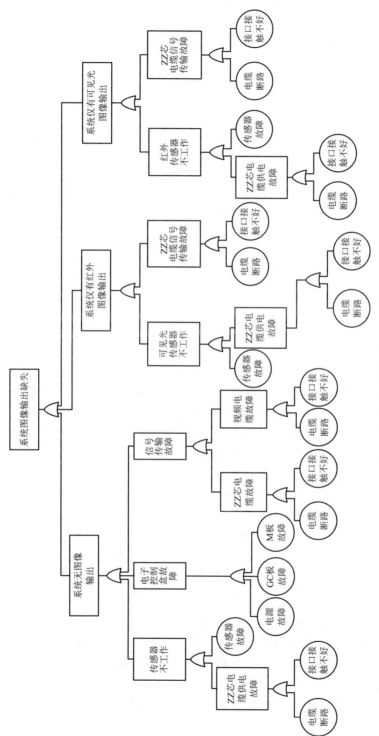

图 7.16　转台图像输出缺失故障树

对该故障树中的事件进行编号,用 T 表示顶事件,用 G 表示中间事件,用 x 表示底事件(基本事件),用自然数 $1,2,3,\cdots$ 表示某一类事件中的不同事件,则对故障树编号表示后即可得到如图 7.17 所示的转台图像输出缺失逻辑结构图。

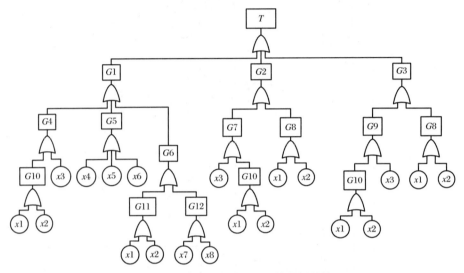

图 7.17　转台图像输出缺失故障树结构

在底事件的编号过程中,将同一部件(基本单元)发生的不同底事件进行了合并,如 XX 芯电缆的供电功能故障和信号传输功能故障的合并以及传感器故障(可见光/红外)的合并,因为对于基层故障排查与维修而言,这样更利于检查和排除故障(置换部件)。

这样处理后,该故障树的底事件状态向量为

$$X = (x1, x2, x3, x4, x5, x6, x7, x8)$$

该故障树已是规范化故障树,依据逻辑代数运算规则和逻辑门等效变换规则,可得结构函数为

$$\Phi(X) = G1 + G2 + G3 = (G4 + G5 + G6) + (G7 + G8) + (G9 + G8)$$
$$= ((x1 + x2 + x3) + (x4 + x5 + x6) + (x1 + x2 + x7 + x8))$$
$$+ (x3 + 2 \cdot x1 + 2 \cdot x2) + (2 \cdot x1 + 2 \cdot x2 + x3)$$
$$= 6 \cdot x1 + 6 \cdot x2 + 3 \cdot x3 + x4 + x5 + x6 + x7 + x8$$
$$= x1 + x2 + x3 + x4 + x5 + x6 + x7 + x8$$

由上可知,转台图像输出缺失故障树的最小割集有 8 个,即

$$\{x1\}, \{x2\}, \{x3\}, \{x4\}, \{x5\}, \{x6\}, \{x7\}, \{x8\}$$

每一底事件就是一个最小割集,即当任何一个底事件发生时,转台都将出现图像输出缺失的故障。各底事件相应的相对结构重要度如表 7.8 所示。

表 7.8　各底事件的相对结构重要度

底事件	$x1$	$x2$	$x3$	$x4$	$x5$	$x6$	$x7$	$x8$
重要度	6	6	3	1	1	1	1	1

故转台图像输出缺失故障的最简模式有 8 种,依据转台结构特点,最可能的是 XX 芯电缆断路或接触不良,其次是传感器故障,再次是电子控制盒部件或视频电缆故障。

（2）转台上电无反应故障分析

转台上电无反应是指外部电源各项指标正常条件下,给转台系统加电后,转台不启动,无响应动作。这一故障的现象比较明显,不论是在飞机上加电还是在地面检测加电,一种可能是转台系统供电失效,另一种情况就是外部连接电缆故障或加电操作流程错误。对该故障进行分析可以建立如图 7.18 所示的故障树。

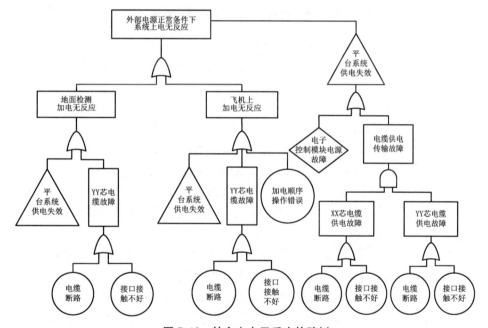

图 7.18　转台上电无反应故障树

该故障树包括两部分,电子控制盒电源故障作为未展开事件,不做进一步分析,只对其他部件进行分析。其中,转台系统供电失效故障树中含有"或门"故障,但整个系统已是规范化故障树。对该故障树中的事件进行编号,用 T 表示顶事件,用 G 表示中间事件,用 x 表示底事件（基本事件）,用自然数 1,2,3,… 表示某一类事件中的不同事件,则对转台上电无反应故障树编号表示后即可得到其逻辑结构图如图 7.19 所示。

该故障树的底事件状态向量为

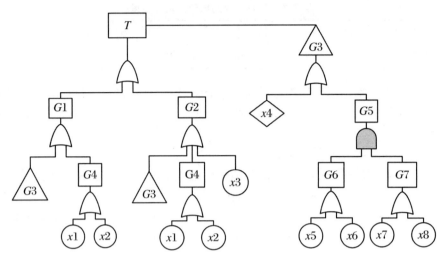

图 7.19　转台上电无反应故障树结构

$$X = (x1, x2, x3, x4, x5, x6, x7, x8)$$

该故障树已是规范化故障树,依据逻辑代数运算规则和逻辑门等效变换规则,可得结构函数为

$$
\begin{aligned}
\Phi(X) &= G1 + G2 = (G3 + G4) + (G3 + G4 + x3) \\
&= (x4 + G5 + G4) + (x4 + G5 + G4 + x3) \\
&= (x4 + G6 \cdot G7 + G4) + (x4 + G6 \cdot G7 + G4 + x3) \\
&= (x4 + (x5 + x6) \cdot (x7 + x8) + (x1 + x2)) \\
&\quad + (x4 + (x5 + x6) \cdot (x7 + x8) + (x1 + x2) + x3) \\
&= 2 \cdot x1 + 2 \cdot x2 + x3 + 2 \cdot x4 + 2 \cdot x5 \cdot x7 + 2 \cdot x5 \cdot x8 \\
&\quad + 2 \cdot x6 \cdot x7 + 2 \cdot x6 \cdot x8 \\
&= x1 + x2 + x3 + x4 + x5 \cdot x7 + x5 \cdot x8 + x6 \cdot x7 + x6 \cdot x8
\end{aligned}
$$

由上可知,转台上电无反应故障树的最小割集有 8 个,即

$$\{x1\}, \{x2\}, \{x3\}, \{x4\}, \{x5, x7\}, \{x5, x8\}, \{x6, x7\}, \{x6, x8\}$$

底事件 $x1, x2, x3, x4$ 分别就是最小割集,底事件组合 $\{x5, x7\}$,$\{x5, x8\}$,$\{x6, x7\}$,$\{x6, x8\}$ 分别为一个最小割集。其最简故障模式即最小割集事件发生,则顶事件发生。各底事件相应的相对结构重要度如表 7.9 所示。

表 7.9　各底事件的相对结构重要度

底事件	$x1$	$x2$	$x3$	$x4$	$x5$	$x6$	$x7$	$x8$
重要度	2	2	1	2	2	2	2	2

通过上述分析可知,依据转台结构特点,转台上电无反应故障发生时,最可能的原因是 XX 芯或 YY 芯或 ZZ 芯电缆断路或接口接触不良,或者电子控制盒电

源故障,其次是飞机上加电操作错误。

2．光电吊舱故障仿真设计

1) 故障产生机理与建模

故障产生机理用于分析故障源与故障现象之间的因果关系、故障源与传播路径中间部件的状态关系。故障产生机理分析主要有 2 种方法:一是故障传播有向图分析法,主要用于研究故障源与传播路径中其他部件故障的关系;二是故障树分析法,主要用于分析故障现象与故障源之间的因果关系。

故障建模实质上是根据故障产生机理,建立包括故障源、故障现象、故障数据及其之间关联的故障模型,使仿真结果能够生成故障现象及故障数据,与训练人员进行交互,实现对故障的诊断、定位。建模的前提是:

(1) 应用系统是单故障系统。

(2) 系统部件只有正常和故障 2 种状态。

(3) 对于多输入部件,只要其中任何一个输入存在故障,就认为该部件处于故障状态;当且仅当所有输入均正常时,才认为该部件状态正常。

为了实现面向维修训练的故障建模、仿真与评估,设计了如图 7.20 所示的故障模型,其主要包括维修对象、故障现象、故障传播有向图 3 个部分。

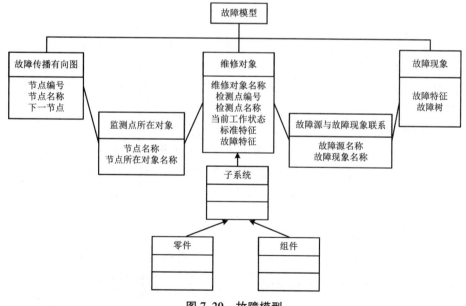

图 7.20　故障模型

维修对象是指故障源、故障传播路径上的中间节点对象,具有维修对象名称、检测点编号与名称、当前状态、检测特征数据等属性。当前状态表示检测点是否存在故障;检测特征数据用于判定维修对象是否存在故障,维修对象的类型不同,其代表的内容也不同。

故障现象由一系列非正常功能症状组成，可以从声音、图像等方面表达。

故障传播有向图是用有向图表达故障传播路径的机制，包括节点编号、节点名称、下一节点等属性，其主要作用是以故障源为起点沿传播路径找出其他节点作为维修对象。

模型还包括 2 个关系表，即检测点与所在维修对象关系表以及故障源与故障现象关系表。维修对象可能存在多个检测点，维修对象与检测点是一对多关系，而故障源与故障现象则是多对多关系。

2) 故障仿真

(1) 检测特征数据

检测特征数据反映了维修对象在故障仿真中所处状态的重要特征，适合于在虚拟环境中进行仿真的检测特征数据主要分为外形数据、外表数据和功能数据 3 种类型。

① 外形数据

外形数据主要用于发生形变、裂变等故障件检测特征数据的建立，在三维建模软件中完成，正常数据是其已有的三维模型，而故障数据则通过改变其参数或利用拉伸、形变工具建立。在进行故障仿真时，实时地用故障状态下三维模型替换正常模型，即可实现数据的更新。

② 外表数据

外表数据主要用于磨损、腐蚀等故障机理造成表面质量发生变化的故障检测特征数据的建立，可以通过改变其表面纹理（texture）完成。事先将纹理图案制成贴图并导入虚拟现实软件，实时选取不同贴图来改变物体纹理，即可实现故障数据更新。

③ 功能数据

功能数据主要用于建立电子类和其他不能用外形数据、外表数据表达的检测特征数据，是维修对象完成其功能的参数。每类功能数据都包括标准值和故障值，只要为维修对象建立不同的功能模型，那么参数的更新即可使维修对象状态发生变化。

(2) 故障现象模拟

故障现象主要包括装备运行噪声的改变、装备显示屏报警、功能中止、功能结果异常等。在虚拟环境中通过声音、图像、动画等方式能够较好地实现故障现象的再现。

① 声音模拟

虚拟现实中声音是模拟真实世界的重要手段，它可以提供听觉上的"真实感"，也是虚拟现实中重要的交互手段。因此，对装备不同运行状态下噪声的模拟，能给受训人员传达装备运行的状态信息，增强受训人员判断装备是否发生故障的能力。

② 装备故障报警模拟

通常装备故障报警主要包括显示屏提示、报警灯亮、发出报警声音等,这些报警信息都通过装备自检程序产生,是故障发生后最为直观的信息,也是进行故障维修的切入点。因此,在虚拟环境中对报警提示信息进行模拟,对于受训人员发现和分辨故障能力的培养具有重要的实际作用。

③ 异常功能结果模拟

装备发生故障后,有时不会中止运行,而且在运行过程中没有异常现象,在这种情况下往往通过功能结果异常来反映装备故障。以传真机复印功能为例,由于其扫描装置 CCD 存在故障,出现复印件与原件不一致的现象(全黑或全白)。异常功能结果同样是故障现象的重要组成部分,利用各种图像、动画对功能结果进行模拟,有利于排障训练的展开。

故障仿真运行流程如图 7.21 所示。用户通过图形界面点选故障源后,交互信息管理响应其操作,启动相应的故障模型,并在虚拟环境中加载三维模型,根据故障模型仿真程序脚本改变维修对象的检测特征数据,产生相应的故障现象。仿真结果产生的故障现象与故障数据为维修训练提供数据支持。

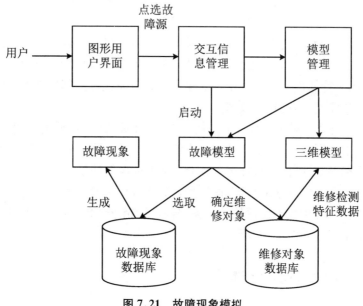

图 7.21　故障现象模拟

7.3　虚拟样机模型的创建与优化

建立虚拟样机模型是虚拟维修训练系统开发的基础工作,准确逼真是建模的基本要求。由于无人机结构复杂、零部件多,并且维修训练内容中的训练方式多样,训练任务和训练要求也各不相同,单一地采用一种建模工具和建模方法对所有模型进行创建,将会带来模型开发数据量大、系统运行效率低以及对系统硬件要求高等问题。根据开发实践,提出了基于训练任务建模思想,建立了多粒度三维模型。

7.3.1　面向训练任务的模型划分

根据维修训练任务的不同,将三维模型具体划分如下:

(1) 特征模型。对于无人机大部构件类的结构学习任务,仅仅需要对无人机的大部构件进行构造认知,了解结构的大部组成和构件之间的位置关系,对模型的精细程度要求一般,所建模型属于特征模型。同样,对训练所用工具(如通用工具、专业工具、仪器表盘等)和备附件,只需其外观形象逼真,对模型的精细程度没有特殊要求,也属于特征模型。可采用特征建模工具对无人机大部构件及训练工具、备附件进行特征建模,提高建模效率。

(2) 精细模型。对于零部件的结构学习、工作原理学习、拆装训练、故障维修、操作考核等维修训练任务,要从具体的维修训练角度出发,对零部件的内部结构和关系要准确把握,是维修训练任务的主体,因此对零部件模型的精确度要求较高,要求精细到每个零件的细节特征,使模型具有更高的逼真度和可操作性,所建模型属于精细模型。可用精细建模软件对零部件进行精细建模,提高模型的精准度。

三维模型划分如图 7.22 所示。

7.3.2　建模工具的选择

目前常用的三维建模软件很多,如 3DMax、Creator、CAXA、UG、Solid Works等,它们各有优缺点。系统选用 Solid Edge、CAXA、3DMax 建模软件进行分类建模,这三种建模软件的主要特点和优势如下:

1. Solid Edge 软件

Solid Edge 软件是专业的机械建模软件,是基于 Windows 操作平台、功能强

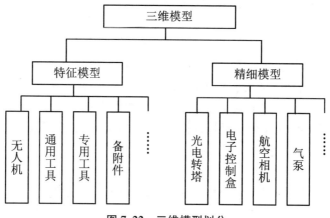

图 7.22　三维模型划分

大且易用的三维 CAD 软件。软件内集成了丰富的机械标准件库,如管道、螺纹、齿轮等,只需要修改个别参数即能创建模型,在标准件的基础上,通过特征编辑命令的使用还能够实现复杂的操作。

本系统采用 Solid Edge 软件作为无人机光电吊舱稳定转台和升降机构模型的建模工具。

2. CAXA 软件

CAXA 是具有我国自主知识产权的 CAD/CAX 软件,它将设计、装配、渲染和动画等集中在一个统一的操作环境下,采用直接拖放式的实体造型并结合智能捕捉与三维球技术,使其在设计效率和速度上大大高于其他软件,开创了三维创新设计的新领域。

CAXA 具有可视化、精细化的建模特点。可视化建模特点是其能够在直观而易用的三维环境中直接进行可视化设计,例如可以利用鼠标根据即时提示对零件进行尺寸设定、定位和装配,给零件上色和增加纹理,通过拖拉图素和尺寸驱动手柄编辑一个智能图素的尺寸等。精细化建模特点是 CAXA 提供了丰富、强大的编辑和修改工具,可对设计的零件雏形进行精雕细琢,完成精确、精细的定位、尺寸和形状等细部设计,使得模型从粗略模型成为精细模型。

无人机结构复杂、零部件多,精细建模任务量大。CAXA 具有高效、精细的建模优势,满足了繁重的精细零部件建模任务需求,使得系统开发周期缩短、效率提高。另外,CAXA 的高效建模优势还表现在可以对一些通用工具进行快速建模。

本系统采用 CAXA 软件作为精细零部件的建模工具。

3. 3DMax 软件

3DMax 是 Autodesk 公司开发的基于 PC 系统的三维动画渲染和制作软件,

其前身是基于 DOS 操作系统的 3D Studio 系列软件。在应用方面,3DMax 广泛用于广告、影视、工业设计、建筑设计、多媒体制作、游戏、辅助教学以及工程可视化等领域,它是集造型、渲染、动画制作于一身的三维制作软件。

3DMax 建模功能强大,在角色动画方面具备很强的优势,另外丰富的插件也是其一大亮点。与强大的功能相比,3DMax 可以说是最容易上手的 3D 软件。此外,3DMax 和其他相关软件配合流畅,做出来的效果非常逼真。

本系统采用 3DMax 作为画幅式相机、无人机机体、工作场景、相关备附件的建模工具。

7.3.3　基于 Solid Edge 的实体建模及优化

系统采用 Solid Edge 软件作为特征模型建模软件,模型主要包括光电吊舱的稳定转台和升降机构。

1. 建模的一般步骤

运用 Solid Edge 进行建模的一般步骤为:

(1) 构造模型基本特征。通过实体测量,依据尺寸及比例,绘制模型的第一特征。

(2) 选择基本特征的最佳轮廓。基本特征的轮廓应生成尽可能多的零件基本形状。大多数模型表示构造基本特征轮廓有多种选择,但始终有一个备用选择比其他选择更好。

(3) 建立模型。在模型特征轮廓建立的基础上,通过拉伸、对称、圆角、切角、布尔运算等命令塑造模型,并进一步勾画模型的精细特征。

(4) 部件模型装配。使用智能装配、装配族、多工位装配和可调整装配、可调整零件等功能,运用自顶向下、先内后外两种装配技术,精确约束待装配部件之间的关系,以完成整个产品的准确装配。

2. 精细部件建模

稳定转台结构复杂,零部件繁多;升降机构作为承载稳定转台搭入机体的重要传动部件,在仿真环节中要求体现准确的动作控制,因此需要精细构建三维模型。

以稳定转台建模为例,将实体各部件按照软件支持区分为标准件和非标准件,直接调用标准件库创建标准件模型,通过特征编辑命令修改规则几何体创建非标准件模型,再按实体安装顺序,将各个部件装配成一个整体。

(1) 标准件建模

以螺钉为例,其建模步骤如下:

第一步,构建螺钉的基本特征模型。在标准件库中调出两个圆柱体,修改参数。

　　第二步,创建螺纹标准件。使用"螺纹"命令在下侧圆柱体上产生螺纹。

　　第三步,编辑螺帽特征。使用"拆分体""偏置面"等特征编辑命令创建螺帽特征。

　　第四步,赋予材质。使用"颜色"命令给螺钉赋予材质。

　　最终建模效果如图 7.23 所示。

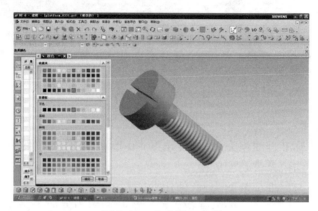

图 7.23　完成螺钉建模

　　用类似的方法创建红外热成像摄像机、可见光成像摄像机、陀螺仪、内俯仰及内方位框架等的三维模型。

　　(2) 特征编辑建模

　　以前后球壳为例,其建模步骤如下:

　　第一步,创建球体。使用"球体"命令创建球体。

　　第二步,创建球壳。使用"抽壳"命令,设置合适的参数将球体掏空。

　　第三步,重复标准件建模的过程,在球壳上添加齿轮、红外及可见光窗口等标准特征并赋予材质。

　　最终建模效果如图 7.24 所示。

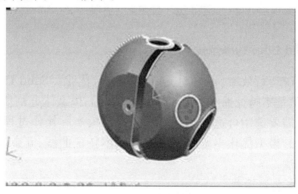

图 7.24　球壳特征

采用类似的方法创建旋变测角器、直流稳压电机、接插件、内置控制电路等的模型。其中旋变测角器、接插件模型效果如图 7.25 所示。

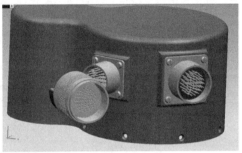

图 7.25　类似模型

（3）模型装配

标准件与非标准件建模完成后，使用 Solid Edge 软件定位约束装配功能将各个部件按照各种约束条件装配成型。

以速率陀螺与内框架装配为例，使用"装配加载选项"选取外部的陀螺仪模型文件，设定约束条件，将外部的陀螺仪模型准确装配至内框架上，如图 7.26 所示。

图 7.26　装配加载选项

3. 基于 Solid Edge 的模型优化

为了提高系统运行效率，需要对三维模型进行优化。Solid Edge 提供了多种优化方法，如去除基本特征曲线、冗余面"层叠"技术、模型体分割技术等，可以根据模型特点和实际需要选用合适的优化方法。在建模实际操作过程中，我们还摸索出软件整合技术。模型优化主要采用了去除基本特征曲线、冗余面"层叠"技术及软件整合三种方法。

（1）去除基本特征曲线

删除在建模过程中留存的基本特征曲线是减少模型数据量的一种方法。

Solid Edge 软件建模时会创建大量模型的基本特征曲线,尤其是在模型装配时两个部件如存在约束关系,基本特征曲线会成倍增加或者融合成一个更为复杂的特征曲线。这些特征曲线在系统运行时是不可见的,删除它们并不影响模型的浏览效果,但可提高系统运行效率。

(2) 冗余面"层叠"技术

使用 Solid Edge 软件面"层叠"工具,可以将选中的若干个面合并成数量尽可能少的面,从而使模型文件变小。使用合并面工具时要注意合并后的模型与合并前的模型外形不要发生改变。在影响不大的情况下,造型中相近的面应予以合并。

(3) 软件整合

Solid Edge 软件建模调用标准件库和使用特征编辑命令时,需要参数来控制模型外观,这些参数数据在 Solid Edge 软件中不能够去除,因此大量数据参数会占用较多数据空间。通过在软件之间导出及导入整合模型可以去除参数占用的数据空间,仅保留三维模型实体。将装配后的模型导出为"∗.x_t"格式,再导入 CAXA 软件或者 3DMax 软件,通过软件整合作用导出为"∗.3ds"文件或者"∗.NMO"文件可以去除参数在成品模型中占用的空间。经检验,导出的模型文件与仿真任务需求的 Virtools 软件兼容性良好,不影响装备仿真动作的准确性和美观性。

以内俯仰及内方位框架模型为例,直接导出"∗.3ds"文件数据量为 6.28 MB,导入 CAXA 软件再行导出"∗.3ds"文件数据量为 5.08 MB,导入 3DMax 软件再行导出"∗.NMO"文件数据量仅为 3.57 MB,采用以上方法优化后,减少数据量为 2.71 MB,占比 40%。

运用 Solid Edge 创建的模型如表 7.10 所示。

表 7.10　运用 Solid Edge 创建的模型

类型	模型		备注
精细模型	光电吊舱	吊舱外俯仰与方位框架	
		吊舱内俯仰与方位框架	
		陀螺和旋变测角器	
		伺服控制板	
	检测仪		
	升降机构		

7.3.4　基于 CAXA 的实体建模及优化

采用 CAXA 软件作为精细零部件的建模工具,主要用于激光测距(高)机和检测器的建模。

1. 建模的一般步骤

（1）建立零件模型

建模过程中，首先在CAXA的建模模块中建立各个零件的模型。模型的类别包括标准件模型和非标准件模型。

（2）零件模型装配

零件模型创建完成后，根据需要在装配模块中进行部件的约束装配、无约束装配或综合装配，将零件装配成所需部件或机构。

（3）输出与优化

建完模型后，可根据任务的需要通过输出设置对三维模型进行相应的优化处理，以减小模型文件数据量。

2. 精细零部件建模

对于需要进行结构学习、工作原理演示、拆装训练、故障维修、操作考核等维修训练任务的零部件，需要进行精细模型。

激光测距机的零件分为标准件和非标准件，对于齿轮、紧固件、轴承、弹簧等标准件，CAXA拥有强大的标准件库，可以直接从标准件库中选择标准件，通过输入参数得到标准件模型；对于形状不规则的非标准件，需要在CAXA建模功能界面中，通过特征建模与参数化建模两种方法相结合来建立模型。

（1）非标准件模型的建立

在建立非标准件零件模型时，首先要确定零件建模的基准面，确定基准面后，再依此基准面构建零件模型的各个特征要素。具体建模步骤如下：

第一步，分析激光测距机的结构特点，可将激光测距机划分为不同的零件，然后分别进行建模。在建模过程中，可先按照尺寸标准和各造型的位置关系构建各部件的轮廓曲线，然后使用拉伸轮廓曲线的方法生成所需造型。如图7.27所示。

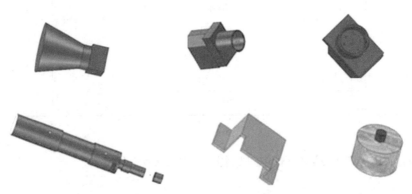

图7.27　激光测距机零件各造型

第二步,建立激光测距机主体框架,再对相关构件进行打孔、倒角等操作,最终构建出完整的激光测距机主体框架,如图 7.28 所示。

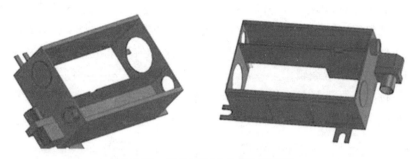

图 7.28　激光测距机主体框架造型

（2）标准件模型的建立

CAXA 具有比较完善的标准件库,可以方便地建立各种标准件。

对标准件进行建模时,只要在标准件库中选择相应的标准件,然后在参数模块中输入相关标准件参数,即可得到需要的标准件模型。

（3）电线模型的建立

CAXA 的特征设计功能很强,所需的几何图素可以利用系统提供的拉伸、旋转、扫描、放样 4 种"特征生成"工具的造型方法生成自定义智能图案,并可扩充于设计元素库中。这 4 种"特征生成"工具的造型方法都是基于在二维截面或剖面图上绘制封闭轮廓进行的,由二维截面生成三维特征时都有各自的向导菜单引导用户操作。可通过扫描工具来生成电线,先生成扫描导线,然后设置截面。

（4）模型的渲染

CAXA 提供了对设计环境背景、装配/组件、零件、表面这些不同的渲染对象进行渲染的方式,主要采用的三种修改零件外观属性的方法分别是:从设计元素库中拖出颜色、纹理和凸痕以及贴图等,然后将它们贴到零件上;使用智能渲染向导指导完成颜色、纹理、凸痕、贴图、光洁度、透明度以及反射的指定与修改;使用智能渲染选项卡定义高级和详细的自定义型零件渲染属性。

通过拖放图素库中的智能渲染属性,可以方便地设置各种渲染效果。将智能渲染设计元素各项渲染属性拖入设计环境时光标将变成一个刷子。此时的渲染也具有很强的灵活性:如果在选择了装配件的状态下拖放智能渲染,则弹出渲染层次询问对话框,根据不同的选择会对不同的渲染对象产生影响;如果在零件或智能图素状态下选择了某个零件,拖放智能渲染属性将影响整个零件;如果在表面状态下选择了某个表面,那么只有零件被选中的表面受影响。

还可以使用智能渲染向导在零件上应用智能渲染属性。此向导将在整个渲染过程中逐步进行引导,在各页面中进行选择,即可生成各种智能渲染组合。

在 CAXA 实体设计中,只有零件和零件上的某一表面能够打开智能渲染向导,装配件和图素选择状态下智能渲染和智能渲染向导都是灰色的。

打开智能渲染向导的方法如下:先生成新的设计环境,从图素设计元素库中拖入一个长方形图素,再拾取长方体进入零件编辑状态或某一表面,然后在"设置"下拉菜单中选择"智能渲染向导"。另外还可从"生成"菜单上选择"智能渲染"。

除了使用拖放方法、智能渲染向导,还可以直接在智能渲染选项卡中对零件和图素的渲染进行设置编辑。

在零件状态下选择长方块,右击长方体,从弹出的菜单中选择"智能渲染",此时出现如图 7.29 所示的"智能渲染属性"对话框。

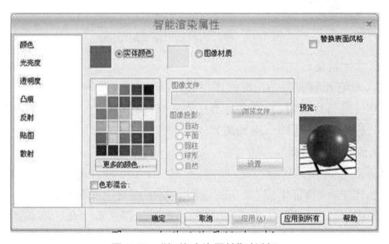

图 7.29　"智能渲染属性"对话框

"智能渲染属性"对话框左部有 7 个选项卡,依次选择其中的每一个,可以查看每个属性的可用选项。将属性指定给某个零件后,可以选择应用来预览相应的变动。选项卡处于打开状态,可以根据需要再进行相应的调整。如果选项卡对话框挡住了要查看的零件,可将其从原方位上拖开。当对零件的外观感到满意后,可以选择"确定"关闭"智能渲染属性"对话框。经渲染后的放大电路板如图 7.30 所示。

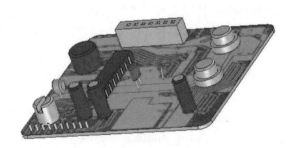

图 7.30　放大电路板

（5）模型的装配

在进行模型装配时,先进行部件的装配,形成部件后,再将部件装配成完整的模型。运用 CAXA 中提供的约束装配和无约束装配,可以方便地进行模型装配。图 7.31 为完成装配后的激光测距机模型。

图 7.31　激光测距机模型

3. 基于 CAXA 的模型优化

CAXA 建完模型经过渲染等处理工作后,可根据任务的需要通过输出设置对三维模型进行相应的优化处理,以减小模型文件数据量。模型输出优化过程如图 7.32 所示。

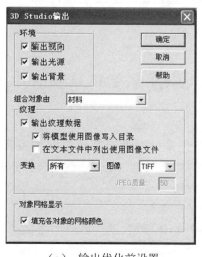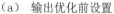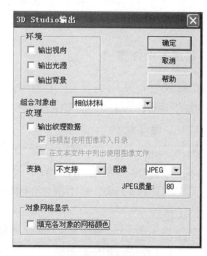

（a）　输出优化前设置　　　　　　（b）　输出优化后设置

图 7.32　模型输出优化

通过对“环境”“对象网格显示”“纹理”“组合对象”等选项模块的选择或设置,可输出不同精细程度的模型。根据 Virtools 三维仿真软件的特点,在模型输出环节,可取消"环境""输出纹理数据"和"对象网格显示"模块的设置,将"组合对象"设置为"相似材料","变换"设为"不支持","图像"设为"JPEG","JPEG 质量"设为"80"。

7.3.5　基于 3DMax 的实体建模及优化

无人机装备模拟维修系统采用 3DMax 软件作为机械结构零部件及工作场景精细建模的主要软件。主要包括画幅相机暗盒、画幅相机镜箱、搭载设备、维修工棚、维修操作台及相关工具等的建模。

1. 建模的一般步骤

(1) 建立零件模型

建模时,首先使用 3DMax 软件建立基本零部件的模型。3DMax 软件拥有强大的规则几何体和扩展的规则几何体库,通过调用标准基本体及扩展基本体中的规则几何体,采用复合建模布尔运算、放样、附加、焊接等完成零件建模。

(2) 零件模型装配

零件模型创建完成后,使用 3DMax 软件的合并功能将多个零件合并至一个文件中,采用约束装配和无约束装配,将模型装配成所需部件或机构。

(3) 输出与优化

建完模型后,可根据任务的需要通过安装输出插件、调整输出设置对三维模型进行相应的优化处理,以增强模型文件的可移植性。

2. 精细零部件建模

对于需要进行结构学习、工作原理演示、拆装训练、故障维修、操作考核等维修训练任务的零部件,需要进行精细模型。

(1) 布尔运算建模

布尔运算是一种数学逻辑计算方式,用来处理两个数位之间的逻辑关系。3DMax 利用这种运算功能,借助两个简单的对象产生一个复杂的物体。布尔运算建模是系统在建模过程中运用最多的建模方法。

(2) 放样建模

放样建模主要用于构建平滑过渡的软性物体模型,系统模型中接插件之间线的连接均是使用放样建模完成的。

(3) 多边形建模

多边形建模是 3DMax 最强的地方,也在几种三维软件中居于绝对优势地位。多边形建模可以将规则的三维实体模型塌陷为简单的点和面,通过调整个别点或单个线来修改原始模型,以达到与实际零部件一模一样的目的。

3. 基于 3DMax 的模型优化

创建模型的时候,可以通过良好的软件使用习惯来优化模型的数据量。在建模的时候,需要精细建模的模型要在保证模型视觉效果的前提下尽量节省片数,次要模型要简化表现。尽量减少模型的接缝,对于重叠的点或边,需要对齐,然后将重合的点焊接,在一些细节处理上可以使用贴图代替三维建模,可大幅减少数据量。

3DMax 软件与市面上的仿真软件有着较强的兼容性,这也是我们选择此软件作为建模主要软件的初衷。根据任务需要,采用 Virtools 为仿真驱动软件,在3DMax 软件下安装"Virtools Max Exporter (4.0.0.48).exe"插件,即可将模型直接导出为"∗.nmo"文件。经此插件导出的模型文件较其他导出文件格式,与仿真驱动软件 Virtools 兼容性最高。例如,画幅相机暗盒导出为"∗.3ds"文件,其大小为 26.8 MB,导出为"∗.nmo"文件,其大小为 24.3 MB,数据量减少了 10.3%。

导出文件模型时,还可以通过设定导出参数来优化导出模型。通过对"环境""对象网格显示""纹理""组合对象"等选项模块的选择或设置,可输出不同精细程度的模型。根据笔者所使用的 Virtools 三维仿真软件的特点,在模型输出环节,可取消"环境""输出纹理数据"和"对象网格显示"模块的设置,将"组合对象"设置为"相似材料","变换"设为"不支持","图像"设为"JPEG","JPEG 质量"设为"80"。

7.4　虚拟维修训练资源创建

根据虚拟维修训练内容的要求,虚拟维修训练资源主要包括结构组成学习、工作原理演示、分解结合训练、技术检查训练、故障维修训练、考核等六类资源。

资源主要运用 Virtools 软件平台开发。根据训练需要和用户实际,还用Flash、Ulead VideoStudio、Gold Wave、Word、3DMax 等多种工具开发了二维动画、三维模型、视频、音频、文本、图片、幻灯等训练资源。三维仿真资源的创建是系统研究开发的重点。

7.4.1　模型的导入与场景优化

1. 模型导入与设置

选用 Virtools Dev 4.0 作为仿真开发软件。将建立好的 3D 模型导入 VirtoolsDev 4.0 中并进行模型调整与设置是系统功能仿真开发的首要步骤。Virtools 只能识别"∗.3ds"文件,CAXA 和 3DMax 所建模型可以直接输出"∗.3ds"文件,而 UG 所建模型不能输出为"∗.3ds"文件,系统采用中间转换工具 CAXA 将 UG 输出的"∗.PRT"模型文件转换为"∗.3ds"文件。

模型导入场景之后,需要对其进行相应的设置。在 Level Manager 层级管理器的 3D Object 层级子菜单中,根据需要在零件列表中更改零部件名称;在 Hierarchy Manager 中按照零部件父子关系建立层级关系;通过 3D Object Setup 界面对模型的大小、位置、方向进行调整。此外,还需要对 Light(灯光)、Character(虚拟角色)、Textures(贴图)、Materials(材质)以及 Frame(帧)等要素进行设置。创建并调整不同 Light 的类型、照射范围以及光照强度等,以创建出明暗交错、真实感强的开发环境,让模型更加具有三维立体感;创建并设置 3D Frame,用于标记特定方位,作为仿真的参照点和坐标点;创建并设置 Textures(贴图)和 Materials(材质),使三维模型更加美观、更具有金属感、更加逼真。

2. 场景优化

虚拟环境建模的场景优化主要用于简化三维模型以提高运行效率。在 Virtools 软件中主要通过 Portal 管理和 LOD 算法来实现场景优化。

Portal 管理用于实现可见消隐技术,达到场景优化的目的。此功能主要用于在创建 Place(场景)的基础上控制好 Portal 的位置,使在不可见范围内的对象隐藏起来不显示。实现这一功能的模块主要有 Portal management(入口管理)和 Set Portal(设置入口)这两个 BB(building block)模块。

而 LOD 技术的实现也可以借助于 Virtools 本身自带的功能模块编程实现。Virtools 提供了 5 个关于 LOD 的 BB,如表 7.12 所示。通过这 5 个 LOD 的 BB,可以很好地设置和管理 LOD 的细节层次。

表 7.12　Virtools LOD 行为模块列表

行为模块名称	功能描述
Get LOD Attribute	获取层次细节属性
LOD CharacterAnimation	层次细节简化角色的动态资料
LOD ManagerOptions	层次细节简化管理选项
Set LOD Attribute	设置层次细节属性
Set ProgressiveMeshOptions	设置渐进的网面选项

3. 人机交互

在引导式训练和自测环境下,需要实现人机交互,即在激活被选中的实体对象后,就要使此实体对象跟随鼠标而移动,而 Virtools 4 软件中没有直接实现这个功能的 BB 行为模块,于是自行编写 VSL(virtools script language)来构建适合条件的模块。

7.4.2　创建仿真运动模型

无人机虚拟维修训练资源主要是采用 Virtools 开发的三维仿真资源。根据训练内容要求,不同的维修训练内容和训练模式对训练资源要求不同。但不论哪种资源,其运动过程仿真都是仿真实现的核心内容。零部件运动往往比较复杂,为形象逼真而又方便高效地仿真其运动过程,需要将复杂运动分解为典型运动,并建立其运动模型。分析无人机各机构的运动,其典型机械运动包括电机转动、齿轮(齿轮系)传动、螺旋传动、弹簧伸缩运动、柔性线缆运动等。

1. 齿轮传动模型

在无人机各机构中,含齿轮传动的机构包括画幅式相机传动机构、昼夜光电稳定平台俯仰及方位装置等。其中画幅式相机传动机构用到了行星齿轮传动机构和锥齿轮机构,昼夜光电稳定平台俯仰及方位装置用到了平面齿轮机构。不论是哪种类型,齿轮传动仿真的核心是确定各齿轮的传动比。以齿轮 1、齿轮 2 之间的传动为例,齿轮 1、齿轮 2 齿数分别为 Z_1、Z_2,Δt 时间内,齿轮 1 转动角度为 $\Delta\beta_1$,齿轮 2 转动角度为 $\Delta\beta_2$,则其理想运动模型为

$$\frac{\Delta\beta_1}{\Delta\beta_2} = \frac{Z_2}{Z_1}$$

2. 螺旋传动模型

无人机昼夜光电稳定平台升降装置工作时,链条转动升降平台运动是典型的螺旋传动。升降装置通电后,电动机接通,电机旋转,通过安全离合器、轴承、链条传递到螺杆上,螺杆转动带动升降平台移动。昼夜光电稳定平台固定在升降装置上,完成平台使用准备工作。因此其核心运动是螺杆转动带动升降平台直线运动的螺旋传动。

当螺杆转动 φ 角时,升降平台做直线运动,位移为 s(mm),则有

$$s = l\frac{\varphi}{2\pi}$$

式中 l 为螺杆的导程。又设螺杆的转速为 n(r/min),n 为链条传递到螺杆上的转速,为定值,即可推导出螺母移动的速度(m/s)为

$$v = \frac{nl}{60 * 1000}$$

3. 弹簧伸缩运动仿真实现

弹簧伸缩运动本身较为简单,但是当它与其他运动合成时,往往变得较为复

杂。例如弹簧一端固定时，弹簧在做伸缩运动的同时，还要进行平移运动，为此需要实时计算弹簧的长度，根据弹簧长度确定弹簧平移距离，以确保弹簧一端位置固定。画幅式相机胶片读数表的指针转动即为此类运动。

假设弹簧长度为 L，弹簧位置坐标位于弹簧几何中心，弹性系数为 η，运动距离为 S，则可建立如下运动关系：

$$S = \frac{1}{2}(1 - \eta)L$$

4. 柔性线缆运动模型

在无人机光电吊舱技术检查、维修训练过程中，经常用到电源线、液压软管等柔性线缆。对于柔性线缆的仿真，主要基于 Virtools 虚拟开发平台，采用分段平滑的建模方法，充分利用 Virtools 平台模块化的建模优势及其易操作特点，采用离散控制点控制算法，对虚拟环境下柔性线缆的牵引与平移运动进行仿真实现，并封装成可快速实现线缆运动控制功能的通用 BG(behavior graph)模块库，以便于开发人员通过可视化的流程规划与简单的参数调整轻易地控制修改相关参数，满足开发需求，提高开发效率。

（1）Virtools 环境下的柔性线缆建模

根据 Virtools 引擎特点，对柔性线缆进行三维建模需要将线缆简化为一系列线缆接头控制点和接头之间分段平滑的柔性线缆，通过对曲线段节点的属性设置来控制曲线走向。

基于离散控制点线缆建模技术，可建立虚拟环境下的线缆模型。Virtools 虚拟环境下的线缆建模主要由离散控制点建立、离散控制点属性设置、线缆生成三部分组成。

利用 3DLayout 区 CreationTools 的 CreateCurve 按钮新建一条曲线，在 3DLayout 工作区内通过鼠标点击相应位置建立控制点。曲线属性的界定包括曲线整体属性和离散点属性两部分，具体包括 CurvePosition、CurveOrientation、CurvePointPosition 和 CurveType、CurveAspects 等。曲线的初始信息根据线缆用途在建模过程中设定，其中 CurveType 包括 Spline、Linear 和 OpenClose 三种属性，系统采用的是分段平滑的柔性线缆建模，相应选择 Spline、Open 属性即可。

虚拟线缆的走向主要由离散控制点的属性控制。离散控制点的属性主要是其三维坐标信息，即 CurvePointposition(X, Y, Z)。

相邻控制点之间采用平滑曲线连接。设线缆起点即第一控制点 Rope-Point0000 坐标为(X_0, Y_0, Z_0)，其他控制点及坐标依次为 Rope-Point0001(X_1, Y_1, Z_1)，Rope-Point0002(X_2, Y_2, Z_2)，…，Rope-Point000$N(X_N, Y_N, Z_N)$。相邻两控制点之间通过 Virtools 系统自动生成的平滑曲线连接。

线缆生成主要是应用材质渲染技术生成具有真实感纹理信息的线缆，应用

RenderCurve BB 实现,通过调节 BB 各参量设置并隐去离散控制点信息,运行仿真程序渲染,即可实现线缆效果。

(2)虚拟线缆的运动控制

虚拟线缆的运动控制分为两种类型:一是以整个线缆作为操作对象,对整个线缆进行位置平移、旋转等操作;二是以线缆一端的第一个控制点(即 Rope-Point0000)为控制对象,对该控制点进行平移、旋转操作,同时利用物理属性模块 VirtoolsPhysicsPack 和人工智能模块 VirtoolsAIPack 中的相关 BB 对其他控制点进行运动控制,达到"牵一发而动全身"的效果。第一种类型的线缆运动控制仿真相对较为简单,利用 Virtools 平台中的 Translate、Moveto、Rotate、Rotatearound 等 BB 即可实现。这里仅针对第二种控制方式进行运动仿真实现。该部分所要用到的主要 Virtools BB 及各 BB 主要参量的含义如表 7.13 所示。

表 7.1　线缆节点控制 BB 模块及其主要参量含义

BB	主要参量	含义
Translate	TranslateVector	位移矢量
Rotate	AxisOfRotation AngleOfRotation	用矢量来表现给定的指示 旋转的角度和旋转的次数
KeepAt Constant	Position Distance	按照指示的坐标为导航 在两个对象之间保持一定距离
Physicalize	Fixed Friction Elasticity Mass CollisionGroup ShiftMassCenter LinearSpeedDampening RotSpeedDampenin	如果为真,则该实体固定 设置摩擦系数 设置弹性系数 设置实体质量 定义的碰撞检测对象组 重心向量转换 对象平移速度控制 对象旋转速度控制

线缆第一控制点在空间的运动包括上、下、前、后、左、右六个方向,激活 TranslateBB 和 RotateBB 实现 Rope-Point0000 的前进、后退、上移、下移、左转、右转动作。其他控制点控制原理描述如下:

应用物理化模块 PhysicalizeBB 对整个线缆进行物理化,使线缆具有质量、重心等物理学属性。采用 KeepAtConstantDistanceBB 及其他必要的 BB 模块,使 Rope-Point000i 与其上一级相邻控制点(即 Rope-Point000$[i-1]$)之间保持一定距离,即保持线缆的整体长度。根据控制点 Rope-Point000i 与重心的相对位置关系,采用逻辑判断模块 BinarySwitchB 设计不同的控制点运动路径。

　　下面以第二个控制点 Rope-Point0001(X_1，Y_1，Z_1)为例进行仿真原理分析。即在假设线缆末端控制点 Rope-Point000N(贴于地面)固定不动的前提下，探讨在已知第一控制点的初始位置(X_0，Y_0，Z_0)、位置偏移量(d_x、d_y、d_z)和第二控制点的初始位置坐标(X_1，Y_1，Z_1)的情况下，如何求得第二控制点的现在坐标值(X_1'，Y_1'，Z_1')。

　　在线缆末端固定不动的情况下，设(X_N，Y_N，Z_N) = (X，0，Z)，由于经物理化后线缆受重力作用影响，线缆在 XOZ 坐标平面上的投影必为一条直线。

　　线缆始端运动变化量(dx、dy、dz)是由按键独立控制的，可以首先假设在某一时刻只有一个量是变化的。根据相似原理可得

$$\begin{cases} \dfrac{X_1 - X}{X_0 - X} = \dfrac{X_1' - X}{dx} \\ \dfrac{Z_1 - Z}{Z_0 - Z} = \dfrac{Z_1' - Z}{dz} \end{cases} \tag{7-5}$$

由此可得

$$\begin{cases} X_1' = X + \left(\dfrac{X_1 - X}{X_0 - X}\right) \cdot dx \\ Z_1' = Z + \left(\dfrac{Z_1 - Z}{Z_0 - Z}\right) \cdot dz \end{cases} \tag{7-6}$$

　　又因为采用 KeepAtConstantDistanceBB 模块使得 Rope-Point0001 与 Rope-Point0000 之间长度保持不变，即有

$$(X_0 - X_1)^2 + (Y_0 - Y_1)^2 + (Z_0 - Z_1)^2$$

$$= (X_0 + dx - X_1')^2 + (Y_0 + dy - Y_1')^2 + (Z_0 + dz - Z_1')^2 \tag{7-7}$$

将 X_1'、Z_1'代入即可求得 Y_1'。

　　在 Virtools 平台下进行仿真实现时，为了增强真实感，需要将控制点 Rope-Point0001 的运动相对于 Rope-Point0000 滞后约 100 ms。同理，可对线缆其余控制点的运动进行编辑。

　　当由于线缆运动而使线缆末端向上运动(即 $Y_N > 0$)时，可以在线缆与地面的接触位置动态添加控制点 Rope-Point000[$N + 1$]，同时根据上述方法控制 Rope-Point000N 的运动。

　　此外，在 Virtools 内部脚本编辑区单击鼠标右键选择"Draw Behavior Graph"，即可使用鼠标框选方式将所用 BB 及其相互链接关系集成为线缆建模与运动仿真专用 BG 模块，并可导出为"*.nms"格式文件供 Virtools 文件调用，有效提高了开发人员的工作效率。

7.4.3　结构组成学习资源创建

　　结构组成资源主要用于受训者学习无人机及其系统组成、构造及工作原理。

为了达到较好的学习效果,结构组成资源要能够清楚直观地展现系统或各部件的位置关系、内部构造及名称、用途等信息。为此,资源要实现漫游、内部结构展现、外观构造及部件信息显示等功能。漫游主要是学习部件或机构的外部位置关系;内部结构展现主要是通过透视、拆分等方式展现部件或机构内部的详细构造。同时,能够随着鼠标指针的移动实时显示鼠标指针所指的零部件名称、用途等信息,为受训者提供多种学习方式。

1. 漫游功能实现

漫游功能包括自动漫游和自主漫游两种方式。

自动漫游的主要目的在于让受训者按照预先设定好的漫游路线从整体上对装备位置关系进行学习,通过控制"摄像机"(camera)按照预先设定好的运动轨迹运动,从而实现自动进行漫游的功能。实现方法:运用 BB"Curve Follow/曲线跟随"模块控制"摄像机"按照特定的运动轨迹和朝向运动(朝向是以固定的运动参照点"3D Frames/三维帧"或三维实体来确定的),或运用 BB"Move To/移动到"模块使"摄像机"在不同的"参考点"(3D frames)间进行视角变换。

自主漫游是受训者利用键盘或者鼠标与仿真界面进行人机交互,自主选择"摄像机"行进的路线或观察视角。实现方法:运用核心 BB"Switch On Key/按键切换"模块实现用键盘控制"摄像机"运动,或者运用核心 BB"Mouse Camera Orbit/鼠标控制相机旋转"模块(注意设置好旋转速度、旋转参照点等各项参数)实现用鼠标控制"摄像机"随意旋转。键盘控制指定"摄像机"移动 BB 组合如图 7.34 所示。

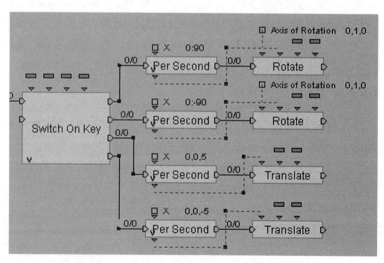

图 7.34　键盘控制指定"摄像机"移动 BB 组合

2.内部结构展现功能实现

内部结构展现功能主要用于让操作者不必拆卸实装就能够对装备内部结构有直观的认识。使用者可以透视、隐藏其他部件或打开装备外壳观察设备内部结构，有助于使用者对设备结构的认识，实现结构学习时"进得去，看得见"。对于复杂零件，还可以采用拆分或剖视方式展现内部结构。剖视方式的实现需要在建模阶段建立相应的剖视模型，其他方式主要在仿真阶段通过程序控制实现。

3.部件信息显示功能

为了使受训者认识零部件，系统能够随着鼠标指针的移动实时显示鼠标指针所指的零部件信息。零部件名称显示在鼠标指针位置，其他信息显示在指定窗口位置。基于 Virtools 的实现过程如下：添加 array 列表，建立三维模型与资料信息对应关系；运用"Mouse Waiter"BB 响应鼠标事件，并选择"Move Received"接口；运用"2D Picking"BB 获取鼠标指针对三维模型的响应，获取模型名称；运用"iterator if"BB 判断所拾取模型在 array 列表中的位置；运用"Get Mouse Position"BB 获取鼠标指针的屏幕位置（用以显示零部件名称）；运用"Text Display"BB 实时显示零部件信息。

7.4.4　工作原理演示资源创建

对于无人机光电吊舱系统的安装使用、技术检查、升降转动等，采用三维演示效果较好。三维演示的核心是机构的运动过程仿真，同时，为了便于受训者更好地理解相关工作原理，还配有文字/音频解说功能、视角切换功能、零部件信息显示功能等。

1.开发思路

对于三维工作原理演示资源，主要采用 Virtools 进行开发。其基本思路是：一是分析系统运动过程，将复杂运动分解为便于 Virtools 控制的典型运动，如齿轮运动、螺杆传动等。二是确定各典型运动的相关量和运动方程。三是运用三维仿真软件实现各种运动仿真。首先建立机构合适的"父子"关系（即约束关系）和运动参考点，然后根据运动模型和零件父子关系设定控制 BB 的参数关系，最后根据时间节点进行"并行"仿真，即合成为多级的复杂运动等。四是添加文字提示、语音讲解等辅助功能。同时，为了更好地演示零部件的内部工作过程，可以透视、隐藏或打开装备外壳观察设备内部工作过程。

2.仿真实现

转台零部件多，外框架和内框架之间的运动关系复杂，运动动作既相互联系又相互区别,为了逼真地模拟出具有相互约束关系的零件运动过程,需要分析出各零件之间的运动关系及工作原理。根据工作原理仿真思路,按照运动过程仿真开发步骤,以光电侦察系统的转台运动为例,其运动仿真开发过程为:

(1) 工作状态分析

工作状态主要包括惯性态、搜索跟踪态和回收态等。工作状态分析任务主要是描述第一种工作状态下无人机光电吊舱的运用规律。

(2) 建立运动参考点及层级关系

在 Virtools 继承关系管理菜单栏"Hierarchy Manager"中设置零件与零件之间、零件与运动参照点之间的父子关系。

(3) 系统仿真实现

由于工作状态较多,为了节省 Virtools 的资源(RSC)空间,需要设置地面检查仪的屏幕材质属性,名称为 pm。在 pm 的 setup 窗口中设置好加载多个状态(add slot),加载时每一个 slot 文件必须是相同的大小、相同的格式,然后在 Schematic 中添加 BB"set current slot"模块实时切换不同的状态。分解与结合两个过程互为逆过程,其使用到的 BB 模块和实现方法相同。所不同的是零部件初始状态和相关参数设置有所区别。

3. 辅助功能的实现

(1) 文本显示功能的实现

文本显示功能的作用是将每一个工作步骤都以文字的形式在界面中显示出来,从而加深使用者对工作过程的理解。对文本显示功能的要求是:字体大小适中,显示位置适合,描述清楚准确,先显示步骤再执行动作。实现方法:运用文本显示 BB"Text Display/文本显示"模块按照工作步骤组合在一起来实现,注意设置好每一个 BB 的参数。

(2) 语音讲解功能的实现

在工作原理演示过程中,为了加深理解和记忆,还需要语音讲解工作原理。语音讲解功能的实现需要用到已创建好的音频资源。实现方法:第一步,运用 BB"Object Create/物体创建"建立与音频文件的连接;第二步,运用 BB"Set Sound Type/设置音频类型"将音频文件设置为 Virtools 能识别的格式;第三步,运用 BB"Sound Load/载入音频"将音频加入 Virtools 中;第四步,运用 BB"Wave Player/声音播放"播放语音。

(3) 其他辅助功能的实现

其他辅助功能主要包括按钮切换功能、视角变换功能和视频播放功能等。这些功能与结构学习资源中的相关功能类似,这里仅以视频加载和播放为例,在系统的组成结构中加载 SWF 格式的 Flash 文件,在系统的跟踪搜索态中加载 mpg 格式的视频文件。实现方法:第一步,运用 BB"Object Create/物体创建"建立与视频文件的连接;第二步,运用 BB"Set movie Type/设置视频类型"将视频文件设置为 Virtools 能识别的格式;第三步,运用 BB"movie Load/载入视频"将视频加入 Virtools 中;第四步,运用 BB"video Player/视频播放"播放影片。

7.4.5 零部件分解结合训练资源创建

零部件的分解结合训练是维修训练的重点内容,运用 Virtools 仿真开发技术,能够让受训者实现在虚拟场景中对各种结构复杂的三维模型进行分解结合训练。

根据虚拟维修训练内容要求,分解结合训练应该分为演示、引导式训练和自主式训练三种训练模式。分解结合演示是让受训者从整体上把握整个分解结合操作过程,整个演示过程中,受训者以观察学习为主,不需要与系统发生交互;引导式训练是受训者在系统提示下"按部就班"地运用工具对零部件进行分解结合,需要受训者运用鼠标与系统进行一般交互;自主式训练是受训者在没有任何系统提示下,运用鼠标和键盘与系统进行较高水平的交互。三种训练模式的仿真开发流程如图7.37 所示。

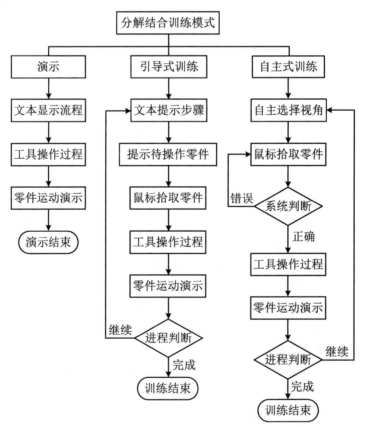

图 7.37　三种训练模式的仿真开发流程

为了实现分解结合训练功能,其训练资源应包括运用工具进行操作功能、零件分解结合运动演示功能、闪烁提示功能、语音提示功能、零件拾取与判断功能、自主选择训练视角功能和其他辅助功能。

(1) 运用工具进行操作功能的实现

在对部件进行分解结合训练时,分解结合工具是必不可少的。在仿真开发前,需要将事先准备好的工具模型导入虚拟训练场景中,设置好工具的大小、位置和材质等,然后将其隐藏起来,在分解训练中需要用到工具时再将其显示出来并做出相应操作动作,以模拟真实的分解结合过程。实现方法:运用 BB"Show/显示"和 BB"Hide/隐藏"分别显示和隐藏工具;建立工具分解结合运动参照点,即"3D Frame/三维帧",运用核心 BB"Rotate Around/围绕运动"模块实现工具操作动作。

(2) 零件分解结合运动演示功能的实现

零件分解结合运动演示是分解结合演示的重点。为了能够直观地观看运动效果,零件运动主要以按既定坐标和运动参数进行直线运动为主。实现方法:运用 Array 记录零件分解前后位置,采用 Bezier Progression 实现分解前后位置连续运动效果。

(3) 闪烁提示功能的实现

进行引导式训练时,为了让受训者清楚地看到所要操作的零件,应该让所要操作的零件进行闪烁提示,用以与其他零件区别开。实现方法:运用 BB 模块"counter/计数""beizer progression/贝兹曲线""set diffuse/设置漫反射"和"interpolator/内插运算"实现,模块之间通过参数的连接实现颜色的渐变过渡效果。

将模块"interpolator"的输出参数改为"color"类型,打开模块"interpolator"的"edit parameter"窗口,设置对应材质的两个 RGB 值,分别代表初始颜色和终止颜色。连接模块"beizer progression"的输出参数 Delta 到模块"interpolator"的输入参数 value(percentage),控制颜色的过渡(初始色彩到终止色彩)。模块"beizer progression"的参数"Duration"决定渐变的时间。

(4) 零件拾取与判断功能的实现

进行引导式、自主式训练时,需要通过鼠标点击相应的零件完成规定的分解或结合动作,训练的每一步都是针对特定的零件进行的,只有点击了相应的零件才能实现相应的动作,为此需要实现零件拾取与判断功能。实现方法:运用核心 BB"2D Picking/二维光标拾取"和 BB"Is In Group/是否在组中"来实现拾取与判断功能。在"Level Manager/层级管理器"中,先将需要进行分解或结合的零件用"Group/组"进行分类组合在一起。开始训练时,将 BB"Mouse Waiter/鼠标等待"与 BB"2D Picking/二维光标拾取"进行连接,实现鼠标左键零件拾取功能;再将 BB"2D Picking/二维光标拾取"与 BB"Is In Group/是否在组中"连接起来,把点击拾取的对象参数作为需要进行判断是否是组中零件的输入参数,实现拾取零件的判断功能。

（5）自主选择训练视角功能的实现

进行自主式训练时，需要受训者发挥主观能动性，自主调整训练视角进行分解结合训练。调整训练视角主要有两种方式：一种是运用鼠标控制摄像机进行上、下、左、右的移动，另一种是运用鼠标控制摄像机随意旋转视角。第一种方式实现方法：首先创建上、下、左、右 4 个方向键"二维帧"按钮，其次运用 BB"Push Button/按钮"和"Translate/移动"模块组合实现鼠标点击方向键移动摄像机功能。第二种方式实现方法：运用 BB"Mouse Waiter""Parameter Selector"和"Mouse Camera Orbit"模块组合实现（注意设置好各项参数）。

（6）其他辅助功能的实现

要实现整个分解结合训练功能，除了需要实现以上功能外，还需要实现文本显示操作步骤功能、语音讲解功能、零部件信息显示功能、视角变换功能、按钮切换功能等。这些功能的实现方法与结构学习功能、工作原理演示功能的相关功能类似，在此不再赘述。

7.4.6　技术检查训练资源创建

技术检查一般是通过一定的检测设备，检测系统或零部件各项功能是否完好。检测结果往往会因故障的不同具有多样性，这样就需要留有故障注入接口，在训练前将故障注入到故障点，检测仪器就会根据注入的故障显示不同的检测结果。基于 Virtools 的功能检测实现过程如图 7.38 所示。

无人机需要检查的内容很多，涉及部件可在地面工作站通电检查，也可安装在无人机上通电试用检查等。

1. 建立检查过程约束模型

技术检查过程必须严格按照训练规程执行，要受到保障资源（如工具、设备等）和操作状态的制约，为此要建立技术检查作业过程的约束模型，以清晰地描述检查的作业过程和逻辑关系。

2. 基于鼠标的交互操作控制

根据光电吊舱系统技术检查过程约束模型设计仿真流程。首先设计鼠标点选功能，即用户查看相应部件的操作方法，当鼠标在相应部件上点击奇数次，则显示该部件的名称等信息，同时渐变透明直至隐藏该部件，此时可以继续点选查看被该部件遮挡的其他部件；在对应的位置点击部件偶数次，则显示该部件的名称等信息，同时渐变不透明直至完全显示该部件。这种方法具有响应受训者的反复操作查看功能。通过模块"sequencer"和"make transparent"以及参数运算"subtraction"来判断鼠标点击了奇数次还是偶数次。

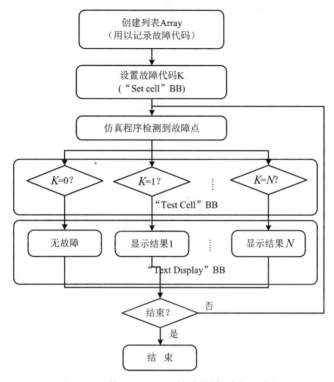

图 7.38　基于 Virtools 的功能检测实现过程

运用 Array 列表记录资源状态和操作状态；运用"MouseWaiter"和"2DPicking"响应鼠标操作；根据资源状态和上步操作状态判断本次操作的正确性，若正确则记录此次操作并执行相应的动作，若错误则给出提示。

另外还需要实现鼠标拖动操作。Virtools 提供了"Translate""Rotate""Move To"等 BB，可以方便地控制物体运动。要实现鼠标控制物体运动（如旋转、平移等），需要运用 Virtools 提供的 VSL 编程来实现。以鼠标旋转控制为例，开发过程如下：定义 Entity3D 型变量"ent"和 Vector 型变量"speed"，用以存储模型和鼠标位移，并创建输入管理对象"iM"和渲染窗口对象"rc"。

3. 碰撞检测的实现

在仿真过程中运用碰撞检测，可以防止出现运动物体穿透其他物体等不合常理现象，使仿真效果更加逼真。在 Virtools 中实施碰撞检测，首先需要明确碰撞对象的物理属性，然后通过对相应 BB 模块的调用连接，实现对三维实体模型的碰撞检测。

首先建立物体的物理属性。在三维物体属性管理窗口的 Attribute/Select AttributeType 界面中，运用 Collision Manager（碰撞管理器），根据需要将三维实体设置为 Fixed Obstacle（固定障碍物）或 Moving Obstacle（运动障碍物）。然后在程序中运用 Collision Detection 检测碰撞是否发生,并输出碰撞详细信息,如碰撞对象名称,发生碰撞的面、线等信息。可以根据需要通过 Collision Detection 的 Geometry Precision 参数接口设置碰撞方式,包括包围盒碰撞(BoundingBox)和面与面(Faces)碰撞。检测到碰撞以后根据需要进行停止、反弹、记录碰撞信息等相应的处理。参见图 7.39。

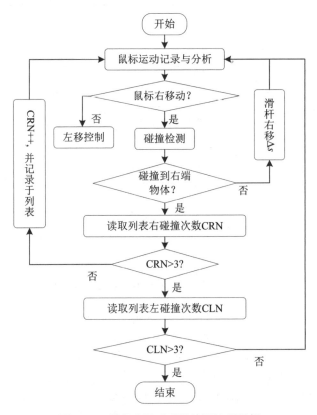

图 7.39　滑杆右运动碰撞检测控制逻辑

4. 特殊效果的实现

(1) 加载力效果仿真

无人机技术检查经常需要对物体加载力以模拟检查物体承载力的过程。为了提高运行效率,同时又不影响视觉效果,建立了简化的仪表指针运动角度、仪表数值与受力时间的关系式,如下所示:

$$\Delta F = K\Delta\alpha = K\theta\Delta t \tag{7-8}$$

式中,F 为加载力,α 为指针转动角度,K 为比例因子(根据仪表不同而定),θ 为转动步长,t 为加载时间。

（2）仪器屏显效果仿真

有些检测设备含有屏幕显示功能。运用 Virtools 的三维文字显示功能能够达到较好的显示效果。首先创建文字的三维帧参考点 MyTxtFrm，放置在需要显示文字的位置并调整好方向；然后在 MyTxtFrm 脚本（Scripts）内运用 Create System Font 和 Set Font Properties 创建并设置字体属性，调整字体大小；最后运用 3DText 实时显示文字。

（3）地板投影效果仿真

阴影效果能够增强仿真的立体感和逼真度。Virtools 提供了 ShadowCaster（投射阴影）、Planar Shadow（平板阴影）、ShadowStencil（蒙版阴影）、Simple Shadow（简单阴影）等多种阴影方法。对比发现，ShadowCaster 方法简单，运行效率较高，渲染效果比较理想，其实现方法是：首先在物理属性管理器中将需要接收阴影物体的物理属性设置为 Floor、ShadowCaster Receiver，然后在产生阴影物体的脚本内运用 ShadowCaster 通过设置灯光、阴影方式等参数达到较好的效果。

7.4.7　故障维修训练资源创建

进行故障维修训练仿真开发前，首先需要明确故障维修训练的一般工作过程，如图 7.40 所示

图 7.40　故障维修训练一般工作过程

故障维修训练也是维修训练的重要方面，运用 Virtools 仿真开发技术，能够让受训者在虚拟场景中进行相关零部件的故障维修训练。故障维修训练功能的仿真开发是以各故障零部件为开发对象，以故障维修训练的一般工作流程为开发依据。

根据虚拟维修训练内容要求，故障维修训练分为演示、引导式训练和自主式训练三种训练模式。故障维修训练演示是将某部件的所有故障类型逐一、逐步地向受训者演示"故障现象""故障判断""技术检查"和"故障维修和复查"等；引导式训练能够让受训者在系统的引导下完成故障排除与维修作业，进一步加深对整个故障维修过程的学习掌握；自主式训练要求受训者发挥自己的主观能动性，根据不同的故障现象，运用前面所学的故障维修知识进行独立的人机交互训练。三种训练模式的仿真开发流程如图 7.41 所示。

故障维修训练功能应该包括故障设置与生成功能、故障现象演示功能、故障判断功能、故障检查功能、故障维修功能、故障复检功能和其他辅助功能。

1. 故障设置与生成功能的实现

故障设置就是以相关维修教材或实际使用过程中出现的故障为依据，将某部件的所有故障模式在系统中预先设置好，针对各种情况分别给出所有可能的排除方法。

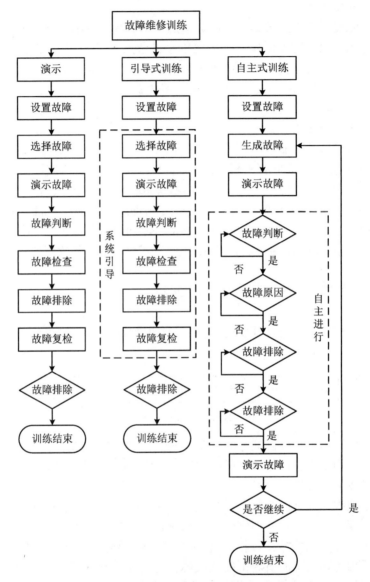

图 7.41　三种训练模式的仿真开发流程

　　自主式训练时,由于需要受训者发挥主观能动性,能够对任何可能的故障情况进行排除,所以要求故障是随机生成的。实现方法:运用核心 BB"Random Switch/随机切换"和消息响应机制结合起来实现。

2. 故障现象演示功能的实现

　　故障现象演示功能就是当某零部件发生故障时,演示出具体的故障状态。根据零部件出现故障时具体情况的不同,把故障现象演示分为两类:一种是某零部件出现故障时,其自身运动状态发生改变的仿真演示;另一种是某零部件出现故障时,其自身状态不发生改变,而与之关联的部件出现非正常反应的仿真演示。

第一种情况下的故障现象演示可以通过修改"工作原理演示"功能中与故障部件相对应的零部件运动 BB 参数,达到故障部件非正常运动的效果,从而实现故障现象演示功能。

以光电吊舱系统控制电路中伺服板松动的故障现象演示为例。正常状态下,伺服板插紧时,各部件运动正常;松动状态下,在地面给昼夜光电侦察系统通电时出现转台在锁定态异常抖动现象。实现方法:利用模块"text display"给出文本提示:检查 XX 芯电缆的第 1~16 针,是否有接触不良或者断线,如果有就接好或换线;检查 XX 芯电缆的第 41~44 针,是否有接触不良或者断线,如果有就接好或换线;检查电子控制盒伺服板接触是否正常或旋转变压器输出信号是否正常后,重新安装或更换伺服板。

第二种情况下的故障现象演示由于故障状态不易仿真,可运用某种模拟办法配合文字描述的方式加以实现,如在地面给昼夜光电侦察系统通电时出现可见光无图像现象时有时无(红外有图像),变倍、内调焦可控功能不正常,可运用多张图片间断切换和文字描述相结合的方式显示故障现象。

3. 故障排除功能的实现

故障排除功能就是对故障现象做出相应的判断,判断出可能的故障部件或故障原因。故障排除功能的仿真是通过三维仿真运动与文字描述相结合实现的。

以光电侦察系统通电时出现可见光无图像现象时有时无的故障判断为例。排除方法:首先通过三维仿真演示故障现象,通过观察故障现象,再以文本和三维仿真演示相结合的形式判断出可能的故障部件或故障原因。可见光无图像现象时有时无故障判断功能的实现方法:第一步,从转台的可见光窗口观察其红色发光二极管是否亮,三维仿真二极管发光过程。第二步,如果红色发光二极管亮,检查 ZZ 芯电缆的第 10 针和 16 针是否有接触不良或者断线,如果有就接好或换线。第三步,打开平台前保护罩,检查电磁通信或 BNC 视频是否有接触不良或者断线,如果有就接好或换线。第四步,更换可见光传感器。

4. 故障检查功能的实现

故障检查功能就是对故障判断时得出的可能故障部件或故障原因,运用相应的故障检查方法进行检查,最终得出确切的故障原因。根据《无人机故障维修手册》的相关故障检查方法内容得知,某些故障的检查方法只有一种,而某些故障的检查方法却有多种。在故障检查功能仿真开发时要以教材为依据,将所有的检查方法列举出来,供受训者学习。

以光电系统的故障检查为例。该故障检查方法有三种:第一靠看,即外观检查,通过二极管是否正常发亮进行外观检查,找出故障原因;第二靠听,面对前视红外仪窗口,凑近转塔的右半部分仔细听,看能否听见前视红外仪的扫描电机的摆动声音(除转台电机 5 kHz 高频声音之外的声音);第三是利用辅助工具,当平台外方位不能转动时,可借用万能表检测外方位电机的内阻,看其内阻是否在 2~150 Ω 范围,若内阻不在 2~150 Ω 范围,则需更换外方位电机。

5. 故障维修功能的实现

为了更好地实现虚拟维修过程仿真,需要对维修训练过程进行描述。维修训练过程描述是以文字、图片等表达方式对整个维修过程进行描述,以指导维修训练过程的仿真实现。维修训练过程仿真方法是将整个维修过程进行分解,得到基本维修作业序列,按时序建立基本维修作业模型。基本维修作业按照拆卸、装配、检测、更换/修复、功能动作 5 种类型进行仿真。

维修训练过程描述首先应该包括维修活动的先后次序信息,其次应该有详细完整的人和装备的运动和动作信息以及人机交互信息。将维修过程分解为维修训练层、维修任务层、维修作业层和基本维修作业层,层内以流程图形式表示先后次序,如图 7.42 所示。

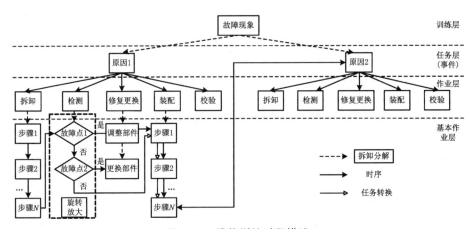

图 7.42　维修训练过程描述

仿真时,首先根据维修过程描述完成所有基本维修作业仿真,包括基本拆卸作业仿真、基本检测作业仿真、基本更换作业仿真、基本装配作业仿真和基本校验作业仿真。然后在维修过程描述的指导下,操作人员通过人机交互机制启动运行基本维修作业仿真程序脚本。最后按维修过程描述中的基本维修作业顺序启动所有基本维修作业仿真,即完成整个维修过程仿真。

其中,基本维修作业是最基本的维修活动,它包含详细、完整的人、工具、装备的运动和动作信息、人机交互信息。其仿真实现与具体的虚拟现实环境有关,系统主要采用桌面式虚拟现实,以鼠标或键盘代替复杂的虚拟人动作,因此基本维修作业仿真可简化为工具与装备部件间的运动和动作仿真。为了增强人的自主参与，提出了基于交互行为模型的基本维修作业模型，主要采用消息接口和交互行为模型。以某零件拆卸为例，其基本维修作业模型如图7.43所示。

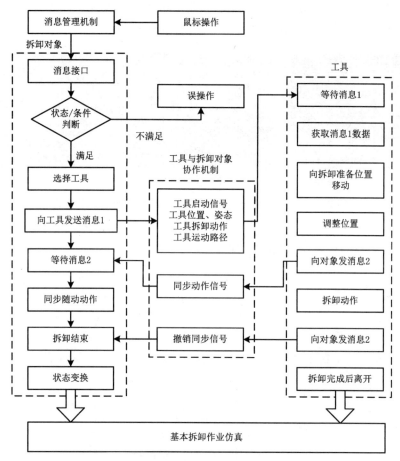

图7.43　基于交互行为模型的基本拆卸作业仿真

6. 故障复检功能的实现

故障复检是故障排除之后必须要进行的操作步骤，通过复检让受训者知道故障是否得到彻底的排除，在确定故障得到排除后，整个故障维修操作流程结束。

故障复检功能是整个仿真开发的最后一步，由于是对故障排除后的部件机构工作运转情况进行检查，所以故障复检功能的实现方法与工作原理演示的相关功能实现方法类似。

7. 其他辅助功能的实现

要实现整个故障维修训练功能，除了需要实现以上功能外，还需要实现文本显示维修训练流程功能、语音讲解功能、零部件信息显示功能、视角变换功能、按钮切换功能等。这些功能的实现方法与结构学习功能、工作原理演示功能的相关功能类似,只需对相关的 BB 逻辑连接顺序、BB 参数或者运动参照点做一定的修改即可。

　　实现以上基本功能后,整个故障维修训练功能得以实现。以光电系统升降机构更换电机的三种训练模式仿真为例,其界面如图 7.44 所示。

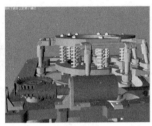

（a）演示界面　　　　　（b）引导式训练界面　　　　（c）自主式训练界面

图 7.44　光电系统升降机构故障维修训练的三种训练模式

7.4.8　操作考核资源创建

　　考核是受训者对整个维修训练水平进行的自我检测,是维修训练中必不可少的一个重要环节。采用 Virtools 仿真开发技术,能够逼真地再现实际考核过程,让受训者在虚拟环境中实现对零部件三维模型进行分解结合或故障维修等考核。

　　在仿真开发前需要明确整个考核过程,设计出仿真开发流程,如图 7.45 所示。

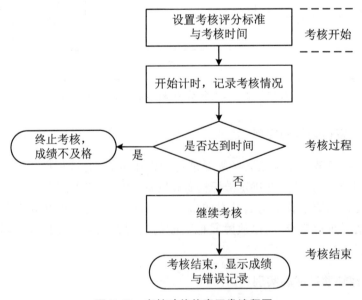

图 7.45　考核功能仿真开发流程图

考核功能要以考核大纲为开发依据,按照考核标准进行仿真开发。由于是在零部件的分解结合或故障维修功能基础上的仿真开发,所以除了要具有分解结合或者故障维修的基本功能外,还应具有工具选取功能、选择判断功能、计时控制考核功能、操作错误记录与评分功能等。

1. 工具选取功能的实现

无论是分解结合还是故障维修训练考核,都需要运用不同的工具进行操作。工具选取功能就是要逼真地模拟出考生在实际考核中对工具的选取过程,要求考生运用所学知识,在不同的工具间选择正确的工具进行相应的操作。实现方法:由于难以对三维模型工具进行仿真操作,所以在仿真开发时,将常用维修训练工具用"二维帧"贴上工具图片(纹理),用以表示不同的维修工具。运用核心 BB"Test/测试"和"Identity/通告"模块组合,通过将不同工具图片(纹理)作为 BB"Identity/通告"的输入输出参数,实现工具选取功能。

2. 操作判断功能的实现

考生需要按照一定的顺序操作相应的提示按钮或零部件,因此资源要能够对考生的操作正确性进行判断。

以列出光电吊舱可能的故障原因,选择正确的故障排查顺序为例。出现故障现象后,分析故障原因,并列出多个排查故障顺序选项,考生需要通过鼠标选择,如果正确,系统后台加上该题的分数,并进行下一步的操作;如果错误,交互界面显示错误提示,并展示正确的动作,错误时后台不计分数。实现方法:运用核心 BB"PushButton/按钮"进行选项选择;运用核心 BB"Switch On Message/切换讯息"对鼠标点击事件与事先设置好的正确选项进行比较判断;运用核心 BB"Send Message/发送信息"计时控制考核实现 BB 组合,将各选项内容的选择提示(鼠标滑过时的颜色变化)显示在交互界面上。计时控制考核实现 BB 组合如图 7.46 所示。其鼠标操作时,操作判断功能实现方法类似。

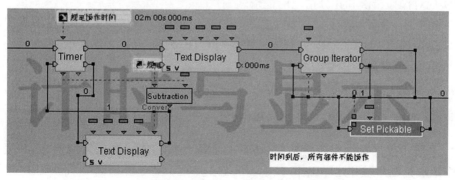

图 7.46　计时控制考核实现 BB 组合

3. 计时控制考核功能的实现

计时控制考核功能的主要目的是按照考核大纲的时间标准设定好考试时间，考生的操作时间必须限定在考核时间内，当超过规定时间时，将停止考核，并判为不合格。实现方法：运用核心 BB"Timer/计时器"模块设定时间并显示，运用核心 BB"Set Pickable/设置物体可选取"模块实现当规定时间到达后，停止所有零部件（运用"Group/组"将考核需要操作的零部件放置在组中）的操作功能。

4. 操作错误记录和评分功能的实现

操作错误记录和评分功能的主要目的是将考生的考核情况与设置好的评分标准进行比较得出考核成绩，并将所有的错误记录下来，在考核结束后反馈给考生，从而实现考生对训练水平的自我检测。这一功能的实现分为四个步骤：

第一步，依据考核大纲的考核内容和要求，按照错误的严重程度（分为一般错误、严重错误和致命错误）设置好含有扣分步骤和相应扣分标准的考核评判数组，以及错误记录数组。光电系统考核评判数组如图 7.47 所示。

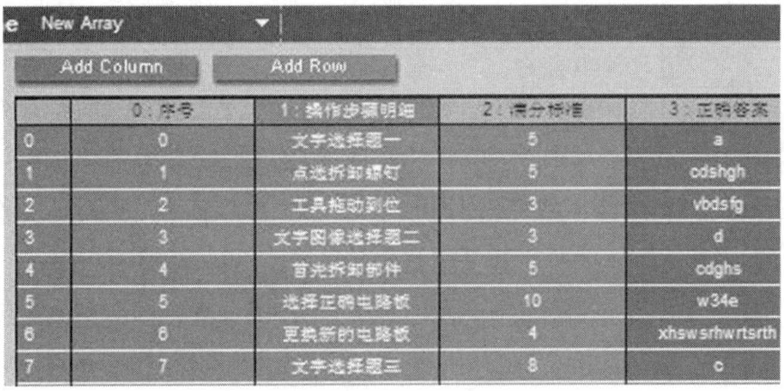

图 7.47　光电系统考核评判数组

第二步，运用核心 BB"Get Row/获取行中数据"和"Add Row/增加行"模块组合实现对操作错误和扣分情况的记录。

第三步，考核结束后，将考核成绩与错误记录以文本的形式显示在仿真界面上。运用核心 BB"Get Row/获取行数据"和"Text Display/文本显示"来实现。

第四步，将成绩提交给系统。

实现以上基本功能后，分解结合与故障维修训练考核功能最终得以实现。

5. 理论试题库创建

系统不仅具有操作考核功能，还具有理论考核功能。根据大纲要求，共完成 486 道理论题命题和建库工作，其中多选题 128 道、填空题 140 道、判断题 140 道、操作题 64 道。导入系统软件平台后可实现抽题、考核、记录等功能。

7.4.9　VR 其他类型训练资源创建

对于无人机的昼夜光电系统,采用 Flash 开发二维原理演示资源效果较好,运用此方法还可开发训练内容规划的其他二维动画资源。根据训练需要和训练内容规划,训练资源还包括视频、音频、文本、图片、幻灯等,在开发此类资源时,可选用 PhotoShop、Office、Ulead VideoStudio 等工具进行制作开发,演示效果如图 7.48 所示。

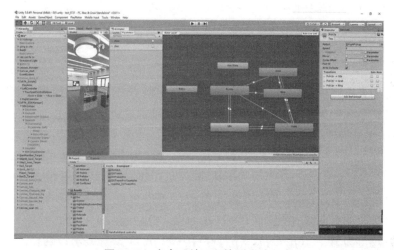

图 7.48　光电系统 VR 检测实验平台

VR 装备使用维护的内容是虚拟现实设计中较为重要也是较为关键的一步,应用 3DMax 对装备外形进行建模,制作出等比例的数据模型投放到虚拟使用维护场景中。建模的方式是先作点,然后点连成线,线连成面,在制作出一个大体的外形之后,再进行细节的雕刻制作,例如飞机的小型金属零件、飞机的外形纹理、飞机的发动机结构等等,这个过程的操作相对复杂,需要花费大量的制作时间才能达到成品内容的高质量高品质。

当完成了产品内容的开发需求后,就需要转移到 Unity 程序中来制作程序流程。Unity 是一个很大的技术开发融合平台,可以用来完成多个功能模块的制作,比如模型位置的摆放、场景灯光的调试、光影渲染、动画播放的触发条件、动画机的逻辑顺序、场景拆装维修的触发条件、总程序的开发等等。

7.5　虚拟维修拆卸序列规划

拆卸装配作为装备维修的核心工作,在实施过程中占用大量时间和精力。随着无人机光电吊舱内任务载荷复杂化、精密化程度的不断提高,装备维修保障难度不断加大,利用虚拟维修技术对装备进行仿真,为维修拆卸过程提供路径规划与验证,能够大幅提高维修效率。

7.5.1　虚拟维修拆卸过程描述

针对无人机光电吊舱组成复杂、元器件多的特点,采用图论模型,简化零部件间的连接关系和约束关系,利用 Petri 网对拆卸过程进行动态描述。

Petri 网是描述分布式系统的一种图论模型,通常采用五元组的形式表示,即 $N=(P,T,F,W,M_0)$,其中 $P=\{p_1, p_2, \cdots, p_n\}$ 为有限库所集,用于表示系统的状态逻辑;$T=\{t_1, t_2, \cdots, t_m\}$ 为有限非空变迁集,用于表示系统事件的行为逻辑;M_0 为系统初始标识,用于表示各库所被赋予的标记(又称"托肯")。库所与变迁之间由对应的有向弧连接,即 $F=\{(p_1,t_1), (p_2,t_2), \cdots, (p_n,t_m)\}$;$F$ 所对应的有向弧权重为 $W=\{(p_1,t_1), (p_2,t_2), \cdots, (p_n,t_m)\}$,表示该路径激发过程需要消耗的托肯数,若 $W=(p_i,t_j)=1$,可省略标注。

针对系统中任意变迁 t,将其输入库所集记为 $\cdot t$,输出库所集记为 $t\cdot$,则变迁 t 被激发的状态使能条件为:变迁 t 的每个输入库所集中至少含有 $w(\cdot t, t)$ 个托肯,即

$$\forall p_i \in \cdot t, \forall p_o \in t\cdot, M_0(p_i) \geqslant W(p_i, t) \tag{7-9}$$

变迁 t 激发后库所的托肯数更新为

$$M(p_i) = M_0(p_i) - W(p_i, t) + W(t, p_o) \tag{7-10}$$

则虚拟维修拆卸的动态过程可描述为:库所集 P 中每一个库所 p_i 表示一个可拆卸零部件,变迁集 T 中每一个变迁 t_i 表示一个零部件的拆卸操作,弧权重集 W 表示各个零部件对应的紧前约束的数量,M_0 为系统的初始标识,表示装备中可直接拆卸的零部件数量,库所容量 M_{p_i} 则表示零部件 p_i 解除的紧前约束数量,它与弧权重 $W(p_i, t_j)$ 共同决定拆卸过程中变迁的激发状态:

若系统中某零部件尚未被拆卸,那么该部件对应的拆卸操作(变迁)即处于待激发状态,此时该变迁 t_j 的前置库所集如果满足 $M(p_i) \geqslant W(p_i, t_j)$,即零部件 p_i 的紧前约束完全解除,则变迁 t_j 可完成激发,同时库所 p_i 的托肯数按照式(7-10)进行更新,p_i 对应的零部件就被拆卸,并解除与其他零部件之间的约束关

系,完成激发后变迁将被系统删除,防止重复拆卸。零部件间的约束关系通过与约束和或约束表示,动态拆卸过程的组成要素见表 7.14。

表 7.14　Petri 网动态拆卸过程要素

7.5.2　虚拟维修拆卸层级划分

解释结构模型(interpretative structural model,ISM)是系统工程中的一种结构化分析方法,它将复杂系统分解为若干子系统要素,通过逐层化简,最终构成一个多级递阶、结构清晰的结构模型。通过分析 ISM 构建的有向图、邻接矩阵和可达矩阵,能够对复杂设备零部件的连接关系进行提取与表达,实现分层分级规划。

1. 邻接矩阵

武器装备由零部件通过各种连接关系组合而成,因此首先对设备的零部件进行编号,构建邻接关系矩阵来获取零部件之间的连接信息。定义有向图模型 $G = \{S, V\}$,其中 S 为零部件集合,V 代表连接方向,则邻接矩阵 A 中的元素 a_{ij} 表示系统中任意两个部件 s_i 与 s_j 间的连接关系,其描述规则为

$$a_{ij} = \begin{cases} 1, & s_i \text{ 与 } s_j \text{ 间存在连接关系} \\ 0, & s_i \text{ 与 } s_j \text{ 间不存在连接关系} \end{cases}$$

2. 可达矩阵

可达矩阵是指以矩阵形式来描述系统中各节点间经过一定路径后是否可达的一种方法,在有向图 $G = \{S, V\}$ 中,对于任意两节点 s_i、s_j 间如果存在任何一条通路,则称 s_i 对 s_j 可达,其定义规则为

$$m_{ij} = \begin{cases} 1, & s_i \text{ 可达 } s_j \\ 0, & s_i \text{ 不可达 } s_j \end{cases}$$

以 n 表示设备零部件个数，I 表示单位矩阵，则可达矩阵 M 即为 $(A+I)$ 的 n 次布尔幂运算结果：

$$M = \bigcup_{i=0}^{n-1} A^i = (A \cup I)^{n-1} = (A \cup I)^n \tag{7-11}$$

3. 子系统划分

在可达矩阵的基础上，定义系统节点的可达集 $R(s_i)$、先行集 $A(s_i)$ 和共同集 $C(s_i)$。其中，可达集 $R(s_i)$ 代表由 s_i 出发可到达的节点集合，表示为

$$R(s_i) = \{s_j \mid s_j \in V, m_{ij} = 1\} \tag{7-12}$$

先行集 $A(s_i)$ 代表系统中可到达 s_i 的节点集合，表示为

$$A(s_i) = \{s_j \mid s_j \in V, m_{ji} = 1\} \tag{7-13}$$

共同集 $C(s_i)$ 为可达集 $R(s_i)$ 与先行集 $A(s_i)$ 的交集，即

$$C(s_i) = A(s_i) \bigcap R(s_i) \tag{7-14}$$

子系统划分即将系统要素集合 S 分割成相互独立区域的过程，若 $C(s_i)$ 不为空，则要素 s_i 与 s_j 属于同一子系统，反之，属于不同的子系统。据此，可将维修设备中的零部件划分成若干相互独立的模块，方便对各个独立模块进行拆卸规划。

4. 层级划分

根据可达集 $R(s_i)$ 与先行集 $A(s_i)$ 的定义，若要素 s_i 满足 $A(s_i) = C(s_i)$，即从节点 s_i 出发可到达系统（子系统）内其他全部节点，则要素 s_i 为系统层次结构中的底层要素；若 s_i 满足 $R(s_i) = C(s_i)$，即其余节点均可到达 s_i，则 s_i 为系统层次结构中的顶层要素。

利用可达矩阵，对系统中的顶层节点逐层进行删除，直到仅剩下底层元素为止，即可完成系统要素的层级划分。

7.5.3　基于 Jack 平台的人素工程分析

人素工程分析又称人体工效学分析，其目的是通过对操作工具、作业环境的设计改造，使操作人员的作业效率、舒适性、安全性得以提高。在维修规划过程中，良好的人体工效指标是确保规划过程可实施性的关键，是虚拟维修训练必须考虑的重要因素。Jack 平台是美国宾夕法尼亚大学开发的人体工效学分析软件，针对传统维修拆卸过程对人素工程方面考虑的不足，可利用 Jack 平台对虚拟维修操作的可视性、可达性两项人体工效因素指标进行定义与计算。

1. 维修操作可达性评价

维修活动主要靠手臂的肩部、肘部等关节的运动来控制，各关节的活动范围有

界,可将每一个具有上下界限的关节自由度视作一个维度,得到手臂运动的关节模型如图 7.49 所示。

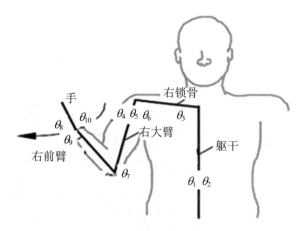

图 7.49　人体手臂关节模型

采用两步逐点扫描生成虚拟人手臂的可达域:

(1)肩关节在水平方向上按步长递增搜索,同时在垂直方向上按步长递减搜索,每改变一次关节的角度值,记录下手臂上扫描点的一个三维坐标。

(2)当肩关节在水平方向上搜索达到界限时,锁定肩关节水平方向,然后对肘关节进行递增搜索,同时在垂直方向上对肩关节进行递减搜索。每改变一次关节的角度值,记录下手臂上扫描点的一个三维坐标。

遍历各个关节的有效范围,即可得出维修操作的可达范围。为保证维修操作在各个关节相对舒适的条件下实施,针对维修动作的可达性提出如表 7.15 所示的评价范围。

表 7.15　维修活动可达范围评价

关节	有效范围	舒适范围
肩关节(θ_4)	$-45°\sim +180°$	$+15°\sim +35°$
肩关节(θ_5)	$-40°\sim +140°$	$+40°\sim +90°$
肘关节(θ_7)	$0°\sim +145°$	$+10°\sim +85°$

2. 维修操作可视性评价

维修操作可视性是指从当前位置观察目标部件的难易程度,包括视距和视角两方面因素。

人眼的视角同样采用水平和垂直方向两个自由度,使用逐点扫描法进行视域的扫描生成:先在两眼中心位置创建一个小球,将其粘贴在右眼关节上,使该小球和眼关节同步运动。眼关节在水平方向和垂直方向按步长逐点扫描并记录下小球的三维坐标,将坐标进行图形化处理即可得到人体在不同条件下的可视范围,如图7.50所示。

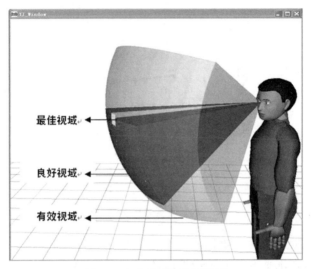

图 7.50　人体可视范围模型

针对维修动作的可视性评价标准如表 7.16 所示。

表 7.16　维修动作可视范围评价

参数名称	有效范围	舒适范围
视距(mm)	120~1500	250~500
水平视角(°)	0~35	±3~15
垂直视角(°)	0~35	±3~25

基于上述评价标准,采用 Jack 平台的人体工效学分析模块得到无人机装备维修拆卸过程中的操作动作对应的可视性评价和可达性评估,针对评估结果,采用系统工程的九标度法将维修操作的人体工效评估划分为 1~9 九个等级,以 5 级表示基本人素工程要求,7 级表示良好人素工程要求,9 级表示最佳人素工程要求,从而完成对维修拆卸过程的人素工程分析。

3. 维修操作时间计算

维修操作时间计算是指将人的维修动作分解为多种基本动作(即动素),通过对每个动素的统计和分析,得出每个动素的标准时间,进行适当放宽,再对标准动素进行组合、累加,即可得出一项维修动作的时间估计。在 Jack 平台中,可利用"维修性分析与评价"中的维修时间估算功能进行实现,根据维修操作类型选择相应的基本作业时间标准,按基本维修作业、维修作业、维修任务三个层次逐层估算,得出维修操作时间的估算结果。

7.5.4　虚拟拆卸解释结构 Petri 网模型

1. 模型建立

为确保拆卸序列的可实施性,我们在 Petri 网的基础上引入五个拆卸过程中的动作参数,即拆卸时间 Z、可视性 VA、可达性 RA、拆卸工具 MF、拆卸方向 D,建立了虚拟拆卸解释结构 Petri 网模型(virtual disassembly interpretative structural model Petri net,VDISMPN),以十元组的形式定义 VDISMPN 如下:

$$VDISMPN = (P, T, F, W, M0, Z, VA, RA, MF, D)$$

要求 VDISMPN 满足以下条件:

① $\forall t \in T, |{}^{\cdot}t| \geqslant 1 \wedge |t^{\cdot}| \geqslant 1$,即系统中任意变迁集的外延至少含有一个库所。

② $\forall p \in P, {}^{\cdot}p = \varnothing \wedge \exists p \in P, p^{\cdot} = \varnothing$,即系统的起点与终点均由库所组成。

③ $\exists p \in P, |{}^{\cdot}p = \varnothing| = |p^{\cdot} = \varnothing| = 1$,即拆卸过程具有唯一的初始状态和结束状态。

④ $\forall f \in F, f_i^{\cdot} \cap f_{i+1}^{\cdot} = \varnothing$,表示拆卸过程的不可逆性,即每个部件不存在重复拆卸。

在 ISM 生成的子系统划分与层级划分基础上,将系统底层元素作为起始库所 p_0,对应的拆卸动作为起始变迁 t_0;将系统顶层元素作为终止库所 p_e,即设备的故障单元,对应的拆卸动作为终止变迁 t_e,建立 VDISMPN 的库所集 $P = \{p_0, p_1, p_2, \cdots, p_e\}$、变迁集 $T = \{t_0, t_1, t_2, \cdots, t_e\}$,权重集 F 为

$$\forall f \in F, f = \begin{cases} -w(i,j), & \text{由 } p_i \text{ 到 } t_j \\ -w(i,j), & \text{由 } t_j \text{ 到 } p_i \\ 0, & \text{其他} \end{cases}$$

则 VDISMPN 中从 p_0 到 p_e 的任何一条前向通路都代表了一个可行的拆卸序列,库所间的约束规则可由 R_1 和 R_2 表示:

与约束规则 R_1:

　　if$(d_1$ and d_2 and $\cdots$ and $d_n)$　then $d_k(M(p_i) \geqslant W(p_i, t_j))$

或约束规则 R2:

　　if$(d_1$ or d_2 or $\cdots$ or $d_n)$　then $d_k(M(p_i) \geqslant W(p_i, t_j))$

至此,完成了 VDISMPN 的建模,并结合 ISM 分析,初步得出满足零部件层级划分且符合拆卸方向的样本序列表示。

2. VDISMPN 序列智能规划

针对 VDISMPN 确定的样本序列,采用遗传算法(genetic algorithm,GA)对拆卸过程进行规划目标、约束条件的定义和求解。

(1)拆卸序列规划的目标函数

武器装备的虚拟维修拆卸必须符合战场环境需要,具体要求为:维修拆卸时间最少,拆卸操作可视性良好,拆卸操作可达性良好,使用工具变化最少,拆卸方向变化最少。以维修拆卸时间最短作为规划目标,设置适应度函数为

$$Z_{n+1} = Z_n + \Delta t_j + va + ra + \alpha \cdot mf + \beta \cdot d \tag{7-15}$$

其中,Z_n 表示当前拆卸过程的时间消耗;Δt_j 表示变迁 t_j 对应的操作时间;va 为可视性评价指标,ra 为可达性评价指标,均依据 Jack 软件的分析结果采用九标度法进行标定;mf 为工具变换次数;d 为拆卸方向变换次数;α、β 分别为拆卸工具变换和方向变换的时间权重,由零部件的连接关系 R 确定。

(2)种群初始化

以三维基因结构对维修拆卸操作进行描述,基因的第一维度 x_1 在 VDISMPN 生成序列样本中采用随机自然码编码方式来表征零部件 $1 \sim L$ 的拆卸顺序,第二维度 x_2 以自然码表示对应节点的紧前约束类型,第三维度 x_3 代表对应拆卸操作的时间消耗,由此得出模型中一个完整的个体编码形式如表 7.17 所示。

表 7.17　基因编码形式

维度	编码形式			
x_{i1}	1	2	⋯	L
x_{i2}	–	R_1	⋯	R_{L-1}
x_{i3}	–	Z_1	⋯	Z_{L-1}

VDISMPN 样本序列的解码过程为:

Step1　读取 VDISMPN 序列样本 i,根据 x_{i1} 定义拆卸顺序集 M,并将 M 中各零部件节点按序赋值给库所集 P。

Step2　根据 x_{i2} 中的零部件紧前约束类型,将对应的拆卸操作代号赋值给变迁集 T。

Step3　根据变迁集 T,计算当前变迁拆卸动作的规划参数 va_i、ra_i、mf_i、d_i。

Step4　判断当前零部件节点的紧前约束是否解除,若解除则执行 Step5,否则返回 Step1。

Step5　读取 x_{i3},计算拆卸时间成本 z_i,并输出规划参数 va_i、ra_i、mf_i、d_i,得出样本序列的适应度函数 Z_i。

Step6　逐次计算,直到遍历所有可行的样本序列,完成基因解码。

（3）遗传操作

遗传操作样本基因的遗传操作包括交叉与变异。采用 VDISMPN 样本的第一维度序列 x_1 作为遗传基因 X，在种群进化过程中，选择种群中适应度高而数量较少的个体进行遗传操作，使种群跳出局部极值，加快种群进化效率。以目标函数 Z_i 作为种群的适应度函数，采用轮盘赌的方式选择参与遗传的父代个体，选择概率为

$$p_i = Z_i \Big/ \sum_{i=1}^{L} Z_i \tag{7-16}$$

遗传过程采用实数交叉操作来实现信息交换，交叉过程如下：

$$\begin{cases} X_i^{k+1} = r_k X_i^k + (1 - r_k) X_j^k \\ X_j^{k+1} = r_k X_j^k + (1 - r_k) X_i^k \end{cases} \tag{7-17}$$

式中，X_i^k 与 X_j^k 代表第 k 次迭代中的父代基因；X_i^{k+1} 和 X_j^{k+1} 则代表交叉后的子代基因；r_k 为交叉系数，取 $[0,1]$ 范围的随机数。

变异过程随机选择变异个体中的第 d 个拆卸库所为变异点，对适应度值较低的个体执行大步长的柯西变异，对优良个体执行小步长的高斯变异，达到较好的寻优效果。

7.5.5　虚拟维修拆卸序列规划实例应用

在单人维修作业环境下，利用 CAXA 软件对一种无人机光电吊舱进行建模，并通过 Jack 软件针对各操作动作进行人体工效分析。以拆卸光电载荷电子控制盒为例，运用上述虚拟拆卸过程建模和 ISM 层级划分方法，定义 P_0 为初始状态（包含一个托肯），P_{35} 为拆卸完成状态，各拆卸操作以变迁 T 表示，则对应的层级和含义如表 7.18 所示。

表 7.18　VDISMPN 模型变迁及层级

层级	变迁	含义	层级	变迁	含义
I	T 00～T 04	空变迁	VII	T 19	拆卸俯仰轴支架
	T 05	拆卸顶盖		T 20	拆卸横滚轴支架
II	T 07	拆卸前密封罩		T 21	拆卸方位轴支架
	T 10	拆卸后密封罩		T 22	拆卸俯仰轴从动齿轮
III	T 08	拆卸左侧板	VIII	T 23	拆卸横滚轴从动齿轮
	T 11	拆卸右侧板		T 24	拆卸方位轴从动齿轮

续表

层级	变迁	含义	层级	变迁	含义
	T 06	可见光载荷		T 25	拆卸俯仰轴主动齿轮
IV	T 09	拆卸激光测距机	IX	T 26	拆卸横滚轴主动齿轮
	T 12	光电侦察转台		T 27	拆卸方位轴主动齿轮
	T 13	拆卸俯仰轴锁紧螺母		T 28	拆卸俯仰轴轴承
V	T 14	拆卸横滚轴锁紧螺母	X	T 29	拆卸横滚轴轴承
	T 15	拆卸方位轴锁紧螺母		T 30	拆卸方位轴轴承
	T 16	拆卸俯仰轴紧定螺钉		T 31	拆卸俯仰轴驱动电机
VI	T 17	拆卸横滚轴紧定螺钉	XI	T 32	拆卸横滚轴驱动电机
	T 18	拆卸方位轴紧定螺钉		T 33	拆卸方位轴驱动电机
			XII	T 34	拆卸光电吊舱电子控制器

构建相应的 VDISMPN 模型如图 7.51 所示。

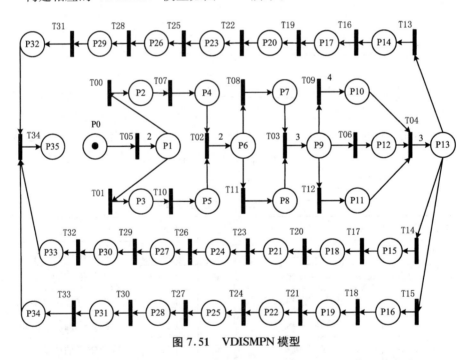

图 7.51　VDISMPN 模型

采用 MATLAB 2017b 中遗传算法工具箱对变速箱进行拆卸序列规划。

其中主函数 GAOT 的调用方式为：

[x fval]= ga(@fitnessfcn,nvars,options)

定义@fitnessfcn 为适应度函数句柄,指向图 7.51 对应的 M 文件,用于计算最短拆卸时间,并保证拆卸操作可达性、可视性良好,拆卸方向、拆卸工具变化较少;nvars 为个体的变量维度,根据文中定义取 nvars = 3;options 为参数结构。输出参数中 x 为拆卸序列向量,fval 为对应拆卸序列的适应度。迭代过程中变异概率取 0.1,群体规模取 30,迭代次数为 50,进化过程如图 7.52 所示。

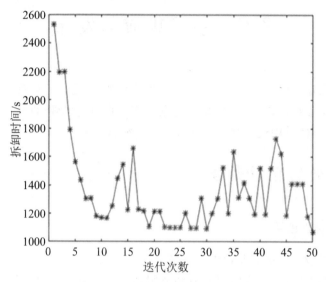

图 7.52　VDISMPN 模型进化过程

最短拆卸时间为 1036 s(17.26 min),对应最优拆卸序列为〈T05-T07-T10-T08-T09-T11-T12-T06-T15-T18-T21-T24-T27-T30-T33-T14-T17-T20-T23-T26-T29-T32-T16-T19-T22-T25-T28-T31-T34 〉,各变迁对应的可达性、可视性标度记录见图 7.53。

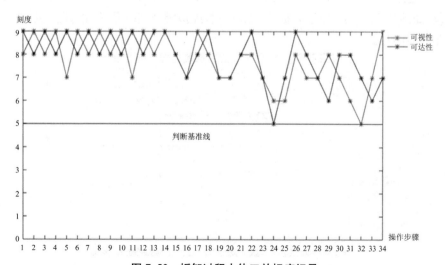

图 7.53　拆卸过程人体工效标度记录

通过实例分析验证,采用 VDISMPN 规划得到的维修拆卸序列在操作过程中人体工效指标均高于设定的基准要求,具备可实施性,且拆卸时间最短,符合最优规划条件,能够实现对无人机光电吊舱的虚拟拆卸过程规划。

7.6　系统集成与发布

训练数据建立好后,基于虚拟维修训练平台,将所建立的数据资源进行聚合,具体包括系统参数设置(适用对象、专业等设置)、课程包创建、训练资源导入、训练内容创建、课程体系创建、训练项目设置、试题库创建等。

7.6.1　数据资源聚合

1. 系统参数设置

系统参数设置包括专业管理和级别管理。可以通过"专业管理"界面和"级别管理"界面创建、删除、修改所属专业和适用对象。创建的适用对象包括技术人员(助理工程师、工程师、高工)、学员(初级工、中级工、高级工、技师、高级技师)和班组三类人员九个等级,创建的专业为光电设备。

2. 课程包创建

创建适用对象和所属专业之后即可通过平台的"课程包管理"界面创建训练课程包,如图 7.54 所示,创建名称为"光电吊舱虚拟维修训练系统"的课程包,并可设定课程包图片。

图 7.54 "课程包管理"界面

3．训练资源导入

课程包创建完成之后，即可将创建的训练资源通过虚拟训练平台的"资源文件管理"界面添加到平台数据库，如图 7.55 所示。

图 7.55　"资源文件管理"界面

4．课程内容创建

通过平台"课程内容管理"界面对课程内容进行创建、修改或删除，如图 7.56 所示。创建时需要设置课程内容的名称、训练类型（含操作使用、分解结合、构造原理、故障排除、检查调整）、资源文件（已经导入的资源文件）、显示名称、显示位置等。经过设置、添加、保存后，便可创建训练科目需要的课程内容。

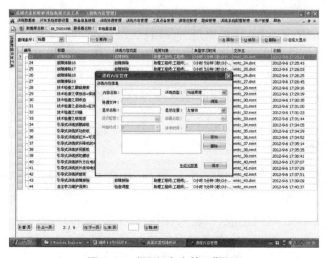

图 7.56　"课程内容管理"界面

5. 课程体系创建

通过平台课程体系管理界面创建、修改或删除课程体系。课程体系可以根据结构组成、训练大纲、训练内容等进行组织。

图 7.57　课程体系创建界面

如图 7.57 所示,系统按照训练内容组织课程体系。目录树级别可以根据需要进行设置。系统设置 3 级目录,第一级为训练内容类型,包括系统组成与应用、结构组成、工作原理、操作使用、技术检查、维护保养、常见故障维修、工具 8 大类。第二级为装备结构,包括无人机光电系统稳定平台等。第三级为训练内容,包括具体训练科目。

6. 训练科目设置

课程体系创建完成后,即可通过"训练科目设计"界面对训练科目进行设计,如图 7.58 所示。包括训练模式选择(包括讲解演示、自主学习、引导式训练、自主式训练和自测)、训练内容名称、内容数据等。其中内容数据可以通过"导入"方式导入在前面"课程内容创建"中创建的课程内容,也可通过"生成"方式先创建课程内容再导入。

7. 试题库创建

试题库包括单选、多选、判断、填空、操作、排故 6 种题型。每一种题型都可以设置课程范围(章、节、课程)、试卷类型、试题类型、难易程度、适用对象、适用专业、难易程度、分值标准、时间标准、拟题人、拟题所在单位、拟题时间等。

其中单选、多选、判断、填空题型可以通过平台录入,也可通过 Excel 表或 txt 文本按照模板要求录入,通过平台导入界面导入到平台。操作和排故题型只能通

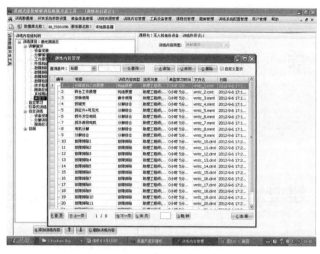

图 7.58　"训练科目设计"界面

过平台录入,并且试题文件只能为 Virtools 创建的三维考核资源,其中操作题必须在"课程内容创建"中设置为操作使用、分解结合或检查调整,排故题必须在"课程内容创建"中设置为故障排除。

试题创建后,即可创建试卷。也可在演示平台随机生成试卷。

7.6.2　系统发布

将创建的资源文件夹"Resource"复制到平台演示系统安装根目录下,运行平台演示系统即可运行所创建课程。

该系统具有以下特点:

(1)开放性。虚拟维修训练系统集成采用开发原型系统,训练资源模块可即插即用,保证了系统良好的可扩展性。

(2)多样性。系统训练资源多样,有仿真类、动画类、视频类和音频类等;训练模式多样,有引导式学习、自主训练和考核训练等。

(3)逼真性。系统在开发中采用了烘焙、纹理和光照等多种技术,保证了训练对象和训练环境的逼真性,具有一定的沉浸感。

(4)渐进性。遵循受训人员认知规律,系统开发的资源和训练模式由简单到复杂,按照讲解演示、引导、自主和考核模式渐进展开训练。

第8章 无人机光电吊舱保障资源规划与配置

8.1 建立高效规范的保障资源建设机制

8.1.1 无人机装备保障资源建设面临的形势

1. 基本形势

一是部队新型无人机装备更新速度加快,迫切需要增强保障力量,加强保障资源建设。随着无人机装备建设进入跨越式发展时期,无人机光电侦察设备呈现出更新速度快、新型装备数量多和技术含量高的特点,信息化程度较高的军兵种,不断有新型无人机系统研制定型,然而均没有建设基层级保障机构或维修工厂,中继级保障机构基本不具备相应能力。为适应无人机装备发展要求,如何设计和创新无人机装备保障资源建设路径,从而建立健全科学和统一的装备保障体系,是当前及今后一个时期必须着力解决的紧迫问题。

二是信息化条件下无人机作战力量运用,迫切需要转变无人机装备保障资源建设机制。无人机装备形成战斗力过程中技术保障是关键,目前的无人机装备保障机制和资源建设机制已渐渐不能适应实战化训练和实战对抗条件下无人机装备保障工作的需要,无人机系统尚未具备在高威胁和复杂环境下执行作战任务的能力。保障资源比较缺乏,平战一致性弱,平时的保障模式往往基于使用部队与研制生产单位的协商,责、权、利不够规范明确,研制生产单位疲于应付,部队迟迟不能形成保障能力,战时保障任务责任落实更为困难。

2. 存在问题

(1) 无人机装备保障能力形成机制不系统,能力生成周期长。无人机装备发展缺乏必要的统一管理,在发展无人机装备时,早期缺少型号统筹规划,不仅各兵种条块分割,更没有系统地规划设计相应的管理、修理、供应、训练能力建设问题,导致无人机系统列装后一些制约保障能力形成的深层次矛盾逐步显露出来,特别是中远程新型无人机装备保障能力生成周期长的问题十分突出。

（2）无人机装备保障资源配套机制不同步，装备保障能力弱。长期以来，在发展无人机装备时没有充分考虑到新型无人机装备的保障需求，无人机装备保障资源开发需求在装备研制立项论证和研制总要求中不能得到充分体现，在型号研制和生产交付中得不到有效落实。虽然在鉴定试验大纲和制造验收规范中，有明确"五性"要求，但对保障资源和设备却几乎没有明确要求，很多生产厂家同步开发的保障设备没有进入研制总要求，导致无人机主战装备与地面保障装备、设备工具、技术资料、器材备件等配套的保障资源不能同步发展，无人机装备保障能力较弱，很难具备相应的维修保障能力。

（3）无人机保障专门人才培养机制不完善，专业保障人才匮乏。发展高技术装备需要一个过程，同样，无人机装备保障人才培养的周期也很长。但从目前情况来看，无人机装备保障人才培养缺乏超前培养机制。一方面，由于缺少必要的沟通交流机制，院校和无人机装备使用单位不了解无人机光电侦察吊舱研制生产的动态，无法提前介入无人机光电吊舱的论证、研制和生产过程，无法掌握无人机光电设备的技术及理论基础，往往是等有了装备再培养保障人才。另一方面，由于没有形成梯次培养机制，院校培训、接装培训和部队培训等存在相互脱节或无法相互衔接形成人才培养体系，维修专业人才能力素质达不到要求。第三，由于缺乏编制体制调整机制，新型无人机装备列装后，部队的保障体制不能及时调整以适应无人机装备的保障要求，无人机装备保障人才的满编率和对口率很低，延误了无人机装备形成战斗力和部队保障能力。

（4）保障资源融合机制不顺畅，整体保障水平低。到目前为止，无人机光电吊舱装备保障仍沿用传统的装备保障模式，虽然不同用户各专业无人机光电吊舱相同或相近，但保障相互独立、各自为政、各成体系，由于缺乏有效整合，没有形成整体保障的格局，各军兵种无人机装备（各专业）保障资源功能单一，甚至基本没有维修保障资源；加之我军装备合同商保障尚处于起步阶段，相关的政策法规、运行机制等方面还不完善，地方资源还无法与军队自有资源有效融合，保障模式往往依靠军民协商、行政指令，从而导致无人机武器装备保障资源无法产生"1＋1＞2"的整体保障效能，综合保障的能力和水平较低。重大演习和训练活动，大多数部队需要厂家"保驾护航"，遇有重要故障只能停飞停训、等待厂家救援。

信息化条件下无人机装备保障要依托信息基础设施和信息系统，打破各用户自行保障的界限和制约，建立起完善的装备保障网络系统，实现联合保障，以资源优化和集约高效为前提，在适当的时间、地点对作战实施及时、准确、不间断的装备保障。逐步建立完善军兵种联合体制，彻底打破条块分割、军民结合不紧密导致的装备保障力量分散、重复建设、指挥协调困难等制约，解决精确保障的"瓶颈"问题。

8.1.2　统筹规划，同步建设机制

现代装备的复杂性使得解决武器系统综合保障工作中的诸多配套设计方法已不能完全满足要求，需要站在装备顶层设计的角度，密切结合军方客户的使用需求以及主战装备发展战略等多方面因素，系统规划和管理保障资源建设。

无人机系统保障资源建设必须从全系统、全寿命、全费用考虑，如不能及时将综合保障系统建设纳入主战装备的研制和装备体系中，必然会导致主战装备在研制过程中缺少对综合保障系统的统一规划和管理，从而在一定程度上导致装备保障资源建设滞后，降低各保障设备之间协同保障能力，最终也必然影响装备战斗力的形成和发挥。无人机光电吊舱保障资源统筹规划需要按照系统工程的规划方法，加强顶层规划设计，实现无人机主战装备与装备保障"五同步"，即同步论证、同步研制、同步定型、同步生产和同步交付部队。

1. 保障资源需求同步论证与规划

无人机研制单位根据装备使命和任务，开展以可靠性为中心的维修任务分析、修理级别分析、使用与维修工作分析等保障性分析工作，全面提出保障资源需求。

1) 组织顶层规划设计，确立保障性工程地位

为保持无人机系统战时的战斗力，在日常的战备阶段通常需要进行大量的战术训练，保障资源设备既是保障设备也是训练设备，承担着较高强度的战备训练任务，任何一个保障资源出现故障都会对系统作战使用带来严重影响。结合军方对保障设备的使用要求，无人机光电吊舱保障资源设备研制时应面向军方对武器装备的战备和作战使用要求，具有良好的继承性，能够实现向下兼容，可适应同一型号不同改型的使用要求；提高保障设备自身的使用可靠性，降低系统故障率；注重保障设备的易维护性；加强保障设备的通用性，减少保障设备种类，使保障设备尽可能便于管理、便于使用。

在无人机装备保障资源论证过程中，负责机构首先要召集作战运用研究人员、装备论证总体人员、保障性论证人员和其他论证人员讨论整个论证工作的顶层设计问题，根据无人机装备在整个装备体系中的地位和作用，确定论证工作重点和方向。在进行顶层设计中，作战运用研究方面主要是明确未来如何运用无人机装备进行作战，提出装备作战使用方案设想和相关的使用要求，主要内容是作战对象、作战目标、作战部队编制体制构成（如建制内的部队编成、建制单位加配属单位的部队编成和基本作战单位装备综合配套要求等）、无人机装备部署考虑（如部署规模、部署地区、部署方案、阵地布局）与主要作战使用流程等，为开展全面论证工作提供依据。无人机装备保障资源论证方面主要是根据作战使用方案、主要作战使用性能指标、系统总体方案等，提出初步保障方案和保障性方面需要论证的主要内

容、重点和应当达到的目标等。

此外,随着新型无人机装备较大批量列装部队,装备的售后服务和保障工作费用也日益增加,有必要将无人机系统的售后服务费用纳入到统一的保障资源费用中进行集中管理和使用。针对无人机系统开展全寿命周期费用分析技术研究,寻求费用、项目、进度和效能之间的最佳平衡方案,由保障资源的研制、规划和管理部门共同制定合理的无人机装备保障费用设计,避免由于不合理的保障费用设计而影响武器装备战斗力的形成和发挥。

2)分析相关标准,为展开论证提供依据

完成顶层设计后,保障性工程论证人员根据总的计划安排,首先要做的工作是全面收集、分析与保障性论证相关的文件和标准,进一步明确具体的工作任务、论证重点内容和应达到的目标。在无人机装备包括光电吊舱型号研制立项论证过程中,研制单位须认真开展以可靠性为中心的维修分析、修理级别分析、使用与维修工作分析等保障性分析工作,全面提出保障资源需求,关键是区别维修级别来构建保障资源体系,重点是优先满足基层级基本保障需求,难点是加强重点无人机光电吊舱的复杂部位故障诊断设备和远程诊断技术需求论证。在无人机装备型号研制过程中,同步研制配套的保障设备,不断细化无人机系统的初始保障方案;在无人机装备交付时,研制生产单位按合同向部队提供使用、维护和修理需要的技术资料、备件器材、专用检测修理设备工具、修理设施建设要求和人员培训要求等保障资源,帮助部队建立并形成等级修理能力。

(1)分析相关的文件和标准

目前,指导武器装备保障资源论证的文件有很多,如 GJB 1371 — 1992《装备保障性分析》和 GJB 3872《装备综合保障通用要求》以及《武器装备研制总要求论证通用要求》等,无人机装备保障资源论证应根据上述这些文件制订综合保障计划。主要内容有:

① 无人机装备研制立项综合论证通用要求标准的主要内容:无人机作战使命任务、无人机作战使用需求分析、无人机拟制作战使用方案和保障方案、主要作战使用性能指标、拟定无人机装备研制初步总体方案、研制进度(或周期)要求及研制分工建议、研制经费概算、效能评估、订购价格与数量预测、可行性分析等。

② 无人机装备研制总要求论证通用要求标准的主要内容:无人机作战使用要求与主要战术技术指标、无人机作战使用方案、无人机装备研制总体方案、无人机装备配套设备和软件方案、无人机保障设备方案、大型试验要求、质量与可靠性、维修性与保障性、定型状态和时间、无人机装备研制组织实施的措施和建议、费用分析、可行性分析(包括经济可行性、技术可行性、研制周期可行性、生产可行性)、风险分析等。

(2)分析标准中涉及无人机保障性论证的内容

① 研制立项综合论证标准中涉及保障性论证内容

在无人机装备研制立项综合论证标准中,涉及保障性论证的内容是:

(a) 根据无人机装备论证中提出的作战使用要求、作战使用方案、无人机系统构成方案和作战使用流程等提出无人机装备任务剖面、寿命剖面和保障需求。

(b) 调研现有无人机装备的使用与管理情况,搜集有关可靠性、维修性与保障性方面的数据,对达到的水平及存在的问题进行分析,总结可借鉴的经验和技术。

(c) 分析现有无人机装备的保障与管理体制及保障方案等对新研无人机装备可靠性、维修性与保障性的影响。

(d) 分析无人机装备构成与使用特点、使用与维修方案及贮存方式等方面的特点对新研无人机装备可靠性、维修性与保障性的影响。

(e) 在综合分析的基础上,提出无人机装备保障模式,保障方案和可靠性、维修性与保障性定性、定量要求。

定性要求主要内容包括:无人机光电侦察吊舱保障资源配套建设方面的要求,其他要求(如同步建设要求等)。

定量要求主要内容包括:无人机光电侦察吊舱可靠性、维修性、保障性定量要求,无人机保障系统及保障资源配套建设要求。

② 研制总要求论证标准中涉及无人机保障性论证内容

(a) 进行国内外情况分析。如选择同类或相似的无人机装备,搜集和整理使用与保障的有关数据资料,对无人机保障方案以及可靠性、维修性和保障性达到的水平等进行分析,提出可供借鉴的经验、技术及应考虑的问题。

(b) 确定无人机装备保障任务剖面和寿命剖面。根据无人机作战任务、作战使用方案、作战使用流程和 GJB 有关标准的规定,明确新研无人机装备的任务和贮存、使用与管理特点,划分任务阶段,给出任务剖面和寿命剖面。必要时还应给出其他剖面,为确定新研无人机装备软、硬件运行功能,环境要求以及故障判据、成功标准等提供依据。

(c) 进行无人机可靠性、维修性与保障性需求分析。一是根据新研无人机装备承担的任务、使用要求和型号论证提出的总体要求,以及其他论证项目的论证结果,提出无人机光电设备初步的使用与保障对象范围,并对其作战、训练、贮存等过程中的使用与保障特点进行分析,提出需求构想,明确其可靠性、维修性与保障性指标论证应考虑的重点;二是根据新研无人机装备类别、系统构成特点、主要作战使用性能指标、编配方案、管理体制及作战使用方案等,对影响无人机光电侦察吊舱可靠性、维修性与保障性的主要因素和可能采取的措施进行分析,为确定指标要求提供依据。

(d) 确定无人机可靠性、维修性与保障性目标。在需求分析的基础上,从提高新研无人机装备战斗力、减少保障机构和人员、提高整体保障能力、降低使用与维修保障费用等方面提出可靠性、维修性与保障性目标。

(e) 细化保障方案。根据论证中不断发展的情况,进一步确定保障对象范围,参考现役同类无人机装备保障方案,细化新研无人机光电装备保障方案。

3) 确定工作重点,进行保障性工程论证

（1）立项综合论证中保障性工作重点

根据立项综合论证顶层设计方案,在型号论证总体负责人的统一协调下进行全面论证,通过对无人机装备研制立项综合论证通用要求标准中有关无人机保障性论证要求的综合归纳,无人机保障性论证主要应做好6个方面的工作:

① 全面分析无人机作战使用方案和使用要求的内容。

② 分析无人机主要作战使用性能指标论证情况。

③ 分析无人机光电系统构成方案,明确保障对象。

④ 分析和总结现有无人机系统构成特点,找出相似装备作为论证中的对比系统。

⑤ 搜集有关标准并进行分析,提出使用意见。

⑥ 提出无人机光电设备初步保障方案、保障性需求分析和保障性要求,写出论证报告。

6个问题中的核心问题是第6个,即在拟制无人机作战使用方案的同时拟制保障方案、进行保障性需求分析和提出初步的保障性要求。

（2）研制总要求论证中保障性工作重点

根据无人机装备研制总要求论证通用要求标准中对保障性论证提出的要求,无人机保障性论证应做好10个方面的工作:

① 分析方案论证情况,吸收有关成果。

② 分析无人机光电侦察吊舱作战使用与装备方面的论证情况,协调相关问题。

③ 补充、完善和细化无人机使用与维修保障方案。

④ 确定无人机保障对象构成及其与保障有关的技术特点。

⑤ 深化无人机保障性需求分析。

⑥ 分析无人机装备主要作战使用性能指标论证情况,确定接口关系。

⑦ 全面论证和提出无人机保障性定性、定量要求。

⑧ 提出无人机保障资源配套建设方案。

⑨ 提出无人机准备定型时需要重点控制的项目和贯彻标准的要求。

⑩ 提出寿命周期各阶段无人机保障性工作要点。

上述10个问题的核心是前5个,即完善无人机保障方案、确定无人机保障对象、完善无人机保障性需求分析、提出无人机保障性要求与保障资源配套建设要求。为了把这几个方面的工作搞好,在无人机保障性论证中还要随时与其他方面的论证内容进行协调,以便处理好各方面的关系和保证内容不重复、不矛盾。

2. 保障资源同步研制

保障资源后期建设和研制容易造成重复建设和过度分散,影响新装备形成战

斗力。同步研制就是要在"研制总要求"中就把无人机光电侦察系统保障性和保障资源纳入制造与验收规范中考虑,基层级保障设备重点同步研制保障无人机光电侦察使用的地面检测系统,基地级(中继级)保障设备重点研究重要部件或危害性较强的故障检测系统。检测设备主要围绕光电稳定平台和光电载荷设备地面检测与诊断系统,不仅要研制检测的功能指标,也要突出性能指标;不仅研制地面监测技术设备,也要加强在线监测技术研究;不仅要研究无人机系统故障诊断技术,也要加强修复技术和工具工艺研究。

同步研制中要全面贯彻质量管理规定,把研制总要求、鉴定试验大纲和制造与验收规范统一起来,注重把无人机系统保障设备和相关资源的可靠性、维修性纳入制造和验收规范中。

3. 保障设备同步交付

无人机装备交付部队使用后,院校和科研院(所)大多会开展保障性理论和技术课题研究,但并不能完全弥补保障资源和力量缺乏带来的现实影响。同步交付指在无人机新装备交付部队时一同交接保障装备,并在接装培训时一同进行保障设备使用培训。此外,无人机装备技术说明书、使用说明书、维修图册等技术资料,机体易损件等备件器材,专用检测修理设备工具,修理设施建设要求和人员培训要求等保障资源也需同步交付。交付时要依据鉴定试验大纲和制造与验收规范进行检验。

1) 检验分类

检验分类如下:① 鉴定检验;② 质量一致性检验;③ 包装检验。

2) 产品的提交

(1) 一般规定

凡交验产品均须有产品交验单。属第二次提交的产品应有产品第二次交验单,且有承制方检验部门负责人签字。属第三次提交的产品应有产品第三次交验单,且在承制方检验部门负责人签字外,还须附上对该产品采取的技术措施的说明书和质量分析报告。

凡经检验合格的产品,订购方应在产品交验单(包括第一、第二、第三次产品交验单,下同)上做出合格结论,凡经检验不合格的产品,订购方应在产品交验单上说明不合格及其缺陷现象。

(2) 产品提交订购方检验的必要条件

产品提交订购方检验的必要条件如下:

① 提交的产品必须是按要求生产,经承制方检验部门检验合格的产品。

② 为订购方进行检验而提供的技术保障应符合要求,并给订购方留出必要的准备、检验和试验的时间。

③ 提交的产品必须配套齐全。

④ 除合同另有规定外,产品应按批提交。

⑤ 提交产品时应同时出具下列文件:检验部门负责人签署的交验单,产品检验试验记录,技术状态更改(包括偏差、超差)和质量故障的有关文件及记录。

3) 鉴定检验

(1) 检验时机

属于下列情况之一者,应进行鉴定检验:

① 产品设计定型、生产定型或转厂生产时。

② 产品的结构、主要材料或重要工艺改变,可能影响产品性能时。

③ 合同有规定时。

鉴定检验应在订购方或上级主管部门认可的试验室或试验场(所)中进行。

(2) 检验项目

以某型无人机光电吊舱智能检测仪的检验为例,检验项目如表 8.1 所示。

表 8.1　检验项目表

序号	项目(名称)	要求(章条号)	方法(章条号)	鉴定检验	质量一致性检验		
					A 组	B 组	C 组
1	设备功能	3.2	4.2.1	●	●	—	—
2	软件功能	3.2	4.2.1	●	●	—	—
3	性能-伺服角	3.2	4.2.1	●	●	—	—
4	性能-平台内阻	3.2	4.2.1	●	●	—	—
5	性能-控制信号	3.2	4.2.1	●	●	—	—
6	故障诊断	3.2	4.2.1	●	●	—	—
7	可靠性	3.3	4.3	●	—	—	○
8	维修性	3.4	4.4	●	—	—	○
9	安全性	3.6	4.6	●	—	—	—
10	环境适应性	3.7	4.7	●	—	—	●
11	电磁兼容	3.8	4.8	●	—	—	●
12	成套性	3.10	4.9	●	●	—	—
13	尺寸和公差	3.11	4.10	●	●	—	—
14	重量	3.12	4.11	●	●	—	—
15	表面状况和外观质量	3.13	4.12	●	●	—	—
16	连续工作时间	3.14	4.13	●	—	●	—
17	供电	3.15	4.15	●	—	—	○

注　"●"必检项目;"○"订购方和承制方协商检验项目;"—"不检项目。

4）检验顺序

检验顺序除特殊规定外，按 A 组、B 组、C 组的先后顺序检验。

样本量为鉴定样机的全部产品或按合同执行。

5）**质量一致性检验**

（1）**零部件检验**

无人机保障设备生产过程中，应对配套分系统（仪器设备、分机、部件）进行出厂合格证明文件检查，并对其性能进行复验。合格证明文件及附件记录应归档备查。

质量一致性检验分为 A 组检验（常规检验）、B 组检验（特定抽样检验）、C 组检验（环境适应性试验、可靠性验收试验）。

（2）**缺陷等级划分**

① 致命缺陷。对人身安全造成危害或不安全；某一重要技术指标不符合要求；以及不能满足基本技术性能和功能要求的，均判定为致命缺陷，具体见表 8.2。

② 严重缺陷。某一重要技术指标不符合要求；严重影响检测仪寿命和安全性能；关键元件出现一次损坏；由于机械结构部件损坏导致严重降低检测仪使用性能，均判定为严重缺陷，具体见表 8.2。

③ 轻缺陷。设备表面虽然有轻度变形、脱漆、镀层脱落，但不影响使用性能；一般技术指标变差，对技术性能影响不大；由于不符合设计、工艺图样而造成轻微影响设备使用性能；不是由于设计、工艺的原因造成元器件一次损坏的；以及不影响技术性能和基本功能的软件缺陷，均判定为轻缺陷，具体见表 8.2。

表 8.2　产品缺陷分类表

序号	项目	缺陷等级划分		
		致命缺陷	严重缺陷	轻缺陷
1	FPGA 控制电路失效	•		
2	DSP 电路失效		•	
3	AC/DC 电源失效		•	
4	采集与分析终端失效		•	
5	输入输出接头连接不上或松动		•	
6	机壳漆皮脱落			•
7	机壳字迹模糊			•
8	机壳表面有锈蚀			•
9	表面涂漆及镀层有气泡			•
10	表面有污点			•
11	开关松动			•
12	机壳固定螺钉有松动			•

8.1.3　健全体系，规范建设机制

解决无人机保障资源建设问题，需要在健全管理体系和资源建设标准上加强研究，规范和统一建设的质量和标准。

1. 无人机装备统筹管理系统建设

统筹管理系统是无人机保障资源建设的决策层。保障资源建设不仅仅要重视保障资源的研制，更重要的是建立系统的保障资源建设管理体系。无人机综合保障资源体系建设是一项管理性和技术性都非常强的工作，涉及面宽，需要多个部门、多个单位协同工作，从无人机系统的研制管理顶层推动保障资源建设，从而构建全方位、一体化、综合性的无人机系统综合保障资源体系，使主战装备得到良好的保障条件和合理的保障费用，不仅能够尽快形成战斗力，还能够实现战斗力的长期保持。因此，需要优化以顶层业务部门为统领的统筹管理机构，实现无人机保障资源需求论证和建设实施的全程管理，重点对无人机装备维修任务、保障人员数量与技术等级、供应保障、保障设备、技术资料等进行统筹规划与管理。

2. 无人机装备组织管理标准建设

组织管理系统是无人机保障资源建设与管理的执行层。组织管理系统包含了组织构架、组织变革、流程再造与组织再造等子体系。组织管理系统主要以战区或集团军装备保障机关为统领，对保障资源建设和资源运行进行具体管理。

一是高度重视新型无人机装备保障系统法规、标准建设。建立能满足保障各个方面、各个层次需要的法规、标准体系。确保无人机装备保障系统建设，按照统一的设备工具开发平台、统一的技术资料开发标准和规范、统一的工作实施程序和方法，组织开展无人机光电侦察系统保障资源开发、新装备试修和人员培训，确保建设成果规范实用。

二是高度重视无人机装备保障人力资源制度建设。对在役装备光电侦察专业人才队伍进行多种类型的培训，采取院校教育与部队自训有机结合的办法，切实搞好在职训练、岗位练兵及办班培训等活动。原四总部联合国家机关颁发相关规定，为装备承制单位培训装备技术保障人才提供了重要依据。《规定》紧贴部队战斗力建设需求，针对装备技术保障人才成长特点，按照装备研制、生产和使用流程，科学设计了跟研培训、跟产培训、接装培训、深化培训和跟修培训等5种培训方式，明确优先安排新装备部队、新组建部队、新型作战力量部队装备技术保障骨干参加。

加强无人机保障人才管理制度建设，建立有利于无人机光电设备保障人才使用、保留和发展的运行机制。适时调整编制体制，在无人机武器论证、研制阶段就同步实施编制体制论证，确保新型武器装备列装与编制体制调整同步；采取有效措

施,解决无人机光电设备保障人才缺编、骨干流失和专业不对口等问题;努力创造一个拴心留人的工作环境,提高无人机装备保障人才队伍的整体素质。

8.1.4　整合力量,合力建设机制

整合有关部队、院校、科研单位、承研承制单位和军代表系统的力量,充分发挥各方面的优势和积极性,共同完成新型无人机装备保障系统建设任务。

加强无人机装备保障资源整合,必须从无人机装备保障的组织结构、运行机制、管理手段入手,通过对组织结构、运行机制、管理手段的进一步完善,促进无人机装备保障的网络化、信息化、集约化,最大限度地发挥保障资源的作用,推动我军无人机系统"两成两力"建设发展。

1. 优化机构设置

一是设置无人机装备统筹管理机构。为了实现无人机装备保障资源的统筹规划,必须设置统筹管理机构,设立军(兵)种无人机装备统筹管理中心机构,实施军民一体管理,实现同步认证、同步研制、同步交付。总部负责统筹指导保障资源建设,军(兵)种无人机装备管理中心对上协调管理机关,对下指挥协调部队基层保障力量,横向协调无人机装备研制生产厂(所)。

根据当前工业部门的保障机构设置及对部队维修保障力量的调研,为形成一体化装备保障体系,建立军(兵)种无人机装备统筹管理中心机构,实施军民一体管理。其主要目的是:按照新时期我军装备"两成两力"建设要求,建立军民一体化无人机维修保障组织机构,统筹协调无人机装备科研、生产、保障资源和能力建设,以提升并融合军地双方的保障能力为基本出发点,充分考虑与部队维修力量和承制单位维修力量的结合,采取自建、合作、能力互补的无人机装备维修服务网络。技术支撑能力是统筹一体化维修保障工作的基础,在维修保障管理中心及各部、厂、所已有维修技术成果和队伍建设的基础上,通过军民共建、技术协作等多种形式,实现维修保障机构的快速建设和人才队伍的快速成长,形成对各型号全寿命周期的综合保障技术支撑能力。

二是优化保障机构设置。根据无人机装备型号类别以及区域保障需求,建议实施两级维修保障机构:基层级保障机构和基地级保障机构,取消中继级保障机构。目前,中继级保障机构力量薄弱,仅能对有限型号装备提供部分保障功能,作用发挥比较有限。机构设置上应在加强基层级保障力量和设备基础上,实施基地级后方保障机构建设,设立一站式"4S"店服务模式,吸收和融合装备研制生产商保障力量加入基地级保障机构,并由研制生产商负责培训基地级保障人员。具体实施时,可以战区范围内无人机装备为主要保障对象,以现有无人机装备保障力量为基础,建立战区基地级无人机保障机构。积极吸纳地方保障力量加入,借助已有的维修环境和条件,重点加强战斗力建设急需、保障能力较弱的无人机部(分)队保障力量建设,形成覆盖全区域、全任务的无人机装备保障机构。在保障部(分)队建设上,打破专业界限,按功能确定编组,对功能相通、职能交叉的相关专业进行调整合并。着眼平战结合,根据任务需求,优化无人机装备保障机构设置,提高装备保障效能。

2. 规范业务流程

构建信息主导的装备保障业务流程,是无人机装备保障系统高效运转的重要保证。规范装备保障业务流程必须对现行无人机装备管理体制、决策程序和物流控制进行调整,构建有利于无人机保障资源共享共用的新机制。依托无人机装备保障信息系统,在一定授权下,允许相关的装备保障机关、装备保障部(分)队访问保障信息系统,查询系统任务分配、力量配置、装备基础信息、装备保障信息、保障技术资料等,实现装备保障信息和技术的共享。通过装备保障信息系统对信息的全面掌握,打破传统装备保障力量按建制专业使用的方法,以信息流部分替代物资流,对无人机装备保障物资、保障力量进行综合调用,实现最优调配,构建装备保障物资、力量的共用机制,通过信息与技术的高效整合,实现无人机装备保障物资、保障力量的高效运用。

3. 集成管理手段

装备保障资源的有效整合离不开各种管理手段的集成,依托无人机装备保障信息系统,对已有的各种信息、技术进行集成,对相关标准规范进行整合,提高无人机装备保障资源管理的信息化、一体化水平,实现装备保障资源管理手段的综合一体。对无人机装备保障环境、保障设备和器材等物质资源,采取减少、调合和新增3 种方法进行集成,对于重复建设的物质资源,采取有重点的集中;对于力量较弱、条件较差的保障部(分)队资源,可以整合到重点建设单位;新增一部分保障急需又较为缺乏的物资,实现对无人机装备保障力量的集成运用,提高无人机装备保障的专业化水平,实现无人机装备保障资源的统一管理。

8.1.5　系统优化,综合集成机制

系统优化无人机装备保障资源的保障功能和保障要素,充分运用成熟技术,对现有新型无人机光电侦察吊舱的检测系统、修理设备工具、技术资料等保障资源进行综合集成,提高新型无人机装备保障资源的效率和效益;按照模块化、标准化和系列化要求,研制开发新型无人机光电设备保障资源的维护保养、检测、拆装、修理、试验设备和工具,实现无人机光电设备保障资源的组合化、集成化和通用化;借鉴外军特别是美军社会化保障的做法,结合我军以往成功经验,深化研究新型无人

机装备社会化保障的范围、保障要求、管理办法,科学评估保障效果,逐步建立适合我军新型无人机装备保障特点的军民一体化保障机制。要在信息化作战条件下,建立适应实际需要的一体化无人机装备维修保障体系,首先必须打破原装备维修保障自成体系、条块分割的局面,实行开放的社会化保障与部队自身保障能力相结合的保障体系。具体而言,就是根据无人机装备的不同维修级别,建立承制单位保障、部队修理厂保障及使用部队日常保障三者相结合的维修保障体系,充分挖掘无人机装备承制单位的服务能力。使用部队的日常保障侧重于开展装备的换件维修保障,无人机装备军队维修工厂负责装备大(中)修,重点发展战时装备的应急维修保障技术,而以军工企业为代表的无人机装备承制单位则负责装备的大修及延寿等工作(图 8.1)。通过调整结构、精简机构,使保障体系转变为以专攻中小修为主的无人机装备维修保障体系,同时突出建立战时应急保障体系。在此基础上,引入竞争机制,以降低费用和提供优质服务为标准,挑选出能提供"最优服务"的单位作为无人机装备维修保障服务的长期提供者。

1. 保障资源系统整合

根据无人机装备维修等级划分方式和原则,以等级促分工,以分工促联合,建立高效的维修保障模式:

(1) 强强联合保障。以军内大型修理厂和地方军工企业为代表的总装厂为依托,组织军内修理力量和无人机装备研制生产单位共同参与保障。

(2) 定点协作保障。可指定军队或地方有维修实力的实体单位为无人机装备维修的总体技术责任单位,有关配套单位参与协作进行维修保障。

(3) 全寿命保障。可针对部分技术含量较高的装备,指定研制生产单位负责全寿命周期内的保障,包括装备维修、技术培训、器材供应、维修资料提供等。

(4) 远程维修技术支援保障。可将部队、保障基地、军内科研院所、军代局和地方科研生产单位纳入无人机远程维修支援力量,实现缩短维修周期和技术前出的目的。

2. 保障资源系统融合

目前,在无人机装备保障工作中工业部门已经承担着主要的维修保障工作,但还有一系列问题有待解决:一是无人机系统承研承制部门在装备保障中的责、权、利不明确,无法有针对性地开展全寿命周期保障工作策划;二是工业部门没有参与装备修理计划的制定,难以有计划地组织准备保障所需资源及会同部队开展预防性维修及日常维修保障工作;三是无人机装备定价中对工业部门在保修期内承担售后服务的经费考虑不足,无人机装备定价方法与实际情况脱节;四是工业部门在保修期外开展维修保障工作过程中难以获得经费补偿,经济负担偏重。军民一体化装备维修保障涉及地方和军队多行业、多部门,承担保障任务的实体与军队之间

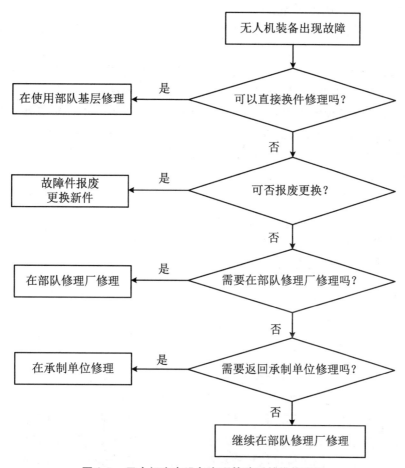

图 8.1　无人机光电设备出现故障后的维修流程

不存在任何隶属关系,这些都给保障体系建设增加了难度。

　　根据军民一体化装备维修保障体系构建的总体思路及保障模式,明确军民融合体系建设的主要任务如下:

　　(1)建立完善的法规制度。规范运用地方保障资源推进军民一体化装备维修保障,必须以市场为导向,建立完善的法规制度和运行机制,明确规范各方利益主体的责、权、利关系;地方军工企业为军队提供服务时,通过健全的法规制度进行约束,实现依法运作、契约管理,确保军民一体化装备维修保障建设健康有序发展。

　　(2)确立无人机装备精确化保障观念。推进军民一体化装备维修保障建设,努力转变单纯强调军事效益的无人机装备保障老思路,改变传统的利用规模数量扩张提升无人机装备保障能力的老做法,向“适时、适地、适量、精确化”保障观念转变,实现军事效益和经济效益的统筹兼顾。

　　(3)促进无人机装备保障技术智能化。尽量促进地方保障力量加入军民一体化装备维修保障技术攻关,紧密贴合无人机装备保障任务需求,大力开发故障诊断、远程支援、辅助决策等先进技术。

（4）积极构建完善的保障信息网络。以无人机装备维修保障信息的有效获取和科学利用为核心，构建无人机装备指挥机构及其相应的信息化保障系统，保证既可以随时掌握部队的保障需求，又可以全面掌握资源的分配和部署情况，实现保障资源的统筹协调，切实满足部队无人机装备智能维修和远程维修的保障需求。

（5）促进装备保障组织向"融合式"转变，推进一体化无人机装备维修保障建设，鼓励创新发展装备保障组织。在军地双方自愿合作的基础上，可以将地方军工企业的部分人员和设备直接纳入军队装备保障技术管理范畴，与部队装备保障力量一道，形成结构合理、精干高效的无人机装备保障组织。

8.2　建立军民融合的无人机装备保障资源运行体系

8.2.1　科学确立无人机装备军民融合保障指导

无人机装备实现军民融合保障涉及面广、要素多，应搞好顶层设计，规范管理，明确规定对保障方式的选择，以及各种保障方式的运用时机、运用权限等，并严格实施。军兵种可依托科研院所或保障机构，建立专门的协调机构，负责具体的沟通协调工作；军队保障力量，应在装备承研承制单位的帮建下，按照规定期限形成保障能力；装备承研承制单位可依托售后服务机构或建立单独部门，负责军民融合保障工作，建立专门的保障力量，保证军民融合装备保障顺畅运行。推进军民融合装备保障体系建设，应针对保障资质、保障程序等重要问题建立健全相关机制，以更好地发挥保障效能。如图8.2所示。

建立资质认证机制，评估装备修理工厂和装备承研承制单位的保障能力，为确定保障任务分工、签署保障协议奠定基础；建立合同约束机制，对于地方保障行动均采用合同管理，针对各种保障方式采取不同的保障合同实施管理和约束；建立过程管控机制，规范任务分配、保障准备、保障实施等环节，明确军民融合保障中的管理和保障问题；建立保障评价机制，根据保障工作内容落实等客观情况评价保障效果；建立经费审核机制，明确保障经费审核程序，统一费用标准和计价方法。推进军民融合式无人机装备保障建设，触及一些体制机制方面的深层次矛盾和问题，涉及重大利益关系调整，必须始终坚持平战结合、军民融合的基本原则，确保军民融合式装备保障建设的正确方向。

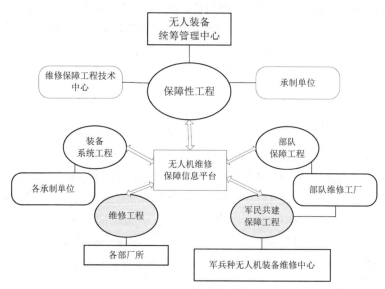

图 8.2　军民融合保障运行示意图

1. 坚持作战牵引

推进军民融合式无人机装备保障建设的根本目的,是为了保障信息化条件下无人机装备体系的战斗力。要把作战需求作为军民融合式装备保障建设建什么、怎么建、建到什么程度的基本着眼点,坚持用战斗力标准来统一思想、细化措施、检验成效,确保军民融合式无人机装备保障建设向提高体系作战装备保障能力聚焦,向复杂电磁环境下无人机装备保障效能聚集,进而促进军事斗争准备水平不断提高。

2. 坚持制度规范

推进军民融合式无人机装备保障建设是重要决策而不是临时建设举措,是长期建设任务而不是短期突击工作,是无人机装备保障体系构建而不是局部结构调整。因此,必须从建设规范化的制度机制入手,破除传统的自成体系、独立保障模式,按照统一规划、体系建设的要求,系统制定以平时装备保障资源开发、装备联修、物资联供和战时指挥控制、快速反应、联合行动、精确保障为重点的法规制度与实施办法,全面规范军队和地方相关部门在无人机装备保障过程中的职责任务,切实做到建设有规范、落实有依据。

3. 坚持统筹兼顾

推进军民融合式无人机装备保障建设,要科学统筹军队保障与地方保障,坚持以军为主,建设形成优良的基层级保障能力;充分发挥军方的主导作用和军内装备保障力量的主体优势,保持装备全方位保障能力,同时注重发挥军工企业和地方力量的技术优势,人才优势以及分布广、成本低的规模效益优势;科学统筹平时保障与战时保障的关系,坚持以战时需求牵引平时建设;科学统筹计划管理与适应市场的关系,既维护指令性计划的严肃性,又尊重市场性经济规律,运用竞争机制达到优化资源配置的目的。

4. 坚持积极稳妥

推进军民融合式无人机装备保障建设,要把进取精神和科学求实态度有机结合起来,一切从实际出发,按照有利于履行使命任务、有利于提高保障效益的原则筹划和开展,提高建设决策的科学性,增强建设措施的协调性。要坚持循序渐进,充分考虑工业部门和军队的承受能力,有计划有步骤地向前推进。先充分论证后制定方案,先理论研究再探索实践,先试点后推广,看准一项改革一项,成熟一项推广一项,通过以点带面促进全面建设,通过重点突破带动整体推进。

8.2.2　合理区分无人机装备军民融合保障任务

近年来,随着侦察校射系列、侦察监视系列、电子对抗系列以及特殊用途无人机不断列装,新型无人机武器装备的运用大大提升了体系作战信息支援能力,同时也给装备保障带来了新的挑战。沿用原有保障模式,单纯依靠现有保障力量,已无法完成新型无人机系统及其光电设备的保障任务,无人机装备保障建设应以体系作战能力和新型作战力量建设为索引,以加快转变战斗力生成模式为主线,科学运用军队和地方保障资源,构建具有我军特色的军民融合装备保障体系。

1. 着眼无人机装备保障需求,统筹力量,充分发挥工业部门作用

无人机光电设备故障类型多样,维修器材筹措复杂,保障难度比较大,对装备保障提出了新的更高要求。一是无人机维修保障信息资源可视化工作需要工业部门完成。无人机装备信息化程度高,结构组成比较复杂,没有配套完整的技术资料以及可视化的信息资源,部队维修保障工作难以有针对性地开展。工业部门应当采用虚拟现实、物联网等信息技术,将装备结构原理、故障特征、维修过程进行平面或三维再现。二是无人机系统初装阶段及精密部件检查调整、修复工作需要工业部门发挥作用。无人机系统初装阶段、装备使用保障、维修保障以及故障诊断都需要工业部门的指导帮助,特别是数据链、飞行器动力装置、航电设备以及光电侦察系统等的使用保障与维护要求高,部队短时间难以掌握。三是部队专业维修力量培训和保障条件建设需要工业部门参与。维修保障力量培训和条件建设仅仅依靠部队或者院校是不现实的,相关军内单位在人才培养和保障资源开发中发挥了积极作用,但与研制生产单位相比系统性还不够,有些技术和资源开发还存在困难。

因此,没有工业部门维修保障力量的参与,仅靠部队自身难以建成高质量的无人机装备维修保障资源,必须充分发挥地方工业部门的保障作用。

适应无人机武器装备保障需求,必须有效整合保障资源,统一考虑军队和地方保障力量的建设布局、任务调配等。地方工业部门装备保障力量较强,应赋予资源需求和难度较大维修保障任务,充分发挥相关单位在无人机装备保障中的"补缺""过渡""帮建"和"减负"作用,解决无人机装备技术复杂、部队维修保障力量不足的问题;解决无人机新装备列装后,部队建制保障力量能力形成期间的保障问题;为部队维修保障能力的快速形成提供核心技术支持;减少部件储供消耗,确保投入少、效益高。

2. 着眼无人机保障能力建设,区分职能,动态调整军地保障任务

要明确区分军地保障职能,科学论证地方维修保障力量适合承担任务的范围和类型,对于军地联合保障中的任务区分,应以军为主、先军后民,注重军队自身无人机装备核心保障能力的形成和提升。

从无人机系统本身来说,对于列装数量较少、技术含量较高的远程无人机装备,应主要交给装备承研承制单位独立承修;对于列装数量较多、装备技术特征稳定的中近程无人机装备,应主要交给军队装备保障单位承修;对于列装数量较大、技术含量较高的部件,由于部件价格昂贵,完全采用换件修理耗费较大,可以依托装备承制单位赴部队现地原件修理。军民融合保障的任务区分应根据质保期前后、军队修理能力是否逐步形成等因素,进行动态调整。

从维修级别角度来说,无人机装备大修作业应以承研承制单位实施为主。大修是指按照技术标准对装备性能进行全面恢复的修理。无人机装备已达到或超过大修周期或因其他原因造成各部机件严重磨损或出现系统故障,严重影响技术性能,或主要部件严重损坏,修理工艺复杂,需大型、精密、专用设备才能修复的属于大修。无人机装备在作战飞行和飞行训练中由于受敌方攻击、飞行气象和回收场地条件影响,时常发生机体和机载设备破坏性故障,需要返厂修理。只有生产厂家和承研承制人员才能对装备进行全面的技术检查、测试、分解、更换或修复损坏的零件,达到规定的大修技术标准。

无人机装备中修作业应以中继级以上维修机构(装备技术保障大队和维修工厂)实施为主。无人机装备中修是对某些磨损比较严重或损坏的装备的主要系统、总成部件进行的修复性维修。无人机装备使用年限未达到大修周期,但机件磨损比较严重或损坏,影响装备技术性能的发挥,需要更换或修复主要零部件的属于中修。无人机装备中修的基本要求是通过检查调整,制配零件,更换损坏的零部件,排除无人机装备局部机件的故障。

无人机装备小修作业应以基层级维修机构(无人机部(分)队技术室)实施为主。无人机装备小修是为排除装备一般性故障和轻度损坏而进行的调整、修复或更换简单小零件。无人机装备由于机件调整不当或零件损坏而影响使用的,利用简单的工具或更换小零件就可以调整、修复的属于小修。无人机装备小修项目包括无人机发射车等的调试校正、注气注液和更换部分零件,修理不需焊接或机械加工的故障,伺服机构空回的排除,紧固松动部件等。

8.2.3　建立健全无人机装备军民融合保障制度

近年来,随着无人机装备的快速发展,军队和无人机装备研制生产军工集团的合作越来越多,由于缺乏相应法规支撑,目前推动一些保障工作的落实主要还是靠协商和协议,往往是一件事一协商,一届领导一协调,既耗时费力又没有连续性,需要建立健全军民融合保障制度。目前,发达国家都制定了一整套法律法规来保证经济社会建设满足国防和军队需求,而我国在这方面相对滞后。国家法律体系中,《国防法》和《国防动员法》已经颁布实施,这为军民融合式装备保障提供了顶层法律依据,但有关军民融合式装备保障体系建设的专项法规建设尚未启动。为了确保军民融合式无人机装备保障有序、快速、高效的实施,必须研究制定一套符合我国国情、操作性强的法规政策,明确军队、军工企业、担负军队保障任务的民用企业和个人的权利和义务,规范工作程序和内容,建立强制措施,使之与军民融合式装备保障的实践相适应。

以服务于军为导向,建立完善军民融合运行保证制度。要建立完善法规制度,把军民融合式装备保障建设的原则要求、内容程序、方法模式等上升为国家和军队的政策制度,从法规层面强化对军地双方的激励和制约。要建立完善组织机制,建立由军方和政府有关部门参与的装备保障建设协调机构,负责军民融合式无人机装备保障建设的规划计划、资源配置、任务区分、制度建设、过程监控等工作。对于军方装备部门与军工集团公司、装备承研承制单位,要建立固定对口联系渠道和联席办公机制,就军地联合维修保障计划制订、合同订立、组织实施等问题,进行经常性磋商协作。要建立完善工作机制,根据部队平时训练、遂行重大任务和战时保障的不同需要,围绕无人机装备等级修理、技术支援和重大任务专项保障等,建立沟通渠道完善协作方式,进行常态化沟通协作。建立有效的利益共享机制,明确各方责、权、利也十分重要。只有这样,各保障单位对保障工作才能更加重视,积极主动性才会更高,保障人员在数量和水平上才能长期稳定,对保障需求的响应速度才会更快。

8.2.4　灵活运用军民融合保障方式

随着武器装备的快速发展和军民融合保障的深入推进,现有保障方式与部队保障任务不相适应的矛盾逐步显现。无人机装备保障建设应以军队保障力量为主体、地方保障力量为补充,灵活运用多种保障方式,加快无人机装备保障能力生成模式的转变,提高无人机装备保障的整体效能。

1. 面向部队的现地联合保障

针对部队建制保障力量不能解决的、质保期外的无人机装备故障问题,由装备修理工厂和装备承制单位到部队进行现地保障,恢复装备技术性能。现地联合保障,可采取独立方向或建制部队分片承包的方法,以装备修理工厂和装备承制单位为主体,联合其他装备保障单位技术人员,组成支援保障队,赴无人机部(分)队驻地对故障装备进行集中修理;在部队执行重大专项任务中,通过伴随保障现地修理。实施现地联合保障时,支援保障队应以原件修理为主、换件修理为辅实施保障。

2. 基于工厂的整装部件送修

针对现地联合保障无法修复或对修理技术和设备要求很高的装备和部件,组织送往指定的无人机装备修理工厂或装备承制单位进行修理,恢复装备技术性能。整装部件送修,通过总部统一计划,按照无人机系统整装送装备修理工厂,部件按任务区分,送装备修理工厂或装备承制单位进行修复。对于整装和无人机数据链收发组合等数量较大、分布相对集中的故障部件,以及助推火箭火药等具有危害性或保密要求等故障部件,由部队统一组织送修;对于数量小、分散广的故障部件,应根据战区、军兵种的具体要求,集中送至指定地点,由战区、军兵种装备业务部门统一组织送修。

3. 委托授权的专项系统承包

针对列装数量较小的无人机装备或某独立特装系统,也可由装备修理工厂或无人机装备承制单位以总承包的形式开展修理,恢复装备技术性能。这种保障的组织方式与装备质保期内的保障类似,是在合同约束内由装备修理工厂或装备承制单位实施的部队召唤式保障。专项系统承包,应遵循先军后民的原则,与军队装备修理工厂、装备承制总厂或专项系统承制总厂签订总承包合同,根据部队需求,由装备修理工厂实施保障,或由装备承制总厂、专项系统承制总厂牵头组织相关装备承制单位实施保障。

4. 全寿命型的技术支持服务

为实现无人机装备全寿命军民融合保障,由承保单位对无人机部(分)队人员进行技术培训,以及实施远程故障诊断、维修指导、资料查询和专项供应等。技术支持服务主要包括技术培训、远程技术支援和专项供应等。技术培训主要包括跟产培训、现场培训、专项培训等方式,通常由无人机装备承保单位采用跟产作业、集中授课、现场技术指导等形式实施,培训部队技术人员掌握维护保养、简单故障排除、专项修理等技能。远程技术支援主要包括远程故障诊断、维修指导和资料查询等,通常由承保单位采取异地实时通信等形式组织实施。专项供应主要包括计划外特殊物资、器材、油品等的供应,通常由承保单位根据无人机部(分)队需要组织实施。

8.2.5　需要正确处理的几个关系

无人机装备军民融合式保障涉及多家部队和地方工业部门装备保障资源诸多方面,是涵盖战时和平时保障的复杂系统工程。应当积极创新体制机制,妥善解决存在的突出矛盾和问题。

1. 针对无人机装备保障力的形成要求,正确处理自保与联保关系

构建军民融合式无人机装备保障体系,既要有利于巩固提高无人机装备保障能力,又要充分发挥地方保障力量的资源和技术优势,整体提升装备保障能力和效益。

根据实战化训练和体系作战能力形成要求,要始终坚持以军队自我保障为主体,如果部队自身迟迟不能形成保障力,无人机系统战斗力形成就要受到很大影响。无人机系统中继级以下的维修保障任务,主要由部队保障力量承担,能力尚不具备时,则应在地方保障力量的帮建下尽快形成,才能适应实战的要求。正确处理和把握部队自保与军地联保的关系,必须在坚持战斗力标准基础上根据无人机装备维修保障任务需求及双方技术能力,准确定位双方的职责,科学划分工作内容,切实搞好工作衔接,避免消极和越位等倾向。

2. 针对无人机装备保障力的提升要求,正确处理急需与长远关系

装备保障力服务于战斗力。无人机光电侦察系统保障能力的提升不仅涉及当前急需解决的保障资源问题,更要从基础建设上想办法,实现保障力的持续发展。

坚持统筹谋划,既要立足现实,着力解决无人机部(分)队当前面临的问题,又要强化保障资源,充分考虑未来战斗力生成需求,探索整体协调、平稳顺畅、可持续发展的途径。目前,部队对新列装的无人机装备的维修保障能力尚存在明显不足,许多部队在无人机装备维修保障中沿用质保期内有问题就找装备承研承制单位的做法,虽然有时也解决了装备质保期后的故障和问题,但不利于部队核心装备保障能力的生成及长远建设。正确处理和解决当前急需与长远发展的关系,必须在解决当前矛盾的同时,关注体制机制、资源建设、使用管理、利益分配等深层次问题,采取科学合理的军民融合式保障方式,在立足长远发展的基础上解决现实急需问题。

3. 针对无人机装备保障力的发挥要求,正确处理平时与战时关系

坚持平战结合,以战时需求牵引和带动平时建设,确保装备保障能力适应战时需要。平时保障在排除故障、恢复装备战备完好的基础上,应将着力点放在部队装备保障力量的能力建设上,以及地方保障力量遂行战时保障任务的机制建立上。推行军民融合式装备保障体系建设,应研究战时保障需求,明确军地装备保障力量的任务和应具备的能力,积极探索地方保障力量遂行战时保障任务的组织模式,确保战时拉得出、用得上、保得了,以平时保障建设奠定战时保障的基础。正确处理和把握平时保障与战时保障的关系,综合运用法律、经济和行政等手段,明确军地双方在平时与战时应承担的职责、履行的义务和执行的标准,确保平时任务高效完成,战时适应保障需求。

4. 针对无人机装备保障多方效益要求,正确处理责任与权益关系

融合式保障,军地双方都有效益诉求,部队更加注重军事效益,工业部门更加注重经济效益,这就要求明确工业研制生产单位的责任和权利,无人机承研承制工业部门参与保障的效益。军民融合式无人机装备保障既要满足军队平时保持战备完好率和战时完成装备保障任务的需要,也要按照市场经济规律和企业运行规则办事,讲求经济效益。总的来说,提高军事效益是军民融合式装备保障体系建设的根本目标,要引导地方保障力量树立全局观念,重点在技术资料、人才培训、器材供应、设备配套和设施建设等方面为部队提供技术支持,协助部队尽快形成可靠有效的保障能力。要在责任履行的基础上,保证地方保障力量权利的有效行使,妥善处理其关注的任务区分、合同订立、价格审定、经费保障等问题,逐步建立健全军民融合式装备保障长效机制和配套政策法规。要正确处理和把握履行责任与行使权利的关系,用实战要求和战斗力标准统一思想、检验成效,牢固树立大局观念,跳出本位主义的"小圈子",寻找履行责任与行使权利的最佳结合点。

8.3　实施面向任务的无人机装备保障资源优化配置

在资源有限情况下,为了更好地服务和保障无人机部(分)队战斗力发挥,基于作战训练任务和保障任务需求的资源优化配置,是提高保障资源使用效率的重要途径。

8.3.1　无人机装备保障资源优化配置基本要素

为了使无人机部(分)队能够更好地完成作战任务,对无人机装备保障资源总量进行扩大,只能从形式上加强资源规模建设,解决"标"的问题,要使无人机保障资源发生质的改变,解决"本"的问题,还要围绕"组织机构健全、制度健全合理、职责区分明确"的目标,重点从优化人力、设备(工具)、备件供应和信息资源四个方面入手,实现保障资源的整体优化。

1. 人力资源规模质量与结构优化

结构优化对人力资源配置十分重要。事物的性质是由内部结构决定的,一个科学高效的人力资源系统往往有极其合理的结构。目前,我军无人机系统保障人力资源总体上数量匮乏,质量参差不一,无人机分队技术室配备的保障人员中,技术军官数量较少,且大多数没有经过严格培训,部分从指挥岗位、操作岗位上调整进入;士官队伍中情况也是如此,许多人员既没有跟研跟产经历,也没有维修专业培训经历。以某型无人机分队为例,无人机队编制技术室,配备技术军官3~5名、士官若干,从数量上看,技术骨干少,难以满足实战化训练条件下装备保障工作需求;从人力资源知识结构上看,机械、电子、光电等专业人才严重不足。

(1) 基层级人力资源优化

无人机系统完成使命任务,关键在于无人机分队使用战技水平与维护能力,无人机光电侦察系统保障资源优化配置总体上要向基层级倾斜配置,要保证基层级保障人员具有丰富操作经验,经过专业培训率达到100%,技术军官应当具备本科以上学历,机械、光电和电子专业人员数量分配合理,熟悉维修操作规范和流程,能依据大纲开展维修作业训练;士官队伍基本经过院校专业培训,熟悉无人机装备技术性能参数要求,精通无人机系统机械、光电和电子部件的维护保养。

(2) 基地级人力资源优化

要尽快设置基地级保障机构及战区装备技术保障队,应建立无人机维修专业组,建设维修保障场地和设施,要保证基地级保障人员专业培训率达到100%,胜任维修岗位工作需求,技术军官应当具备研究生以上学历,机械、光电和电子专业人员数量分配合理,具备跟研跟产跟飞跟修经历,熟悉维修操作规范和流程,能依据大纲开展维修作业训练;士官队伍100%经过院校专业培训,熟悉无人机装备结构,精通无人机系统机械、光电和电气部件的维护操作。

2. 保障设备配置优化

保障设备是保障工作的重要辅助。高科技装备势必需要高技术保障设备来保障。现代保障设备是多种高新技术和先进工艺的综合体,其信息化、智能化、通用化、标准化、模块化和综合化程度更高。综合性强、标准化及通用化程度高的保障设备可节省研制和使用经费,缩短研制周期,提高维修性,并方便使用和携带,更加适合保障工作的需求。根据无人机装备的特点,需要扩大保障技术力量的来源,如美国采取的合同商保障,国内近年提出的"军民一体化保障"等,都是让民间技术力量参与到装备保障工作中。这不但可以缓解装备使用方自我保障力量的不足,也增加了保障的灵活性。

除了提高保障设备自身的功能外,是否合理地配置保障设备也是影响保障效率的因素之一。基层级保障机构主要围绕无人机使用保障需求,重点配置无人机飞行器与动力装置、发射与回收装置、数据终端、航电设备以及光电设备使用维护资源;基地级保障机构主要围绕维修保障需求,重点配置无人机系统大修以及各分系统、重要部件故障检测、修复性维修保障和维修保障训练资源。同时,加强保障设备在各保障单位间的协调使用,提高设备的使用率,可以有效避免保障设备的重复配置和闲置造成的浪费。例如,将一些大型的、不适合远距离运输和携带的保障设备尽可能地靠近保障现场配置,由最近的保障单位进行管理。

3. 备件供应优化

根据无人机装备保障备件数量不大、种类较多又隶属于不同的单位、部门等特点,建立一个网络化的备件管理系统是一项有效的措施。这样各个相关部门都能方便地查询、了解备品备件的状态,包括数量、完好度、存放位置等,做到缺件及时补充、损坏件及时修复等,增加了透明性也减少了盲目性。同时可避免因担心得不到补给而进行超量申报申领,造成储备物资大大超过部队实际需要等情况的发生。

备件和保障设备是保障系统组成的两种关键性资源,对于无人机装备战斗力的快速形成及持续保持起着非常重要的作用。这些资源的合理配置和部署是保障系统能力有效发挥的核心和关键。而备件和保障设备是紧密联系和互相影响的,两者共同决定了对装备作战使用需求提供保障的能力和效果。为了达到同一保障水平,如果备件配置得较多,则可以允许有较长的周转时间,可以配置较少的保障设备;如果备件配置较少,则需要配置较多的保障设备以缩短周转时间,因此备件配置和保障设备配置之间需要进行组合权衡优化。在配置方案优化时考虑备件和修理设备的单价和配置数量,以平均备件短缺量最小为目标,以任务费用为约束,建立备件和修理设备的组合配置优化模型。

4. 技术资料优化

保障资料的收集整理使用也随着信息网络技术的发展而向着电子化、网络化的方向发展。随着通信技术的发展,信息交流的方式在不断变化。现在网络信息技术高速发展,可实现的功能越来越丰富,应用越来越广泛。网络技术的应用也会给无人机等信息化装备的维修保障工作带来革命性的变化。网络系统可实现远程保障功能,即远程声音、文字、图像、视频的快速实时传递,这解决了一些传统方式的不足,搭建一个符合保障需求的网络信息平台将是保障模式运作的显著优化。

制作内容丰富、使用便捷的无人机系统电子技术手册并制定相应的标准来规范电子技术手册的开发,以实现在不同计算机平台、不同部门之间的交互。建立每套无人机装备的保障档案,定期记录装备的状态检测信息、故障处理信息以及其他变动信息等,并及时将这些信息补充完善到电子技术手册等载体或平台,方便需要的人员随时查阅。

8.3.2 构建无人机保障资源配置信息化平台

面向任务,就是为了让无人机系统能够更高效地执行作战任务。构建基于互联网和物联网的无人机装备保障资源使用与共享配置平台,建立面向保障任务需求且以时间、质量、成本和服务为目标的保障资源优化配置模式,是保障资源优化配置的基本途径。

面向任务的无人机保障资源信息化平台建设应当平战结合,以考虑实战条件下的应用为主。构建无人机保障资源信息化平台,主要由基础支撑、数据采集、数据资源、应用和用户五个部分组成。承担着无人机保障资源物流组织、能力控制、资源控制、需求控制、载运控制、物流动员等多项任务,是无人机保障机构对保障资源进行宏观管理与控制的平台,也是各部门间相互进行资源交换、优势互补的场地,更是物流供应链进行组织、运行、控制的"中枢神经"。无人机保障资源信息平台的建设,不仅可以解决当前无人机备件物流领域信息化程度低、信息开发能力弱等问题,更重要的是通过该平台的建设,可以将各部门零散化的保障资源凝聚为规模化、系统化的物流力量,在短期内实现物流水平的提高。

1. 面向任务的保障资源信息化平台建设措施

建设基于信息化平台的无人机装备保障体系需要研究的重点内容如下:

(1)建设网络化的指挥管理体系

建设网络化的指挥体系,是指在建设无人机装备保障体系过程中,指挥管理方式不仅仅要注重体系自身的纵向一体化管理,也要注重和其他武器系统的横向一体化联系,加强不同体系结构之间的互联互通,使装备保障效果最大化,避免部门之间职能相互交叉,提高指挥效率。

(2)建设安全可靠的信息保障机制

为克服信息技术发展的局限和信息系统自身的脆弱性,需要建设安全可靠的信息保障体系。信息保障机制通过确保信息和信息系统的可用性、完整性、真实性、机密性,建立保护信息和信息系统的一整套措施。明确信息保障的目标,注重相关信息保障技术的开发,建立完善配套的信息保障体制,是建设安全可靠的信息保障体系的重要研究内容。

（3）建设军民融合的装备保障模式

建设军民融合的装备保障模式是无人机信息化建设必须遵循的客观规律。信息技术具有军民通用性，信息基础设施具有军民共用性，构建基于信息系统的体系保障能力要努力谋求军地保障力量的有机融合，实现资源优化配置，着眼发挥地方装备保障资源的优势，弥补军队高新技术装备保障力量和手段的不足。

2. 面向任务的保障资源信息化平台体系结构

基于信息化平台的无人机装备保障体系核心能力主要体现在整体信息感知能力、快速响应能力和高效保障能力三个方面。

整体状态感知能力是指对战场无人机装备保障需求的感知，是保障的触发器，对于无人机装备快速保障、精确保障非常重要。在基于信息系统的保障体系中，通过嵌入在无人机装备中的传感器以及部署在战场上的测控系统，可以把装备实时性能状态信息迅速反馈到指挥机构，充分发挥信息系统信息传输速度快的优势，减少保障需求信息的传输时间。

快速响应能力是指在感知战场装备保障需求的基础上后续的工作。装备需求信息通过信息系统传输到指挥决策机构，在相关决策信息系统的支持下，根据己方无人机装备保障力量和保障资源配置情况，制定出保障方案并传输到相关保障单元。

高效保障能力是指不仅要求反应速度灵敏，而且要求较高的保障效果。加强高效保障能力建设，要求对现有的保障力量进行重组，打破传统的军兵种界限，融入承制单位资源和力量，按照保障对象进行模块化设计，打造满足体系作战装备需求的保障力量。

实战化环境条件下，无人机执行作战任务，须紧密结合上述三个能力，依托信息系统实施快速精确保障。基于信息化平台的无人机装备保障体系结构包括保障态势感知、装备保障指挥、装备保障响应三部分内容。体系结构通过信息系统支撑平台发挥作用，具有状态感知、快速响应和高效保障三大核心能力，可以极大地提高保障的效率，较好地满足体系作战的保障需求。如图 8.3 所示。

3. 面向任务的保障资源信息化平台实现方式

无人机保障资源信息化平台将专家知识系统、数据仓库技术以及可视化技术有机结合，利用先进的计算机信息技术来管理和控制无人机保障资源，将庞大复杂的保障资源数据组织成为易于查找和使用的信息，使该系统具有智能化、自动化的特点，能够在复杂任务、复杂环境下依靠系统自身完成规定的权衡保障方案、预测保障趋势、追踪保障资源、管理历史数据、评估无人机装备的战备完好性等功能，为保障指挥与决策人员提供信息支持。

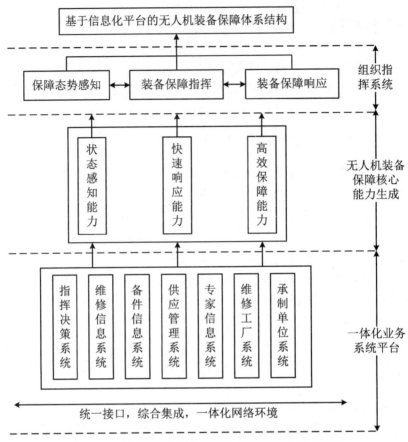

图 8.3　基于信息化平台的无人机装备保障体系结构

　　基于 Web 技术标准和通信协议的网络化保障资源管理系统是无人机保障资源信息化平台的实现方式。依托 Web 的管理系统,其基本体系采用了 B/S 模式。根据该模式的特点,在实际中通常采用 3 层 B/S 应用软件结构,它能使用户界面与应用逻辑位于不同的平台,并且应用逻辑能被所有的用户共享。通常构成该结构的 3 个组成部分是:客户端浏览器,负责与用户交互,向中间的 Web 服务器发出请求,解释 Web 服务器返回的数据并显示出来;中间层的 Web 服务器和服务器扩展程序,接收浏览器传来的请求,同时激活服务器扩展程序并把请求信息传递给它,服务器扩展程序将请求信息转换成数据库能够接收的形式(SQL),再把它们送到数据库服务器;后台的数据库服务器,接收到查询请求后执行相应的操作,并把结果集返回给服务器扩展程序,服务器扩展程序对结果集进行分析处理后转换成浏览器能够接收的形式送给 Web 服务器,最后 Web 服务器把包含信息的 HTML 文档返回给客户浏览器。系统结构模型如图 8.4 所示。

　　从关键技术上来讲,无人机保障资源配置需要应用各种技术和方法,其中关键技术可分为两类:可视化模拟技术和远程智能维修技术。

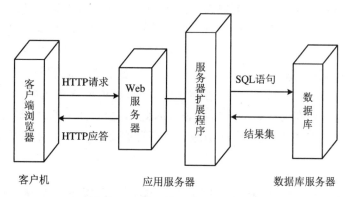

图 8.4　三层 B/S 结构系统模型图

（1）可视化模拟技术

无人机装备维修保障资源可视化的本质，是指综合运用虚拟现实技术、信息处理技术、网络与通信技术、图形处理技术和人机交互技术等先进技术手段，有效结合现代管理理论和运筹学理论，开发并实现依托信息化网络的、资源信息高度透明的新型维修保障资源管理模式，做到适时、适地、适量的高效保障。无人机装备维修保障可视化的研究内容应包括以下 4 个方面：

① 资源信息可视化。资源信息包括无人机装备信息、维修保障资源信息和维修保障人员信息。无人机装备信息主要是指装备维修保障的程度、所需备件数量的变化情况、备件数量的总体变化规律等，是一组动态的表征系统状况变化的参数。维修保障资源信息是指用于装备维修所需的各种物资的静态状态数据、动态流通数据等。维修保障人员信息是进行维修保障工作的各类工作者的基本信息。通过建立资源信息数据库，以图表方式可实现资源信息的可视化。

② 维修决策可视化。维修决策可视化就是要建立从维修保障对象到维修保障资源的决策可视化过程，根据装备情况获取维修需求，了解部队装备需要并进行维修保障，根据维修资源可视化显示的资料，结合决策模型来确定该如何进行维修活动，制订科学合理的维修计划。

③ 物流控制可视化。物流控制可视化是实现维修保障资源实时合理调整的有效手段，是以文字、图形和图像的方式不间断地向管理人员展示维修保障资源的采购、运输、储存、供应、使用、残次品处理等一系列过程，使维修保障资源的整个活动都在掌握和控制之中。

④ 维修环境可视化。维修环境可视化是指利用文字、声音、图像，精确和实时地显示装备维修保障资源的总体态势和所处环境情况，包括日常性维修环境和战时维修环境，不同的维修环境对维修保障资源的管理要求是大不相同的。

（2）远程智能维修技术

远程智能维修是指维修人员充分利用互联网平台，对有异常情况的装备进行在线监测和维修，从而使维修的费用得到降低、装备的维修时间和停机等待维修的时间得以缩短、维修的效率得以提高。远程智能维修可以方便地让不同地方的维修专家利用网络这个平台同时对装备健康进行诊断,装备的管理人员也可以通过网络看到装备运行的工作情况,并根据监测情况做出是否对装备进行必要维修的决定。这样就能实现对装备每天24小时的全方位监控,查看装备的性能是否有衰减。在性能有衰减时,可以提前规划维修的时间,避免装备在运行时突然停机,使装备最大限度地处在无故障的运行状态。因此,远程智能维修系统的建立对于发挥综合平台的技术优势,提高维修的保障效率有重要的作用,是未来重要的维修技术平台。

8.3.3　面向任务的无人机装备维修保障资源优化配置方法

面向任务的无人机装备维修保障资源的优化配置研究可以划分为理论和作业两个层面。理论层面上的优化方法主要是研究理论方法。作业层面上可以按阶段划分:一是方案规划阶段,分别针对多种维修保障资源和单一资源进行预测规划和优化;二是计划执行阶段,在资源有限的情况下对维修保障资源的配置和调度进行优化研究。实战化条件下无人机保障资源优化配置,主要需要适度加强特定方向上的保障资源配置。

1. 理论层面优化方法

无人机维修保障资源优化问题主要为目标优化,其核心是优化模型方法的选择。目前主要的优化方法有层次分析法、灰色聚类法、粗糙集理论等,其中粗糙集(Rough 集)理论能挖掘出大量复杂数据中的有用信息,适用于在复杂环境下分析装备保障资源优化问题,已成为目前研究的主要热点和方向。

(1) Rough 集知识表达式

知识是通过抽象得出的分类能力,抽象的过程通常需依靠决策者的经验,Rough 集理论表达知识的方式为制定决策表,决策者利用信息系统来描述、归纳和获取知识,信息系统可表示为

$$S = \{U, A, V, f\}$$

式中,论域 $U = \{x_1, x_2, \cdots, x_m\}$,$x_i$ 为对象;属性集 $A = C \cup D$,子集 C 为条件属性集,子集 D 为目标属性集;属性值集合 $V = \bigcup_{a \in A} V_r$,$V_r$ 为属性值 a 的值域;$f: U \times A \rightarrow V$ 表示信息函数,通过信息函数可以为每个对象 x_i 赋值。

信息系统通过对问题进行分类来发现知识,对对象进行属性划分,即可通过属性聚类分类不同对象。对象集越大时,各对象中同属性交集越小,反之对象集越小属性集越大。

由于战场环境知识的单向性、不完全性,维修资源配置信息系统对象集和属性

集根据战场环境动态变化而相应增加或减少。维修保障资源配置决策表是知识表达的载体,主要数据来源为维修保障数据实例库,配置知识的获取就是通过实例分析装备维修保障资源配置特点和规律。

（2）Rough 集理论的知识约简

知识约简指的是在信息系统 $S = \{U, A, V, f\}$ 中对属性集进行约简,以达到在信息系统分类能力不变的情况下属性集的最简。约简方式可根据系统属性集中是否包含决策属性区分为无决策系统约简和决策系统约简,二者的主要区别是:无决策系统约简根据可分辨性准则,以属性集最小化为目标;而决策系统约简根据协调性原则,以决策规则最简化为目标。资源配置知识约简为决策系统约简,计算时可利用分辨矩阵实现,具体如下:

① 确定分辨矩阵 M。M 是一个 $n \times n$ 的对称矩阵,其中的每一个元素 M_{ij} 表示可将对象区分开的属性之集,它们都是 A 的一个子集,即有 $M_{ij} \subseteq A$。具体定义如下:

$$M_{ij} = \{a \in A \mid f(x_i, a) f(x_j, a)\}$$

② 计算分辨函数。分辨函数定义为

$$\Delta = \prod_{i, j = 1}^{n} M_{ij}$$

③ 属性集约简。

④ 最简决策规则集选择。

⑤ 定性分析及决策。

（3）案例分析

无人机装备维修保障系统包含多种保障要素,在战场环境下,战场外部环境、作战强度、人为影响等因素都会引起保障资源的变化,保障资源的变化又会引起系统状态变化。无人机装备维修保障资源因素众多,根据信息系统属性集确定原则,可抽象出 4 种条件属性,主要包括:

① 成本因素 c_1:高 0,中 1,低 2。

② 易损性 c_2:易损 0,一般 1,耐损 2。

③ 重要程度 c_3:重要 0,一般 1,不重要 2。

④ 战损级别 c_4:战毁 0,重损 1,中损 2,轻损 3。

基于 Rough 集的资源配置方法为定性分析方法,本例中可将决策属性配置量 d 划分为 4 个等级,分别为:大量 0,中量 1,少量 2,不配置 3。

① 建立维修资源配置决策表,决策表内数据均为离散化数据,如表 8.3 所示。

表 8.3　维修保障资源配置决策表

U	c_1	c_2	c_3	c_4	d
x_1	0	2	2	3	3
x_2	1	2	1	1	2

续表

U	c_1	c_2	c_3	c_4	d
x_3	2	1	0	1	1
x_4	2	0	0	1	0
x_5	1	0	2	3	1

② 计算出分辨矩阵如表 8.4 所示。

表 8.4　维修保障资源分辨矩阵表

U	x_1	x_2	x_3	x_4	x_5
x_1	Φ	$c_1 c_2 c_3 c_4$	$c_1 c_2 c_3$	$c_1 c_3 c_4$	$c_1 c_3 c_4$
x_2		Φ	$c_2 c_3 c_4$	$c_1 c_2 c_4$	c_2
x_3			Φ	$c_1 c_2 c_3 c_4$	$c_2 c_3 c_4$
x_4				Φ	$c_1 c_4$
x_5					Φ

③ 求分辨函数：

$$\Delta = (c_1 \vee c_2 \vee c_3 \vee c_4) \wedge (c_1 \vee c_2 \vee c_3) \wedge (c_1 \vee c_3 \vee c_4)$$
$$\wedge (c_2 \vee c_3 \vee c_4) \wedge (c_1 \vee c_2 \vee c_4) \wedge (c_2) \wedge (c_1 \vee c_2 \vee c_3 \vee c_4)$$
$$\wedge (c_2 \vee c_3 \vee c_4) \wedge (c_1 \vee c_4)$$
$$= (c_2) \wedge (c_1 \vee c_4)$$
$$= (c_1 \wedge c_2) \vee (c_2 \wedge c_4)$$

通过计算得出两个属性约简：$\{C_1, C_2\}$，显然核是 $\{C_2\}$。决策规则集可导出为：

$$\text{Rule1：}(c_1, 0) \wedge (c_2, 2) \to (d, 3)$$
$$\text{Rule2：}(c_1, 1) \wedge (c_2, 2) \to (d, 2)$$
$$\text{Rule3：}(c_1, 2) \wedge (c_2, 1) \to (d, 1)$$
$$\text{Rule4：}(c_1, 2) \wedge (c_2, 0) \to (d, 0)$$
$$\text{Rule5：}(c_1, 1) \wedge (c_2, 1) \to (d, 1)$$
$$\text{Rule6：}(c_2, 2) \wedge (c_4, 3) \to (d, 3)$$
$$\text{Rule7：}(c_2, 2) \wedge (c_4, 1) \to (d, 2)$$
$$\text{Rule8：}(c_2, 1) \wedge (c_4, 1) \to (d, 1)$$
$$\text{Rule9：}(c_2, 0) \wedge (c_4, 1) \to (d, 0)$$
$$\text{Rule10：}(c_2, 0) \wedge (c_4, 3) \to (d, 1)$$

设信度阈值 $\mu = 0.9$，可得信度 $C_f = 1 > \mu$，这表示规则集可信。按条件属性分类可知：如规则 2 表示该维修保障资源价格中，易损而耐损，则该资源应少量配置，其置信度为1。其他规则可按相同方式进行推导。在实践中利用上述规则时应与实际情况相结合,提高无人机装备维修保障资源配置的科学性和精确性。

2. 方案规划阶段资源配置方法研究

在预测维修资源需求时,通常以类似装备的维修资源使用数据为参考,即采用基数计算法或比例法来确定维修资源需求。但在实际作战使用过程中,因各无人机故障规律的差异性,按固定比例或基数来配置维修保障资源已不能满足精确保障需求。现装备保障资源配置研究中,数学规划法、蒙特卡罗仿真方法、模糊理论、包络分析法(DEA)等理论得到了较多应用。这里以 DEA 为例做简要介绍。

(1)基于 DEA 的保障资源优化配置决策

包络分析法主要是通过提炼保障资源中的特征参数作为评价参数,主要有以下几类参数:

① 及时性参数

及时性参数主要体现保障系统在规定期间内完成保障任务的时效性,主要包括平均保障时间和平均等待时间两个参数,平均等待时间指从接受保障任务起至开始保障所需等待时间的平均值,平均保障时间指从开始保障起至完成保障所需时间的平均值。

② 有效性参数

有效性参数主要体现在规定期间内系统完成保障任务的满足率和利用率,满足率指的是在接到保障任务时系统即刻可以执行保障任务的概率,而利用率指的是保障系统实际使用时间在总拥有时间中的占比。

③ 部署性参数

部署性参数主要体现保障系统保障部署展开的效率及规模,主要包括保障规模、转场时间和部署时间等参数。保障规模指的是部署保障资源运输工具的需求数量,主要取决于包装形式、运输要求、运输数量等;转场时间指的是完成全部保障资源运送所需时间;部署时间指的是战场展开保障力量到形成保障能力所需时间。上述参数的选取根据研制阶段的不同,可通过参考相似系统数据解析或计算机模拟仿真得出。

在确定保障方案输入、输出指标时,应能满足在最小输入指标情况下获得最大输出指标,这有益于保障系统评估。保障系统输入指标为平均保障时间、平均等待时间、保障规模、转场时间和部署时间。保障系统输出指标为满足率和利用率。

对第 j 个保障方案的输入向量和输出向量,$v = (v_1, v_2, \cdots, v_m)^T$,$u = (u_1, u_2, \cdots, u_s)^T$ 分别为输入和输出向量的权向量。对于 2 个保障方案 (X, Y) 和 $(\hat{X}, \hat{Y})$,若分别以 X 和 $\hat{X}$ 的 α 和 $1 - \alpha$ 倍之和输入,那么能够以 Y 和 $\hat{Y}$ 的 α 和 $1 - \alpha$ 倍之和输出;保障可能集是满足凸性和无效性公理的集合的交,即利用最小性公理确定保障方案的可能集。这里采用数据包络分析 B^2C 模型:

$$\begin{cases} \max = \mu^{\mathrm{T}} y_0 - \mu_0 \\ \mathrm{st.}\ \omega^{\mathrm{T}} x_j - \mu^{\mathrm{T}} y_j + \mu_0 \geqslant 0 \\ \quad \omega^{\mathrm{T}} x_0 = 1 \\ \quad \omega \geqslant 0; \mu \geqslant 0; \mu_0 \in E^1 \end{cases}$$

（2）建立数据包络分析模型

假设待选保障方案有 n 个，每个保障方案有 m 种输入指标和 s 种输出指标。设 $x_j = (x_{1j}, x_{2j}, \cdots, x_{mj})^{\mathrm{T}}$，$Y_j = (y_1 j, y_2 j, \cdots, y_{sj})^{\mathrm{T}} (j = 1, 2, \cdots, n)$ 分别为第 j 个保障方案的输入向量和输出向量，$v = (v_1, v_2, \cdots, v_m)^{\mathrm{T}}$，$u = (u_1, u_2, \cdots, u_s)^{\mathrm{T}}$ 分别为输入和输出向量的权向量。采用数据包络分析 B^2C 模型。

根据线性规划对偶理论可得上式的对偶规划模型，再通过引入松弛变量 s^+ 和 s^-，得出其等式约束为：

设对偶规划模型最优值为 θ^0，其表示保障方案 j_0 的相对效率指数，满足：① $\theta^0 = 0$ 是保障方案 j_0 为弱有效的充分必要条件。② $\theta^0 = 1$ 为保障方案 j_0 为有效的充分必要条件，且对于每个最优解 λ_0，都有 $s^{+0} = 0, s^{-0} = 0$。③ 当 $\theta^0 < 1$ 时，保障方案 j_0 为非有效。

$$\begin{cases} \min \theta \\ \mathrm{st.}\ \sum_{j=k+1}^{n} \lambda_j x_j + s^+ = \theta x_0 \\ \quad \sum_{j=k+1}^{n} \lambda_j y_j - s^- = y_0 \\ \quad \sum_{j=k+1}^{n} \lambda_j = 1 \\ \quad \lambda_j \geqslant 0; s^+ \geqslant 0; s^- \geqslant 0 \end{cases}$$

当有多个保障方案的相对效率指数值为 1，即有多个有效保障方案时，保障系统评价模型可进一步优化。将所有保障方案按有效保障方案和非有效保障方案区分开后，以非有效保障方案可能集为基础构造新的有效前沿面，从新前沿面出发评价原有保障方案的有效性。

原保障方案共 n 种可能集，设其中前 k 个保障方案是（弱）有效的，其余保障方案则为非有效的，可（弱）有效的保障方案 j_0 基于劣势前沿面的数据包络分析评价模型为

$$\begin{cases} \min\theta \\ \text{st.} \quad \sum_{j=1}^{n} \lambda_j x_j + s^+ = \theta x_0 \\ \quad\quad \sum_{j=1}^{n} \lambda_j y_j - s^- = y_0 \\ \quad\quad \sum_{j=1}^{n} \lambda_j = 1 \\ \quad\quad \lambda_j \geqslant 0; s^+ \geqslant 0; s^- \geqslant 0 \end{cases}$$

当有多个有效保障方案时,保障方案可根据求解的相对效率指数 θ^0 大小进行排序,θ^0 越大表示保障方案相对效率越高。

(3) 某型无人机装备保障方案评价

现有某型号无人机系统,在研制阶段中共提出 6 个保障方案,各方案特征参数见表 8.5,其中 $I_i(i=1,2,3,4,5)$ 分别表示各方案的平均等待时间、平均保障时间、保障规模、部署时间和转场时间,$O_j(j=1,2)$ 分别表示利用率和满足率。

表 8.5　保障方案特性评价参数

保障方案	I_1	I_2	I_3	I_4	I_5	O_1	O_2
1	27	22	6	3550	2380	0.52	0.84
2	29	31	7	3480	2450	0.56	0.81
3	35	37	6	2950	1950	0.76	0.67
4	29	36	7	3250	2150	0.52	0.76
5	31	28	7	3300	2100	0.48	0.80
6	41	28	6	2500	1820	0.81	0.62

通过比较可以得出输入、输出指标个数远超保障方案的 2 倍,所以利用主成分分析可以得出输入向量 X 和输出向量 Y:

$$X = -0.39I_1 - 0.44I_2 + 0.46I_3 + 0.48I_4 + 0.44I_5$$
$$Y = 0.71O_1 - 0.71O_2$$

再取表 8.3 中各指标数据进行标准化计算,可得出各保障方案的输入向量值及输出向量值,经数据包络分析计算,可得出各保障方案的相对效率指数及 s^{+0} 和 s^{-0},计算结果如表 8.6 所示。

表 8.6　保障方案数据包络分析计算结果

保障方案	输入向量 X	输出向量 Y	相对效率指数 θ_0	s^{+0}	s^{-0}
1	5.512	4.089	1.000	0	0
2	4.624	3.105	0.842	0	0
3	0.621	0.932	1.000	0	0
4	0.964	0.651	0.622	0	0.263
5	4.316	2.011	0.533	0	0
6	2.025	1.178	0.492	0	0

由表 8.6 可得,保障方案 1 和保障方案 3 的相对效率指数最高,保障方案 6 的相对效率指数最低,保障方案的优先顺序即可得出。

对保障方案构建劣势前沿面,利用数据包络分析评价模型,可求解出各保障方案的相对效率指数,保障方案 1 为 1.110,保障方案 3 为 2.183,可得保障方案 3 为最优。如图 8.5 所示。

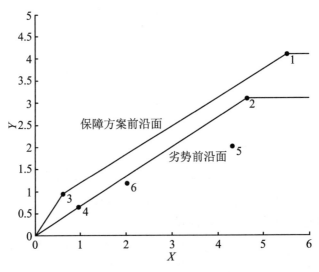

图 8.5　建立劣势前沿面示意图

3. 计划执行阶段资源配置方法研究

在战略层面上,无人机维修保障资源优化,主要是通过优化寻求资源配置最佳方案,适用于平时资源维修保障决策;而在计划执行阶段时,无人机维修保障资源优化,要结合具体任务和保障系统,需在给定任务和给定条件下寻求资源配置最佳方案,适用于战时资源维修保障决策。

给定保障资源时,优化保障资源主要是为了提高维修效率。目前国内相关研究主要包括遗传算法、模拟退火算法等。遗传算法采用随机搜索优化算法,适用于解决复杂非线性寻优问题;而模拟退火算法通过模拟固体物质退火过程,来寻求全局最优解。

(1) 基于遗传算法的保障资源优化配置

根据维修保障资源优化配置的主要目标,在对无人机维修保障资源进行优化时主要考虑建立最优化模型,以在使用最低成本时最大化减小恢复无人机战斗力时间。其中维修成本主要包括维修各阶段的直接成本和间接费用,无人机恢复战斗力时间包括直接维修时间和转修时间等。

① 决策变量

$$\alpha_{iu} = \begin{cases} 1, & \text{对于维修段 } i,\text{如果选择第 } u \text{ 个维修单元} \\ 0, & \text{其他} \end{cases}$$

$$\beta_{iujv} = \begin{cases} 1, & \text{第 } i \text{ 个维修段选择第 } u \text{ 个维修单元与第 } j \text{ 个维修段选择第 } v \text{ 个} \\ & \text{维修单元} \\ 0, & \text{其他} \end{cases}$$

② 目标函数

$$\min T = \sum_{i=1}^{m} \sum_{u=1}^{n} a_{iu} * t_{iu} + \sum_{i=1}^{m-1} \sum_{uv=1}^{l} \beta_{iujv} * t'_{iujv}$$

$$\min C = \sum_{i=1}^{m} \sum_{u=1}^{n} a_{iu} * c_{iu} + \sum_{i=1}^{m-1} \sum_{uv=1}^{l} \beta_{iujv} * c'_{iujv}$$

式中,C、T 分别表示维修成本及维修时间,c_{iu}、t_{iu} 表示对第 u 个单元进行第 i 个阶段维修时的维修成本和维修时间,c'_{iujv},t'_{iujv} 分别表示对于在不同维修单元间转修所需的成本和时间,m 为总维修段个数,n 为各维修段可选取的维修单元,l 表示同时对维修单元 u、v 进行维修的可能性。

③ 模型约束条件

决策变量约束:

$$\alpha_{iu} \in \{0,1\}, \quad \sum_{u=1}^{n} a_{iu} = 1$$

$$\beta_{iujv} \in \{0,1\}, \quad \sum_{uv=1}^{l} \beta_{iujv} = 1$$

目标值约束:

$$T \leqslant T^{\max}, \quad C \leqslant C^{\max}$$

式中,$T^{\max}$ 和 $C^{\max}$ 分别表示装备维修的最大时间和最大成本。

④ 适应度函数

$$f(t) = \varphi_T * T(t) + \varphi_C * C(t)$$

其中 φ_T、φ_C 可根据装备维修要求不同而调整。为减小 $C(t)$ 与 $T(t)$ 数量级不同带来的计算误差影响,可对 $C(t)$ 与 $T(t)$ 先进行归一化处理。

⑤ 遗传算法实现

遗传算法采用二进制编码,对于维修资源保障优化系统,主要基于以下考虑:采用二进制编码,每个维修单元可以很方便地用二进制码表示,并可根据维修单元个数的多少灵活地确定代码长度;使用二进制码可以完备地表示问题空间中的所有候选解,并将染色空间的所有染色体一一与候选解对应起来,便于计算机编程计算。

在进行遗传算法参数选取时,应尽可能保证群体的多样性和进化能力,在参数设计时要避免出现群体早熟或近似随机搜索,合理确定交叉概率和变异概率,通常情况下交叉概率 $p_c = 0.40 \sim 1.00$,变异概率 $p_m = 0.005 \sim 0.01$。

(2) 决策实例

某型无人机战损后有四个部分需维修,设分别为 A_1, A_2, A_3, A_4,各部位候选维修单元见表 8.7,各单元所需维修费用及维修时间见表 8.8,表 8.9 给出了候选单元间的转修费用及转修时间。

表 8.7　候选单元

待修部位	A_1	A_2	A_3	A_4
候选单元	B_1	C_1	D_1	E_1
	B_2	C_2	D_2	E_2
	B_3		D_3	
			D_4	

表 8.8　候选单元维修时间及费用

维修单元	B_1	B_2	B_3	C_1	C_2	D_1	D_2	D_3	D_4	E_1	E_2
t(d)	1.0	2.0	2.5	4.0	3.0	1.0	1.5	1.0	2.0	3.5	4.5
c(万元)	3.1	2.9	2.7	6.2	7.1	1.8	1.9	2.3	1.4	5.9	6.2

表 8.9　候选单元间转移时间及费用

维修单元	B_1	B_2	B_3	C_1	C_2	D_1	D_2	D_3	D_4	E_1	E_2
B_1	0	—	—	2.2	0.9	3.0	1.5	1.6	5.1	3.2	2.6
B_2	—	0	—	2.1	1.8	2.2	0.9	3.1	2.8	0.8	1.4
B_3	—	—	0	2.2	0.9	1.3	0.6	1.7	2.0	1.5	3.2
C_1	3.6	3.2	4.1	0	—	0.7	2.3	2.8	1.4	3.2	1.6
C_2	1.0	3.5	1.2	—	0	2.6	1.7	2.8	0.9	2.1	1.6
D_1	4.0	5.8	2.0	2.0	6.0	0	—	—	—	2.9	0.7

续表

维修单元	B_1	B_2	B_3	C_1	C_2	D_1	D_2	D_3	D_4	E_1	E_2
D_2	3.0	2.5	3.5	1.5	3.5	—	0	—	—	2.3	0.9
D_3	2.0	7.0	4.5	3.5	5.7	—	—	0	—	2.7	0.8
D_4	8.0	8.0	4.5	4.0	1.5	—	—	—	0	0.5	1.7
E_1	7.0	1.5	3.0	3.7	4.0	3.5	3.5	4.0	0.5	0	—
E_2	6.0	2.0	5.0	4.0	3.5	0.5	1.0	1.0	3.5	—	0

采用单点交叉遗传算法,取权重 $\varphi_T = 0.65$, $\varphi_C = 0.35$,目标约束值取 $T^{\max} = 56$, $C^{\max} = 52$,交叉概率为 0.6,变异概率为 0.1,遗传代数为 50。有目标函数:

$$\min T = \sum_{i=1}^{4} \sum_{u=1}^{n} a_{iu} * t_{iu} + \sum_{i=1}^{3} \sum_{uv=1}^{l} \beta_{iujv} * t'_{iujv}$$

$$\min C = \sum_{i=1}^{4} \sum_{u=1}^{n} a_{iu} * c_{iu} + \sum_{i=1}^{3} \sum_{uv=1}^{l} \beta_{iujv} * c'_{iujv}$$

适应度函数为

$$f(t) = 0.65 * T(t)/56 + 0.35 * C(t)/52$$

本实例采用 MATLAB 7.0 的遗传算法工具箱实现,经计算最优解为 $B_2 E_2 D_1 C_1$, $\min f(t) = 0.64874$,总时间为 32 小时,总费用为 40.6 万元。

现阶段无人机维修保障资源优化配置研究越来越重视仿真技术和信息化技术的应用,主要有以下三点发展趋势:一是在满足给定装备保障需求条件下,最大化考虑减少保障费用,实现军事效益和经济效益的统一;二是由单纯的理论研究向综合化、信息化的研究方向发展,目前正在兴起的"精确后勤"概念,就是应用信息技术等高新技术,实现精细化、高效化、节约化保障方式,在未来随着计算机技术、现代物流技术等的发展,"精确后勤"对无人机维修资源优化的影响将更加深入;三是各类新型维修保障资源优化方法开始应用,更多考虑到无人机维修保障资源优化的随机性和不确定性。

第9章 总结展望

无人机及其光电侦察系统属于精密器械,任何部件的微小变动都会影响其飞行状态和使用寿命。无人机及其光电侦察系统在日常使用过程中应小心谨慎,且应定期进行维护和检查,主要原因有:第一,无人机需要多次循环使用,在使用过程中一般无法进行维修,在每次使用之前都要进行必要的维护和检查,排除发现的异常和故障,确保升空之前处于最大限度的良好状态,以保证执行任务过程中的安全。总之,无人机是一个准单次循环系统,既要像火箭与导弹那样保证每次使用的安全可靠,又要像地面车辆一样可以保证长期重复使用。第二,无人机及其光电侦察系统的使用领域特殊。作为一种空中使用的复杂系统,其效能的发挥依赖于地面维护和空中使用的综合作用。空中使用是无人机的本质要求和使用目的,地面维护是无人机安全可靠使用的前提和能力特性有效发挥的保障。第三,无人机及其光电侦察系统使用环境严酷。无人机使用空间多维,幅员广,环境条件差异巨大,要求有针对性的维修和保障,以保证飞机在各种环境条件下安全可靠的使用。

图 9.1 美国 RQ-7B 影子无人机正在进行维护

无人机维修是无人机维护修理的简称,指为使无人机保持和恢复到规定状态所进行的维护、修理和管理工作的统称,包括养护、修理、改装、大修、检查以及状态确定。保持无人机处于规定状态的活动,通常称之为维护,有时也称之为保养,如润滑、检查、清洁、添加油料等。使处于故障、损坏或失调状态的无人机恢复到规定状态,所采取的措施称之为修理或修复,如调整、更换、原件修复等。大部分情况下,维护和修理不能决然分开,维护过程往往伴随必要的修理,修理过程必然伴随着维护,所以统称为维修。

　　无人机及其光电侦察系统维修作业主要可划分为三大部分:保养、预防性维修和修复性维修。保养,是指为保持无人机及其光电侦察系统固有设计性能而进行的表面清洗、擦拭、通风、添加油液或润滑剂、充气等工作。预防性维修,是指通过对无人机及其光电侦察系统的检查、设备测试和更换以防止功能故障发生,使其保持在规定状态所进行的全部活动。它可包括调整、润滑、定期检查等,主要用于其故障后果会危及安全和影响任务完成,或导致较大经济损失的产品。预防性维修的目的是降低产品失效的概率或防止功能退化。它按预定的时间间隔或按规定的准则实施维修,通常包括保养、操作人员监控、使用检查、功能检测、定时拆修和定时报废等维修工作类型。无人机系统研制初期,就应考虑预防性维修问题,提出减少和便于预防性维修的设计要求;应进行可靠的维修分析,应用逻辑判断的方法确定设备的预防性维修要求,制定设备预防性维修大纲,规定设备需要进行预防性维修的产品、工作类型、间隔期和进行维修工作的维修级别,确保以最少的维修资源消耗保持设备固有可靠性和安全性水平。修复性维修是指无人机发生故障后,使其恢复到规定状态所进行的全部活动。它可以包括下述一个或全部步骤:故障定位、故障隔离、分解、更换、再装、调准及检测等。修复性维修是在操作人员和(或)维修人员发现异常或故障后,或产品的状态监控表明其技术已不能或接近不能正常工作时进行,其维修内容和时机不能事先做出确切安排,因而称为非计划维修。

　　20 世纪 90 年代末,我军武器装备科研生产形势为适应国家安全需求发生了重大变化,科研及批产应急装备的态势发生了根本性转变。新型信息化装备大都是在 20 世纪 90 年代研制定型的,由于型号研制周期大幅缩短,有的型号处于研制、生产并行状态,给装备定型交付后的维修保障任务留下了不少问题。总体上看,原有的装备保障模式已经落后于无人机武器装备发展的形势。无人机作为信息化典型武器装备,技术保障问题是形成和提高战斗力的关键问题。首先,我军无人机系统保障资源建设体系尚不完备,缺乏统筹管理,用户方、管理方和承制方的职能定位尚不够清晰,保障资源在研制时多由多个部门进行管理,缺少管理核心,管理力度不足;保障资源在使用过程中,由于保障机构设置不完备和任务分工不明确,使得资源缺乏有效利用。因此,有必要建立无人机装备统筹管理机构,实施军民一体管理,实现无人机装备保障资源同步认证、同步研制、同步交付、平战结合。其次,无人机装备保障资源统筹规划,核心是在完成装备作战使命任务条件下进行无人机保障性工程和维修工作内容分析规划;关键在于军民资源整合一体,形成适应实战要求的优质保障资源;重点是人力资源培养和保障设施设备的开发利用,优质的人力资源和保障设备条件结合才能形成保障力。再次,保障资源优化配置问题,关系到无人机装备效能发挥和保障效益最大化问题。需要重点研究解决无人机装备资源配置与维修类型、维修级别、维修方式相协调的问题。研究基于无人机装备维修级别和保障机构划分的保障资源区分方案,建立基于互联网和信息网络的装备保障资源使用与共享配置平台,重点针对配置流程中保障资源优化配置方案的确定,建立以时间、成本、质量和服务为目标的保障资源优化配置模式。

做好无人机光电侦察系统检测维护,需要以保障力促战斗力生成为牵引,按要素整合无人机装备保障需求,加强资源建设顶层规划设计,注重软硬并施,在满足当前型号保障需求的同时,充分兼顾同类装备和发展需求,提高建设效益,切实开发出无人机部队必用、好用、耐用的系列配套资源,切实有助于部队保障力的提高。维修等级可分为三级,第一级为外场预防性维修,其任务是使用前对产品进行系统检查、检测和发现故障征兆以防止故障发生,如有故障,通过更换分组件,确保设备正常工作。第二级为内场预防性维修,其任务是在仓库内对贮存的产品进行调整、润滑、定期检查和必要的修理,如有故障,通过更换分组件(如功放板等),使产品恢复正常。第三级为修复性维修,其任务是在维修厂或生产厂对发生故障的产品进行故障定位、故障隔离分解、更换易损件和必换件、再装、调准及检测等。

当前,无人机装备保障资源配套建设要紧紧围绕基层形成小修能力展开,保障资源建设的主要针对对象是除通用设备(发电机、方舱、车辆)之外的系统和设备,建设的主要内容应该包括设备工具、技术资料和标准、维修器材目录及标准、维修保障单元标准研究论证、制度建设等方面。维修设备工具应该包括检测设备工具、修理设备工具、维护保养设备工具和其他设备工具等。检测设备工具是指对无人机系统进行功能检查、性能检测、故障诊断的设备工具,应具有功能检查、性能检测和故障诊断等功能,能为装备维修提供手段。维护保养设备工具开发时应注意:① 按照"维修任务分配表"确定的小修任务,对现有的维护保养设备工具进行梳理,补充开发必要的维护保养设备工具;② 维护保养设备工具研制与开发应与装备维护保养的内容相适应,与执行保障的客观条件相适应,有明确的保障对象、用途和主要战术技术指标。技术资料和标准应包括维修任务分配表、部队基层级维修手册、修理技术规程、质量检测要求、修理质量检验验收技术要求、战场抢修手册、维修教程、修理图册、计量检定规程等。

参 考 文 献

[1] 赵博.分布式无人机飞控设备故障诊断系统设计与实现[J].飞行设计,2010(6):68-70.

[2] 贾彩娟.分级多模自适应滤波算法无人机控制系统故障诊断[J].火力与控制指挥,2011(7):123-125.

[3] 柯铭铭.故障树在无人机发射机故障诊断中的应用[J].现代电子技术,2011(10):18-20.

[4] 余瑞.无人机飞行控制系统故障诊断专家系统设计[J].绿色质量观察,2011(2):23-25.

[5] 孙滨生.无人机任务有效载荷研究[J].无人机,2003(2):16-19.

[6] 柳朝军.捷联式三轴稳定跟踪台的建模及动态模糊神经网络控制器研究[D].北京:北京理工大学,2000.

[7] 张维斌.全球鹰无人飞行载具[J].世界航空航天博览,2003(A4):24-29.

[8] Janes Electro-Optics Systems[EB/OL].(2008-08-20).http://jeos.janes.com/public/jeos/index/shtmo.

[9] Paul G F,Thomas J G.无人机系统导论[M].吴汉平,译.北京:电子工业出版社,2003.

[10] 木志高.武器装备故障预测与健康管理系统设计[J].兵工自动化,2006,25(3):20-21.

[11] 曾声奎.故障预测与健康管理技术的现状与发展[J].航空学报,2005,26(5):626-631.

[12] 张嘉钟.航空设备故障预测与健康管理设备[J].航空制造技术,2008(2):40-43.

[13] 张亮.机载预测与健康管理系统的体系结构[J].空军工程大学学报,2008,9(2):6-9.

[14] 都基焱.无人机兵器原理[M].北京:解放军出版社,2007.

[15] 孙雅固,杨晓东.基于模糊神经网络的故障诊断新方法[J].兵工自动化,2008,27(7):35-38.

[16] 钟路,饶文碧,邹承明.人工神经网络及其融合应用技术[M].北京:科学出版社,2006.

[17] 叶世伟,史忠植.神经网络原理[M].北京:机械工业出版社,2006.

[18] 罗明,吴敏,向婕.无人机指挥控制系统的神经网络专家故障诊断[J].装备制造技术,2007(12):37-39.

[19] 杨军,冯振声,黄考利,等.装备智能故障诊断技术[M].北京:国防工业出版社,2004.

[20] 景涛.基于信息融合技术的故障诊断方法综述[J].四川兵工学报,2009,30(7):127-129.

[21] 张德利.基于贝叶斯网络的故障智能诊断方法研究[D].北京:华北电力大学,2008.

[22] 李海军,马登武,刘霄.贝叶斯网络理论及其在装备故障诊断中的应用[M].北京:国防工业出版社,2009.

[23] 张凤鸣,惠晓滨.航空装备故障诊断学[M].北京:国防工业出版社,2010.

[24] 蔡敬海.机载光电稳定平台跟踪伺服系统研究[D].长春:长春理工大学,2009.

［25］ 姬伟,李奇,许波.运动光电成像跟踪系统视轴稳定伺服控制设计研究［J］.应用基础与工程科学学报,2007,15(1):121-129.

［26］ Yi S,Zhang Libin. A Novel Multiple Target Tracking System for UAV Platforms［J］. SPIE.,2006(6209):620901-1-8.

［27］ 郑伟.基于 FPGA 数据采集及控制系统的研究［D］.武汉:武汉理工大学,2010.

［28］ Wang Chen,Kosmas P,Leeser M. An FPGA Implementation of the Two-Dimensional Finite-Difference Time-Domain Algorithm［Z］.2003. chapter 3.

［29］ 马建明.数据采集与处理技术［M］.西安:西安交通大学出版社,2005.

［30］ 杨涛.高速高精度数据采集系统的研制［D］.成都:电子科技大学,2000.

［31］ Cyclone device handbook［EB/OL］.(2005-08-15). www. altera. com.

［32］ 王诚.Altera FPGA/CPLD 设计［M］.北京:人民邮电出版社,2006.

［33］ 夏宇闻.Verilog 数字系统设计教程［M］.北京:北京航空航天大学出版社,2007.

［34］ 王仁超,欧阳斌.工程网络计划蒙特卡洛仿真及进度风险分析［J］.计算机仿真,2004, 21(4).

［35］ 刘廷霞.光电跟踪系统复合轴伺服控制技术的研究［D］.长春:中科院长光所,2004.

［36］ 尖兵之翼:2008 中国无人机大会论文集［C］.北京:中国航空学会,2008.

［37］ 王宪成,李勃,李莉.基于 Virtools 4.0 的某型船艇柴油机虚拟维修关键技术研究［J］.装甲兵工程学院学报,2010,24(2):27-31.

［38］ 盖龙涛,陈月华.基于 Virtools 的交互式操作模型系统的设计与实现［J］.计算机应用, 2009(29):308-311.

［39］ 杨琳,朱元昌,邸彦强.基于 Virtools 的柔性线缆建模及其运动仿真［J］.微电子学与计算机,2009,26(9):153-156.

［40］ 刘志广,等.基于 Virtools 的三维交互虚拟啤酒灌装线的构建［J］.计算机工程与设计, 2009,30(23):5527-5530.

［41］ Li J R,Khoo P,Tor B. Desktop Virtual Reality for Maintenance training:An Object Oriented Prototype System (V2REAL ISM)［J］. Computer in Industry, 2003, 52 (2): 109-125.

［42］ 杨清文,房施东.武器装备虚拟维修训练系统资源划分及创建技术［J］.炮兵学院学报, 2011,31(4):49-51.

［43］ 刘鹏远,李瑞华,胡昌林.虚拟环境下柔性线缆建模方法［J］.军械工程学院学报,2008,20 (3):63-65.

［44］ 何剑彬,等.基于过程建模的复杂装备虚拟维修训练仿真［J］.军械工程学院学报,2009, 21(4):6-9.

［45］ 方传磊,等.导弹装备虚拟维修训练系统通用平台［J］.计算机工程,2009,35(3):274-276.

［46］ 董付国,周香凝,谢晓方.Virtools 的消息控制机制及其应用［J］.海军航空工程学院学报, 2009,24(2):217-220.

［47］ 和可月,朱元昌,王铁柱.雷达虚拟维修训练系统中的数据存取与应用［J］.火力与指挥控

制,2009,31(12):55-58.

[48] 黄卫权,王宏健,张伟民.多极旋转变压器轴角粗、精机组合软件方法[J].仪器仪表,2002,
     21(4):47-48.

[49] 邹旭.旋转变压器信号处理与设计[D].武汉:华中科技大学,2008.

[50] 洪津,张万军,谢庆华,等.虚拟维修训练系统发展综述及其关键技术探讨[J].解放军理
     工大学学报,2000(1):63-67.

[51] 盖龙涛,陈月华.基于 Virtools 的交互式操作模型系统的设计与实现[J].计算机应用,
     2009(29):308-311.

[52] 高纪开达,刘检华,宁汝新,等.虚拟环境下线缆建模及装配规划技术的研究[J].系统仿
     真学报,2005,17(4):933-935.

[53] MIL-HDBK-470A. Designing and Developing Maintainable Products and Systems [Z].
     Department of Defense Handbook,1997.

[54] 谭继帅,等.装备虚拟维修训练研究与发展综述[J].兵工自动化,2007,26(5):6-7.

[55] 刘检华,万毕乐,宁汝新.虚拟环境下基于离散控制点的线缆装配规划技术[J].机械工程
     学报,2006,42(8):125-130.

[56] 苏群星,刘鹏远.大型复杂装备虚拟维修训练系统设计[J].兵工学报,2006,27(1):79-83.

[57] 张剑利,朱永梅.以 Virtools 为基的交互式产品虚拟展示技术研究[J].现代制造工程,
     2010(5):37-39.

[58] 杨清文,马家文.无人机虚拟维修训练总体设计[J].炮兵学院学报,2010,27(3):50-53.

[59] 王星民,郭盛杰.多极旋转变压器测角原理及实现方法[J].山西电子技术,2011(6):
     24-25.

[60] 黄卫权,赵欣.多极旋转变压器轴角-数字转换系统精度测试方法[J].应用科技,2002,
     29(7):35-36.

[61] 唐彦琴.其于四象限探测器的激光定位系统研究[D].南京:南京理工大学,2016.